从零基础到烹调大师

中式烹调技法

主 编 黄 懿 钱 峰

中国商业出版社

图书在版编目(CIP)数据

中式烹调技法 / 黄懿,钱峰主编. -- 北京:中国商业出版社,2021.8

ISBN 978-7-5208-1642-7

Ⅰ. ①中… Ⅱ. ①黄… ②钱… Ⅲ. ①中式菜肴-烹饪-职业教育-教材 Ⅳ. ①TS972.117

中国版本图书馆 CIP 数据核字(2021)第 103422 号

责任编辑:李 飞 蔡 凯

中国商业出版社出版发行

010-63180647 www.c-cbook.com

(100053 北京广安门内报国寺1号)

新华书店经销

北京军迪印刷有限责任公司印刷

*

787 毫米×1092 毫米 16 开 17.25 印张 340 千字

2021 年 8 月第 1 版 2021 年 8 月第 1 次印刷

定价:68.00 元

* * * *

(如有印装质量问题可更换)

前　言

　　中华饮食文化历史悠久,是中华文化的重要组成部分。中华饮食文化特别是中式烹调技艺在世界饮食文化中占据了重要的地位。在2021年4月,**习近平总书记对职业教育工作作出重要指示强调,在全面建设社会主义现代化国家新征程中,职业教育前途广阔、大有可为。加快构建现代职业教育体系,培养更多高素质技术技能人才、能工巧匠、大国工匠**。为更好地贯彻落实全国职业教育大会精神,推进社会主义文化强国建设,弘扬中华饮食文化特别是中式烹调技艺、传播中华美食、传播中华优秀文化,经过多次调研论证,我们邀请部分中国中餐烹调技艺的专家学者和烹饪大师精心编写了这套《零基础到烹调大师——烹饪鲁班工坊系列丛书》。

　　本系列烹饪教材的编写,结合餐饮行业的特点及烹饪人才的需要,根据国家对职业教育的发展要求,以期提高教学质量,改进教学方法,不断推进教学改革,尽快地为社会培养更多更好的烹饪人才。该系列教材既适合高职院校师生使用,又适合中职学校师生及社会培训机构使用。

　　《中式烹调技法》这门课程,是烹饪专业的主干课程,主要是针对中餐烹调技艺的要求,对具体的技艺方法进行实践制作,它涉及烹饪专业教学中的原料学、营养卫生学、成本核算、餐饮管理以及筵席设计等。它作为主干课程,在教学方法与教学手段上,坚持以先进的教学理念指导教学方法的改革;灵活运用多种教学方法,调动学生学习积极性,促进学生学习能力发展;坚持协调传统教学手段和现代教育技术相结合,坚持理论教学与实践教学并存,特别是重视在实践教学中培养学生的实践能力和创新能力。

　　在课程设计思路上,坚持以能力为本位,重视实践能力的培养,突出了职业教育的特色;在课程内容与结构上,力求内容充实、结构合理。教学内容是课程建设的核心,是打造精品、提升质量的先导。"中式烹调技法"是理论知识和实践技能联系性很强的一门课程,在内容上坚持以餐饮行业的需要为基点,合理更新教材内容,不断充实了现代社会的新知识、新原料、新工艺、新设备等方面的内容,体现教材的时代性、职业性、趣味性和实用性,在结构上采用循序渐进,归类合理,便于学生理解和掌握,打破以往的笼统性的模式,便于较适合学生教与学,对学生的专业技能学习有极其重要的指导作用。

本书由江苏省徐州技师学院黄懿、钱峰担任主编,全书由钱峰统稿整理。

本书在编写过程中,得到了江苏省徐州技师学院相关领导的大力支持,在此表示衷心的感谢。

由于编者时间仓促、水平有限,缺点遗漏在所难免,书中缺点、不妥之处,恳请专家、同行及广大读者批评指正。

编者

2021 年 7 月

目 录

第一章 中国菜肴烹调技艺 ……………………………………… (1)

第二章 冷菜烹调技法 …………………………………………… (13)
第一节 冷菜的概念和要求 …………………………………… (15)
第二节 冷菜的制作 …………………………………………… (21)
第三节 冷菜装盘技艺 ………………………………………… (26)
第四节 冷菜烹调技法 ………………………………………… (29)
一、拌 ………………………………………………………… (29)

二、腌 ………………………………………………………… (34)

三、酱 ………………………………………………………… (40)

四、卤 ………………………………………………………… (41)

五、熏 ………………………………………………………… (46)

六、醉 ………………………………………………………… (51)

七、炝 ………………………………………………………… (54)

八、冻 ………………………………………………………… (59)

九、挂霜 ……………………………………………………… (64)

十、糟 ………………………………………………………… (67)

十一、酥 ……………………………………………………… (70)

十二、泡 ……………………………………………………… (74)

十三、煮 ……………………………………………………… (77)

十四、蒸 ……………………………………………………… (80)

十五、油炸 …………………………………………………… (81)

十六、卤浸 …………………………………………………… (82)

第三章 热菜烹调技法 …………………………………………… (85)
第一节 以油为传热介质 ……………………………………… (87)
一、炒 ………………………………………………………… (88)

二、爆 .... (99)

三、炸 .... (111)

四、熘 .... (134)

五、煎 .... (144)

六、贴 .... (151)

七、烹 .... (153)

八、拔丝 .... (159)

九、熸 .... (166)

第二节 以水为传热介质 .... (169)

一、烧 .... (171)

二、烩 .... (182)

三、炖 .... (188)

四、焖 .... (191)

五、煨 .... (203)

六、扒 .... (206)

七、煮 .... (216)

八、氽 .... (219)

九、白灼 .... (222)

十、涮 .... (223)

十一、塌 .... (225)

十二、蜜汁 .... (227)

第三节 以蒸汽为传热介质 .... (230)

蒸 .... (246)

第四节 以辐射为传热介质 .... (246)

烤 .... (253)

第五节 以固体为传热介质 .... (253)

一、焗 .... (255)

二、石烹 .... (257)

三、铁板 .... (260)

第六节 以波为传热介质 .... (260)

一、微波 .... (263)

二、电磁波、红外线烹法介绍 .... (266)

第七节 分子烹饪简介 .... (269)

参考文献

第一章

中国菜肴烹调技艺

一、中国菜肴的特点

1.取料广泛、选料讲究

中国菜肴的用料是极其丰富的。从其种类上，空中飞的、水中游的、陆地跑的、地下藏的各种动植物，几乎无所不用。

选料，是中国厨师的首要技艺，是做好中国菜肴美食的基础，要具备丰富的知识和熟练运用的技巧。每种菜肴美食所取的原料，包括主料、配料、辅料、调料等，都有很多讲究和一定规则。

2.刀功精湛、配料巧妙

刀功是菜肴制作的重要环节，是菜肴定型和造型的关键。中国菜肴在加工原料时非常讲究大小、粗细、厚薄一致，以保证原料受热均匀、成熟一致、形状美观。中国菜肴注重原料的质、色、形、味、营养的合理搭配。

3.五味调和、味型丰富

中国各大菜系都有自己独特而可口的调味味型，除了要求掌握各种调味品的调和比例外，还要求巧妙地使用不同的调味方法。

4.精于用火、技法多样

中国烹调技法多样，在世界上首屈一指，主要源于对热能的调节运用、调味的复合运用。现在行业上常用到的就有近50种烹调方法。还有一些是不同地区自己独特的烹调技法，如山东的"汤爆"、广东的"盐焗"、浙江的"泥烤"等。

5.菜品繁多、讲究盛器

我国幅员辽阔，各地区的自然气候、地理环境和产物都不尽相同，因此各地区、各民族人民的生活习惯和菜肴风格都各具特色。

中国饮食器具之美，美在质、美在形、美在装饰、美在与馔品的谐和。美器之美还不仅限于器物本身的质、形、装饰，而且表现在它的组合之美，它与菜肴的匹配之美。

6.讲究食疗、注重保健

药食同源，是中国烹调与中医相结合形成的一套独特的食疗体系。用中医的养生理论指导烹调操作，达到食养、食治的目的，对于科学烹调意义重大。

7.讲究时令，注重特色

中国烹调原料的选取非常重视时令性。不同的季节使用的原料差异较大，一般选用应季蔬菜，冬天多选用禽畜肉，夏天多选用水产。这种选择与大自然的气候保持一致，与人体健康大有益处，也形成一年四季菜肴的特色。

8.中西结合、讲究创新

吸收西餐的长处,洋为中用,是提高和改进中国烹饪的一个可行的方法。西菜的注重营养搭配、清洁卫生、分食制以及某些烹调特色,都可以借鉴到中国烹调技术中来。

二、中国菜肴的风味流派

(一)中国菜肴风味流派的成因

我国的菜系,是指在一定区域内,由于气候、地理、历史、物产及饮食风俗的不同,经过漫长历史演变而形成的一整套自成体系的烹饪技艺和风味,并被全国各地所承认的地方馔肴。菜肴在烹饪中有许多流派,其中最有影响和代表性的也为社会所公认的有鲁、川、苏、粤、闽、浙、湘、徽等菜系,即人们常说的中国"八大菜系"。其中鲁、川、苏、粤四大菜系形成历史较早,后来,闽、浙、湘、徽等地方菜也逐渐出名,就形成了我国的"八大菜系"。由于菜系之位,争议较大,现大家提及为同味流派。

一个菜系的形成和它的悠久历史与独到的烹饪特色是分不开的。同时也受到这个地区的自然地理、气候条件、资源特产、饮食习惯等影响。有人把"八大菜系"用拟人化的手法描绘为:苏、浙菜好比清秀素丽的江南美女;鲁、徽菜犹如古拙朴实的北方健汉;粤、闽菜宛如风流典雅的公子;川、湘菜就像内涵丰富充实、才艺满身的名士。

几大菜系各有特色,虽民间关于菜系之首的争论颇多,但多为义气之言,并无从考稽。由于鲁菜源远流长,历史最为悠久,对其他菜系乃至整个中国饮食文化影响深远,且为宫廷国宴的最大菜系,所以绝大多数人认为鲁菜是四大菜系之首。

(二)中国菜肴的风味流派

1.山东风味

山东风味即山东菜,由齐鲁风味、胶辽风味、孔府风味三个菜系组成,是宫廷最大菜系。以孔府风味为龙头。山东菜系源远流长,对其他菜系,乃至整个中国饮食文化影响深远。

(1)齐鲁风味

齐鲁风味以济南菜为代表,在山东北部、天津、河北等地盛行。

齐鲁菜以清香、鲜嫩、味纯著称,一菜一味,百菜不重。尤重制汤,清汤、奶汤的使用及熬制都有严格规定,菜品以清鲜脆嫩著称。用高汤调制是济南菜的一大特色。爆炒腰花、糖醋鲤鱼、宫保鸡丁(鲁系)、九转大肠、汤爆双脆、奶汤蒲菜、玉记扒鸡、济南烤鸭等都是家喻户晓的济南名菜。济南著名的风味小吃有锅贴、灌汤包、盘丝饼、糖酥煎饼、罗汉饼、金钱酥、清蒸蜜三刀、水饺等。德州菜也是齐鲁风味中重要的一支,代表菜有德州脱骨扒鸡等。

(2)胶辽风味

胶辽风味也称胶东风味,以烟台菜为代表,流行于胶东、辽东等地。

胶辽菜起源于福山、烟台、青岛,以烹饪海鲜见长,口味以鲜嫩为主,偏重清淡,讲究花色。青岛十大代表菜有肉末海参、香酥鸡、家常烧牙片鱼、崂山菇炖鸡、原壳鲍鱼、酸辣鱼丸、炸蛎黄、油爆海螺、大虾烧白菜、黄鱼炖豆腐;青岛十大特色小吃有烤鱿鱼、酱猪蹄、三鲜锅贴、白菜肉包、辣炒蛤蜊、海鲜卤面、排骨米饭、鲅鱼水饺、海菜凉粉、鸡汤馄饨。

(3)孔府风味

孔府风味以曲阜菜为代表,流行于山东西南部和河南等地,与江苏菜系的徐州风味较近。

孔府菜有"食不厌精,脍不厌细"的特色,其用料之精广、筵席之丰盛堪与过去宫廷御膳相比。孔府菜历来被称为"国菜"。孔府菜的代表有一品寿桃、翡翠虾环、海米珍珠笋、炸鸡扇、燕窝四大件、烤牌子、菊花虾包、一品豆腐、寿字鸭羹、拔丝金枣等。

2.江苏风味

江苏风味即江苏菜,包括淮扬菜、苏锡菜、金陵菜、徐海菜等主要菜系,其中以淮扬菜为代表。广义淮扬菜由长江以南,江、浙、皖、湘等地菜系组成,该菜系的发展得益于隋炀帝下江都,带来了北方烹饪手法,融合江南本土鲜美的食材,最终在广陵(今扬州)得到起源和发展,唐朝扬州富甲天下,该菜系融合百家得到极大发展。又经过千百年各地演绎,已形成诸多小菜系。该菜系享有"东南第一佳味,天下之至美"的称誉。特别是名著《红楼梦》里描述的菜肴,皆出自该菜系,满汉全席也最早记录在《扬州画舫录》之中。

而较广义的淮扬菜是指江苏内部菜系,也即苏菜(江苏菜)。苏菜由淮扬风味、苏锡风味、金陵风味、徐海风味四种风味组成,是宫廷宴第二大菜系。而广义淮扬菜则专指苏菜的淮扬风味。

(1)淮扬风味

淮扬风味以扬州、淮安为代表,主要流行于以大运河为主,南至镇江,北至洪泽湖、淮河一带,东至沿海地区。淮扬菜选料严谨,讲究鲜活,主料突出,刀功精细,擅长炖、焖、烧、烤,重视调汤,讲究原汁原味,并精于造型,瓜果雕刻栩栩如生,口味咸淡适中,南北皆宜,淮扬细点,造型美观,口味繁多,制作精巧,清新味美,四季有别。著名菜肴有清炖蟹粉狮子头、软兜长鱼、涟水鸡糕、大煮干丝、三套鸭、水晶肴肉等。

(2)苏锡风味

苏锡风味以苏州菜为代表,主要流行于苏州、无锡、常州和上海地区,与浙菜、徽菜中的皖南、沿江风味相近。有专家认为苏锡风味应当属于浙菜，但苏锡风味与浙菜的最大区别是苏锡风味偏甜。苏锡风味中的上海菜受到浙江的影响比较大，现在有成为新菜系沪菜的趋势。苏南风味擅长炖、焖、煨、焐，注重保持原汁原味，花色精细，时令时鲜，甜咸适中，酥烂可口，清新腴美。近年来又烹制无锡乾隆江南宴、无锡西施宴和太湖船菜。苏州在民间拥有"天下第一食府"的美誉。苏锡名菜有香菇炖鸡、松鼠鳜鱼、糖醋排骨、太湖银鱼、桃源红烧羊肉、太湖大闸蟹、阳澄湖大闸蟹。松鹤楼、得月楼是苏州的代表名食楼。

(3) 金陵风味

金陵风味以南京菜为代表，主要流行于江苏南京和安徽地区。

金陵菜烹调擅长炖、焖、叉烤。特别讲究七滋七味：即酸、甜、苦、辣、咸、香、臭；鲜、烂、酥、嫩、脆、浓、肥。南京菜以善制鸭馔而出名，素有"金陵鸭馔甲天下"的美誉。

(4) 徐海风味

徐海风味以徐州菜为代表，流行于徐州至连云港及皖北、豫西、鲁南地区，与山东菜系的孔府风味较近，曾属于鲁菜口味。

徐海菜鲜咸适度，习尚五辛、五味兼崇，清而不淡、浓而不浊。其菜无论取料于何物，均注意"食疗、食补"作用。另外，徐州全狗席伏羊节甚为著名。徐海风味菜代表有霸王别姬、沛公狗肉、彭城鱼丸等。

3. 广东风味

广东风味即广东菜，由广州风味、客家风味、潮汕风味三种风味组成，在国内、海外影响极大。不仅中国大部分地区都有粤菜馆，而且世界各国的中菜馆，多数是以粤菜为主。粤菜是国内第三大菜系，地位仅次于鲁菜、川菜，在国外是中国的代表菜系。粤菜以广州风味为代表。

(1) 广州风味

广州风味以广州菜为代表，集南海、番禺、东莞、顺德、中山等地方风味的特色，主要流行于广东中西部、香港、澳门、广西东部。

广州菜注重质和味，口味比较清淡，力求清中求鲜、淡中求美。而且随季节时令的变化而变化，夏秋偏重清淡，冬春偏重浓郁。食味讲究清、鲜、嫩、爽、滑、香；调味遍及酸、甜、苦、辣、咸；即所谓五滋六味，有"食在广州"的美誉。代表品种有白切鸡、白灼虾、烤乳猪、香芋扣肉、黄埔炒蛋、炖禾虫、狗肉煲、五彩炒蛇丝等。

(2) 客家风味

客家风味又称东江风味，以惠州菜为代表。流行于广东、江西和福建的客家地区，与福建菜系中的闽西风味较近。

客家菜下油重，口味偏咸，酱料简单，但主料突出。喜用三鸟、畜肉，很少配用菜蔬,河鲜海产也不多。代表品种有东江盐焗鸡、东江酿豆腐、爽口牛丸等,表现出浓厚的古代中州之食风。

(3)潮汕风味

潮汕风味以潮州菜为代表,主要流行于潮汕地区,和福建菜系中的闽南风味较近。

潮汕菜以烹调海鲜见长,刀功技术讲究,口味偏重香、浓、鲜、甜。喜用鱼露、沙茶酱、梅羔酱、姜酒等调味品,甜菜较多,款式百种以上,都是粗料细作,香甜可口。潮州菜的另一特点是喜摆十二款,上菜次序又喜头、尾甜菜,下半席上咸点心。秦朝以前潮州属闽地,其语系和风俗习惯接近闽南而与广州有别,因渊源不同,故菜肴特色也有别。代表品种有烧雁鹅、豆酱鸡、护国菜、什锦乌石参、葱姜炒蟹、干炸虾枣等,都是潮州特色名菜。

4.四川风味

四川风味即四川菜系。以成都菜和重庆菜为代表。四川菜系各地风味比较统一,主要流行于西南地区和湖北地区,在中国大部分地区都有川菜馆。川菜是中国最有特色的小吃类菜系,也是西南民间最大菜系。

川菜风味包括重庆、成都、乐山、内江、自贡等地方菜的特色。主要特点在于味型多样,辣椒、胡椒、花椒、豆瓣酱等是主要调味品,其中郫县豆瓣最为著名,按不同的配比,可分为麻辣、酸辣、椒麻、麻酱、蒜泥、芥末、红油、糖醋、鱼香、怪味等各种味型,口味清鲜醇浓并重,具有"一菜一格""百菜百味"的特殊风味,各式菜点无不脍炙人口。川菜在烹调方法上,有炒、煎、干烧、炸、熏、泡、炖、焖、烩、贴、爆等三十八种之多。在口味上特别讲究色、香、味、形,兼有南北之长,以味的多、广、厚著称。历来有"七味"(甜、酸、麻、辣、苦、香、咸),"八滋"(干烧、酸、辣、鱼香、干煸、怪味、椒麻、红油)之说,川菜系因此具有取材广泛、调味多样、菜式适应性强三个特征。川菜由筵席菜、大众便餐菜、家常菜、三蒸九扣菜、风味小吃等五个大类组成一个完整的风味体系,在国际上享有"食在中国,味在四川"的美誉。其中最负盛名的菜肴有干烧岩鲤、干烧桂鱼、鱼香肉丝、水煮肉片、水煮鱼、怪味鸡、粉蒸牛肉、麻婆豆腐、毛肚火锅、干煸牛肉丝、夫妻肺片、灯影牛肉、担担面、赖汤圆、钟水饺、龙抄手等,其川菜中五大名菜是:鱼香肉丝、宫保鸡丁、夫妻肺片、麻婆豆腐、回锅肉。

5.浙江风味

浙江风味即浙江菜,简称浙菜,是中国传统八大菜系之一,浙江山清水秀,物产丰富佳肴美,故谚曰:"上有天堂,下有苏杭"。浙江省位于我国东海之滨,北部水道成网,素有鱼米之乡之称。西南丘陵起伏,盛产山珍野味。东部沿海渔场密布,水产资源丰富,有经济鱼类和贝壳水产品500余种,总产值居全国之首,物产丰富,佳肴自美,特色独具,有口皆碑。

浙菜富有江南特色，历史悠久，源远流长，是中国著名的地方菜种。浙菜起源于新石器时代的河姆渡文化，经越国先民的开拓积累，汉唐时期的成熟定型，宋元时期的繁荣和明清时期的发展，浙江菜的基本风格已经形成。

浙江菜的形成有其历史的原因，同时也受资源特产的影响。浙江濒临东海，气候温和，水陆交通方便，其境内北半部地处我国"东南富庶"的长江三角洲平原，土地肥沃，河汉密布，盛产稻、麦、粟、豆、果蔬，水产资源十分丰富，四季时鲜源源上市；西南部丘陵起伏，盛产山珍野味，农舍鸡鸭成群，牛羊肥壮，无不为烹饪提供了殷实富足的原料。特产有富春江鲥鱼、舟山黄鱼、金华火腿、杭州油乡豆腐皮、西湖莼菜、绍兴麻鸭、越鸡和酒、西湖龙井茶、舟山的梭子蟹、安吉竹鸡、黄岩蜜橘等。丰富的烹饪资源、众多的名优特产，与卓越的烹饪技艺相结合，使浙江菜出类拔萃地独成体系。

浙菜选料讲究、烹饪独到、注重本味、制作精致。主要名菜有西湖醋鱼、东坡肉、赛蟹羹、家乡南肉、干炸响铃、荷叶粉蒸肉、西湖莼菜汤、龙井虾仁、杭州煨鸡、虎跑素火腿、干菜焖肉、蛤蜊黄鱼羹、叫化童鸡、香酥焖肉、丝瓜卤蒸黄鱼、三丝拌蛏、油焖春笋、虾爆鳝背、新风蟹卷、雪菜大汤黄鱼、冰糖甲鱼、蜜汁灌藕、嘉兴五芳斋粽子、宁波汤圆、湖州千张包子等数百种。

6.闽菜风味

福建省位于中国东南部，面临大海，背负群山，气候湿和，雨量充沛，大地常绿，四季如春。沿海地区海岸线漫长，浅海滩涂辽阔，鱼、虾、螺、蚌、鲟、蚝等海鲜佳品常年不绝。辽阔的江河平原，则盛产稻米、蔗糖、蔬菜、花果，尤以荔枝、龙眼、柑橘等佳果誉满中外。山林溪间盛产茶叶、香菇、竹笋、慧米及鹿、石鳞、河鳗、甲鱼、穿山甲等山珍野味。《福建通志》有"茶笋山木之饶遍天下""鱼盐蜃蛤匹富齐青""两信潮生海接天，鱼虾入市不论钱""蛙蚶蚌蛤西施舌，人馔甘鲜海味多"等诗句，这些都是古人对闽海富庶的高度赞美。

闽菜是中国八大菜系之一，历经中原汉族文化和闽越人文化的混合而形成。闽菜发源于福州，以福州菜为基础，后又融合闽东、闽南、闽西、闽北、莆仙五地风味菜形成的菜系。狭义闽菜指福州菜，最早起源于福建福州闽县，后来发展成福州菜、闽南菜、闽西菜三种流派，即广义闽菜。选料精细，刀功严谨；讲究火候，注重调汤；喜用作料，口味多变。

由于福建人民经常往来于海上，于是饮食习俗也逐渐形成带有开放特色的一种独特的菜系。闽菜以烹制山珍海味而著称，在色香味形俱佳的基础上，尤以"香""味"见长，其清鲜、和醇、荤香、不腻的风格特色，以及汤路广泛的特点，在烹坛园地中独具一席。福州菜淡爽清鲜，讲究汤提鲜，擅长各类山珍海味；闽南菜（厦门、漳州、泉州一带）讲究作料调味，重鲜香；闽西菜（长汀、宁化一带）偏重咸辣，烹制多为山珍，特显山区风味。故此，闽菜形成三大特色，一长于红糟调味，二长于制汤，三长于使用糖醋。

闽菜除招牌菜"佛跳墙"外，还有福州鱼丸、鼎边糊、漳州卤面、莆田卤面、海蛎煎、沙县拌面、扁食、厦门沙茶面、面线糊、闽南咸饭、兴化米粉、荔枝肉、乌柳居（五柳居）等。

(1) **闽东风味**

闽东风味，以福州菜为代表，同时也是闽菜的主体，不仅流行在闽台地区，更是海内外唐人街随处可见的闽菜代表，更有"福州菜飘香四海，食文化千古流传"之称。选料精细，刀功严谨；讲究火候，注重调汤；喜用作料，口味多变，显示了四大鲜明特征：一为刀功巧妙，寓趣于味。素有切丝如发，片薄如纸的美誉，比较有名的菜肴如炒螺片。二为汤菜众多，变化无穷。素有"一汤十变"之说，最有名的如佛跳墙。三为调味奇特，别具一格。闽菜的调味，偏于甜、酸、淡，善用糖醋，比较有名的酸甜代表菜如荔枝肉、醉排骨等。这种饮食习惯与烹调原料多取自山珍海味有关。善用糖，用甜去腥腻；巧用醋，酸甜可口；味偏清淡，则可保持原汁原味，并且以甜而不腻、酸而不峻、淡而不薄享有盛名；还善用红糟、虾油、沙茶、辣椒酱、喼汁等调味，风格独特，别开生面。四为烹调细腻，雅致大方。以炒、蒸、煨技术最为突出。食用器皿别具一格，多采用小巧玲珑、古朴大方的大、中、小盖碗，越加体现了雅洁、轻便、秀丽的格局和风貌。

五大代表菜：佛跳墙、鸡汤氽海蚌、淡糟香螺片、荔枝肉、醉糟鸡。五碗代表：太极芋泥、锅边糊、肉丸、鱼丸、扁肉燕。

(2) **闽南风味**

主要指厦漳泉一带，闽南菜风行于闽南、台湾地区，东南亚部分地区。

闽南菜具备清鲜淡爽的特色，与潮州菜较为相似，但以海鲜及制品为主。作料方面长于施用花生酱、沙茶酱等作料。闽南菜的代表有海鲜，海鲜制品（虾皮，鱼丸，虾丸等），药膳和南普陀素菜。闽南菜讲究根据本地特殊的天然资源、结合时令的变化，制作菜品，讲究"应季"，按季节物产烹制色香、味、形俱全的好菜，四时不同海鲜与不同季节蔬菜搭配，讲究食材新鲜，原汁原味，鲜甜味觉享受。

(3) **闽西风味**

闽西风味又称长汀风韵。以龙岩菜为代表，主要风行于闽西地区。与广东菜系的客家风味较近。

闽西位于粤、闽、赣三省接壤处，以客家菜为主体，多以多山地区独有的奇味异品作原料，有多汤、清淡、滋补的独特之处。代表菜有薯芋类的，如柔软适口的芋子饺、芋子包、炸雪薯、煎薯饼、炸薯丸、芋子糕、酿芋子、蒸满圆、炸满圆等；野菜类的有白头翁汤、苎叶汤、苦斋汤、炒马齿苋、鸭爪草、鸡爪草、炒马蓝草、喷鼻椿芽、野苋菜、炒木锦花等；瓜豆类的有冬瓜煲、酿苦瓜、脆黄瓜、番瓜汤、番瓜汤、狗爪豆、阿罗汉豆、炒苦瓜、酿青椒等；饭食类的有红大米或者小米做成的饭、高粱粟、麦子汤、拳头粟汤等。

（4）闽中风味

以三明、沙县菜为代表，主要风行于三明地区。

闽中菜以其风韵独特、打工精致、品种繁多和经济实惠而著称，小吃占多数。此中最有名的是沙县小吃。沙县小吃共有二百六十多个品种，常年上市的有40多种，形成扁食（肉）系列、豆腐系列、烧卖系列、芋头系列、牛杂系列，其代表有烧卖、扁肉、夏茂芋饺、泥鱼粉干、鱼丸、真心豆腐丸、米冻皮、米冻糕与禧果。

（5）闽北风味

以南平、宁德菜为代表，主要风行于闽北地区。

闽菜闽北风味特有产品富厚，汗青悠长，文化发财，是个出产美食的好处所，丰富的自然森林资源，加之潮湿的亚热带海洋性气候，为闽北出产非常多各类山珍提供了充沛的前提。喷鼻菇、红菇、竹笋、建莲、薏米等处所特有产品以及野兔、野山羊、麂子、蛇等野味都是美食的上品原料。主要代表菜有伏羲八卦宴、文公菜、幔亭宴、蛇宴、茶宴、涮兔肉、熏鹅、鲤干、龙凤汤、食抓糍、冬笋炒底、菊花鱼、双钱蛋茹、茄汁鸡肉、建瓯板鸭、峡阳木樨糕等。

闽菜的烹调特点是汤菜要清，味道要淡，炒食要脆，擅长烹制海鲜佳肴。其烹调技法以蒸、煎、炒、熘、焖、炸、炖为特色。

7.湘菜风味

湘菜又叫湖南菜，早在汉朝就已经形成菜系，以湘江流域、洞庭湖区和湘西山区三种地方风味为主，是中国历史悠久的八大菜系之一。湘江流域风味以长沙、衡阳、湘潭为中心，是湘菜的主要代表。其特色是油重色浓，讲求实惠，注重鲜香、酸辣、软嫩，尤以煨菜和腊菜著称。洞庭湖区的菜以烹制河鲜和家禽家畜见长，特点是量大油厚，咸辣香软，以炖菜、烧菜出名。湘西菜擅长制作山珍野味、烟熏腊肉和各种腌肉、风鸡，口味侧重于咸香酸辣，有浓厚的山乡风味。

湘菜制作精细，用料上比较广泛，口味多变，品种繁多；色泽上油重色浓，讲求实惠；品味上注重香辣、香鲜、软嫩；制法上以煨、炖、腊、蒸、炒诸法见称。官府湘菜以组庵湘菜为代表，如组庵豆腐、组庵鱼翅等。民间湘菜代表菜品有剁椒鱼头、辣椒炒肉、湘西外婆菜等。

湘菜历来重视原料互相搭配，滋味互相渗透。湘菜调味尤重酸辣。因地理位置的关系，湖南气候温和湿润，故人们多喜食辣椒，用于提神去湿。用酸泡菜作调料，佐以辣椒烹制出来的菜肴，开胃爽口，深受青睐，成为独具特色的地方饮食习俗。同时，爆炒也是湖南人做菜的拿手好戏。

湖南菜系,以长沙菜为代表。湖南菜系各地风味统一,主要流行于湖南地区,在中国大部分地区都有湘菜馆,是民间第三大菜系。

(1) **湘江流域风味**

以长沙、衡阳、湘潭为中心,是湖南菜系的主要代表。它制作精细,用料广泛,口味多变,品种繁多。其特点是:油重色浓,讲求实惠,在品味上注重酸辣、香鲜、软嫩。在制法上以煨、炖、腊、蒸、炒诸法见称。煨、炖讲究微火烹调,煨则味透汁浓,炖则汤清如镜;腊味制法包括烟熏、卤制、叉烧,著名的湖南腊肉系烟熏制品,既作冷盘,又可热炒,或用优质原汤蒸;炒则突出鲜、嫩、香、辣,市井皆知。代表菜有海参盆蒸、腊味合蒸、走油豆豉扣肉、麻辣仔鸡等。

(2) **洞庭湖区风味**

以烹制河鲜、家禽和家畜见长,多用炖、烧、蒸、腊的制法,冰糖湘莲其特点是芡大油厚,香软。炖菜常用火锅上桌,民间则用蒸钵置泥炉上炖煮,俗称蒸钵炉子。往往是边煮边吃边下料,滚热鲜嫩,津津有味,当地有"不愿进朝当驸马,只要蒸钵炉子咕咕嘎"的民谣,充分说明炖菜广为人民喜爱。代表菜有洞庭金龟、网油叉烧洞庭桂鱼、蝴蝶飘海、冰糖湘莲等,皆为有口皆碑的洞庭湖区名肴。

(3) **湘西山区风味**

湘西菜擅长制作山珍野味、烟熏腊肉和各种腌肉,口味侧重于咸香酸辣,常以柴炭作燃料,有浓厚的山乡风味。代表菜有红烧寒菌、板栗烧菜心、湘西酸肉、炒血鸭等,皆为驰名湘西的佳肴。

湘菜共同风味是辣味菜和腊味菜。以辣味强烈著称的朝天辣椒,全省各地均有出产,是制作辣味菜的主要原料。腊肉的制作历史悠久,在中国相传已有两千多年历史。三地区的菜各具特色,但并非截然不同,而是同中存异,异中见同,相互依存,彼此交流。统观全貌,则刀功精细,形味兼美,调味多变,酸辣著称,讲究原汁,技法多样,尤重煨烤。"日夜江声下洞庭",随着时代的前进和国家经济的发展,湘菜这朵奇葩,将会开得更加鲜艳夺目。

8. 徽州风味

徽州风味是中国八大菜系之一。徽菜起源于南宋时期的徽州府(现黄山市,江西省婺源县,以及安徽省宣城市绩溪县组成),徽菜是古徽州的地方特色,其独特的地理人文环境赋予徽菜独有的味道,由于明清徽商的崛起,这种地方风味逐渐进入市肆,流传于苏、浙、赣、闽、沪、鄂以至长江中、下游区域,具有广泛的影响,明清时期一度居于八大菜系之首。根据2009年出版的中国徽菜标准,正式确定徽菜为皖南菜、皖江菜、合肥菜、淮南菜、皖北菜五大风味。

徽菜的主要特点:烹调方法上擅长烧、炖、蒸,而爆、炒菜少,重油、重色,重火功。

徽菜的形成与江南古徽州独特的地理环境、人文环境、饮食习俗密切相关。绿树丛荫、沟壑纵横、气候宜人的徽州自然环境，为徽菜提供了取之不尽，用之不竭的徽菜原料。得天独厚的条件成为徽菜发展的有力物质保障，同时徽州名目繁多的风俗礼仪、时节活动，也有力地促进了徽菜的形成和发展。在绩溪，民间宴席中，县城有六大盘、十碗细点四，岭北有吃四盘、一品锅，岭南有九碗六、十碗八等。

徽菜特色一是就地取材，以鲜制胜。徽地盛产山珍野味河鲜家禽，就地取材使菜肴地方特色突出并保证鲜活。二是善用火候，火功独到。根据不同原料的质地特点、成品菜的风味要求，分别采用大火、中火、小火烹调。三是娴于烧炖，浓淡相宜。除爆、炒、熘、炸、烩、煮、烤、焙等技法各有千秋外，尤以烧、炖及熏、蒸菜品而闻名。四是注重天然，以食养身。徽菜继承了祖国医食同源的传统，讲究食补，这是徽菜的一大特色。

其最有代表性的菜肴有火腿炖甲鱼、红烧果子狸、黄山炖鸽、清蒸石鸡、腌鲜鳜鱼、香菇盒、问政山笋、双爆串飞、虎皮毛豆腐、香菇板栗、杨梅丸子、凤炖牡丹、双脆锅巴、徽州圆子、蛏干烧肉、清蒸鹰龟、青螺炖鸭、方腊鱼、当归獐肉、一品锅、中和汤等名菜佳肴。发展出的菜品有全家福、凤还巢、炒鳝糊、杨梅丸子、沙地鲫鱼、银芽山鸡、红烧划水、五色绣球、三虾豆腐、翡翠虾仁、红烧大烤、蜜汁火方、腐乳炸肉、雪映红梅、火煺烧边笋、松鼠溜黄鱼、砂锅鸭馄饨等数百种。如今徽菜中还保留了一品锅、刀板香、腌鲜臭鳜鱼、虎皮毛豆腐、问政笋、火腿炖甲鱼、清蒸石鸡（即石蛙）、徽州圆子、凤炖牡丹、荷叶粉蒸肉、青螺炖鸭、中和汤等传统佳肴。

第 二 章

冷菜烹调技法

第一节　冷菜的概念和要求

冷菜是筵席中必不可少的一大类菜肴，与热菜相比，具有明显的区别：冷菜一般是先烹调，后刀功；而热菜则是先加工，后烹调。冷菜是以丝、条、片、块为基本单位来组成菜肴的形状，并有单盘、拼盘以及工艺性较高的花鸟图案冷拼之分；而热菜一般是利用原料的自然形态或原料的刀功处理、加工等手段来构成菜肴的形状。冷菜强调"入味"，或是附加食用调味品，讲究香料入味，有些品种不需加热就能成为菜品；热菜必须通过加热才能使原料成为菜品，是利用原料加热以散发热气使人嗅到香味。

冷菜的风味、质感也与热菜有明显的区别。总体来说，冷菜以香气浓郁、清凉爽口、少汤少汁（或无汁）、鲜醇不腻为主要特色。具体又可分为两大类型，一类是以鲜香、脆嫩、爽口为特点；另一类是以醇香、酥烂、味厚为特点。前一类的制法以腌、拌、炝等技法为代表，后一类则由卤、酱、烧等代表，具有不同的内容和风格。

一、基本概念

冷菜，又称凉菜、冷荤，是将烹饪原料经过加工后首先烹制成熟或腌渍入味，再切配装盘，为凉吃而制作的一类菜肴。冷菜是菜品的组成部分之一，同热菜一样同等重要，是各类宴席必不可少的。近几年，随着经济的发展，冷菜、冷拼的制作技艺和拼摆手法得到迅猛发展，原料的使用范围进一步扩大，取材也更广泛，其运用范围也更广，拼摆形式也从以前的平面向半立体发展。

二、冷菜的特点

1. 滋味稳定，容易存放

冷菜冷食，大多不受温度所限，放置久了对滋味和口感影响不大，这就适应酒席上宾主边吃边饮，相互交谈，所以也是理想的饮酒佳肴。可以提前制作，随时可用，特别是在大批量需要的时候，方便应用。

2. 筵席首菜，突出主题

冷菜是筵席的脸面，特别是一些花色拼盘，能突出筵席的主题，如喜宴、寿宴等，冷菜要采用喜庆、愉悦的色彩，象征性的装盘手法和造型，来突出筵席的主题，制造一种喜庆的氛围。

3.造型美观，色彩鲜艳

冷菜常以第一道菜入席，讲究装盘工艺，优美的造型和丰富的色彩，对整桌菜肴的质量评价有着一定的影响。特别是一些图案装饰冷拼，令人心旷神怡，兴趣盎然，诱人食欲，活跃筵会气氛，为筵席锦上添花。

4.选料广泛，自成一格

冷菜是筵席不可缺少的，选料上有荤有素，口味酸甜咸辣，变化多端，还可独立成席，如冷餐宴会、鸡尾酒会等，主要由凉菜组成。格局一菜一品，使用原料多样、调味变化多端、形状千变万化、色彩搭配合理，自成一格。

5.大量制作，便于备货

由于冷菜不像热菜那样随炒随吃，可以长时间存放，因此可以提前大量备货，便于大量制作。特别是举行大型宴会、冷餐酒会或自助餐，由于准备充分，能缓和烹饪方面的紧张。

6.便于携带，食用方便

冷菜一般都具有无汁无腻，方便包装，食用方便等特点，所以它便于携带；在密封的情况下，也可久存，作为馈赠亲友的礼品。在旅途中食用，不需加热，也不需要一定的用具。

7.便于陈列，方便需要

由于冷菜没有热气，可以较长时间搁放，许多酒店把它作为菜品陈列的理想菜品，这既能反映企业的经营面貌，又能展示厨师的技术水平，便于饭店开展业务，显示菜肴质量。

三、冷菜的作用

冷菜在筵席程序中是最先与就餐者见面的菜肴，它以艳丽的色彩、精湛的刀功、逼真的造型呈现在人们面前，让人赏心悦目，诱人食欲，使就餐者在饱尝口福之余，还能得到美的享受。

1.突出主题

冷菜在筵席中应用，首先要突出筵席的主题，特别是选用冷菜制作的花色拼盘，冷菜制作者在制作前，要及时了解筵席的主题、目的，以便构思和设计冷菜的图案，使设计构思的图案符合筵席的主题，不能随意制作，否则会事倍功半，达不到突出筵席主题的目的。如喜宴，设计者可设计龙凤呈祥、鸳鸯戏水等吉祥如意的图案，以表达喜庆吉祥、恩爱美好的目的；寿宴，设计者可设计松鹤延年、寿桃、山水寿石等图案，以表达身体健康延年益寿之意；庆功宴，设计者可设计锦上添花、前程似锦等图案，以表达功名成就、更进一步之意；团聚宴，设计者可设计幸福满堂、喜鹊相会等图案，以表达相逢喜悦、相聚团圆之意；迎宾宴，设计者可设计孔雀开屏、迎宾花篮等图案，以表达热情欢迎、友谊长存之意。

2.烘托就餐氛围

由于冷菜色彩鲜艳、刀功精细、造型美观，会给就餐者艺术的享受，就餐者会把烹饪与艺术有机的联想，使客人赏心悦目、轻松愉悦地就餐，融汇在艺术与美食的享受之中，再加上突出的主题，会使人浮想联翩，随着一道道美食的品鉴，更加深筵席的意义，达到了烘托氛围的目的。

3.提升宴席档次

冷菜造型在筵席中，能突出筵席的档次，一般来说，筵席的档次越高，冷菜制作的难度越大，制作越精细，造型更加美观，原料也是选用一些上等原料，以显示主人的重视，会给客人带来一种心理满足，既突出了主题，又显示了主人的热情大度，给客人留下深刻印象。

4.展现制作者的高超技艺

由于冷菜制作精细、原料搭配合理、口味变化多端、色彩绚丽，这就要求制作者要有一定的艺术细胞和精湛的烹饪技艺，才能达到刀功精细、拼摆手法娴熟、图案造型栩栩如生，自然美观，不仅给客人带来艺术享受，更显示了制作者精湛的烹饪技艺。

四、冷菜制作的基本原则

1.食用与观赏相结合的原则

食用与观赏，是冷菜最重要的因素，食用价值是冷菜制作的前提，要以食用为主，观赏为辅，观赏是对冷菜所表现的艺术形式的一种肯定，其表现形式是烹饪技术与艺术的有机结合。因此，食用与观赏相结合，是冷菜的主要体现所在，二者不可分割，单纯追求食用性，谈不上艺术，单纯追求观赏性，忽视食用性，则失去了冷菜的内涵要求。

2.营养与卫生相结合的原则

冷菜的目的，是追求美食享受，但食用最终的目的，是获取营养成分，维持体内生理需要，注重营养搭配的同时，还要注意食物原料的卫生，要保证食物原料在不受污染和不变质的情况下去使用和食用，这是人们食用食物最基本的要求。因此，冷菜营养与卫生的结合，是人们食用的前提条件。

3.造型与盛器相结合的原则

冷菜的造型是冷菜的表现形式，造型的好坏、大小的布置、比例的协调与盛器的大小、色彩、形状有密切关系，很多冷菜都是依据盛器的大小、色彩、形状来设计图案，这样设计的造型，与盛器相辅相成，从而衬托出冷菜、冷拼的造型更加美观、协调，突出冷菜的艺术性。

4. 刀功与造型相结合的原则

冷菜的造型图案是否美观，在技术上主要是凸显刀功的精细。精细的刀功就是根据不同原料采取的不同的刀法，根据图案的形态，对原料形状、粗细、长短、厚薄等进行精细加工，做到整齐一致，既有利于艺术的表达，又有利于食用，精细的刀功对造型起着至关重要的作用。

5. 原料与口味相结合的原则

冷菜的原料主要是体现经过加工烹调处理后的食用性，因此，在原料加工制作过程中，要根据原料的性质特点，有目的、针对性地对原料进行调味，使冷菜在食用的过程中，既得到艺术享受，又满足口福的需要，使身心和精神都达到愉悦的境地。

6. 色彩与造型相结合的原则

冷菜的造型除体现在精细的刀功、优美的图案外，色彩是图案更直觉的一种效果，色彩搭配的合理与否，对冷菜、冷拼的效果至关重要，往往在冷菜、冷拼制作中，会出现冷暖色的不协调，色彩差异不大，色彩不鲜艳等情况，因此，在冷菜的制作中，要学会色彩的使用原则，使色彩搭配合理，从而增加造型的美观、鲜艳。

7. 传统与创新相结合的原则

冷菜的制作，全国各地都很常见，许多造型雷同或相似，特别是一些大赛获奖作品，都作为样本去临摹；一些传统的工艺造型更是作为教学模板去使用，现代的一些大赛，出现了一些创新的品种，让人耳目一新。因此，创新与传统的造型相结合，会使冷菜更加生动。

五、冷菜制作的基本要求

1. 便于食用，但要防止"串味"

冷菜作为一种有艺术形式表现的食物，要符合食用的目的，由于冷菜使用到较多的原料食物，且在拼摆的过程中，原料互相叠砌，且不同的食物有着不同的口味，在这种情况下，极易使原料相互串味。因此，在原料制作过程中，尽可能少用一些带汤汁的食物原料；在拼摆过程中，尽可能使原料单独分开切配，减少原料串味的机会，从而保持一菜一味的格局。

2. 色彩协调、造型美观

冷菜制作中，首先要构思好图案造型，设计好色彩的搭配协调，不能随意取些原料，随意拼摆，不能使色彩顺色、杂色，要根据图案要求，色彩搭配合理，图案美观，造型协调一致，比例恰当，给人以形象逼真的感觉，因此制作者要有一定的艺术素养，懂得色彩的搭配，从而使图案更加美观。

3.拼摆刀法多样

冷菜美观,除体现在色彩上,更要体现在刀功上,因此,在拼摆的过程中,要注意刀法的结合。烹饪中的刀法种类很多,要根据不同要求,合理使用各种刀法,使原料的形态多样,从而保证冷菜、冷拼的图案更加优美精致,达到预期的目的。

4.硬面与软面要有机结合

冷菜的硬面,就是用经刀功处理后具有一定特殊形状的原料,用排、摆、贴等手法制成整齐、具有节奏感的表面,覆盖在垫底的原料上;冷菜的软面,是指用不能用于排列或不需要排列的、比较细小的原料堆砌的不规则的造型表面。硬面和软面是两种表面形状不同的原料,在制作过程中,要衔接得当。

5.选择好器皿

冷菜的制作,器皿的选择很重要,器皿的色彩、大小、形状要与冷菜、冷拼的图案造型有机结合,俗话说"美食不如美器",特别是一些特殊造型的器皿,会给冷菜增色不少,亮丽的色彩,也会给图案带来意想不到的艺术效果,器皿大小与冷菜的品种、数量、图案的大小要协调。因此,冷菜、冷拼制作前,要有目的地去选择器皿,达到理想的效果。

6.节约用料、物尽其用

冷菜使用原料较多,且经过各种刀功处理后,下脚料较多,因此,在原料选择时,要注意合理使用原料,有些下脚料,经过刀功处理后,可作为垫底原料使用,这样就避免了浪费,达到物尽其用的效果。

六、冷菜制作中注意事项

冷菜都是可食性原料制作,可以直接或烹调后食用,由于制作时间比较长,需要精工细作,劳动量也比较大,在制作中需要注意以下几个问题:

1.制作的原料必须是可食用的原料

在冷菜制作中,无论使用的原料是生料还是熟料,一定要保持其可食性,非可食性原料绝对不允许使用,包括各种食品添加剂,有些原料,新鲜状态下不能食用,但经过烹调加工后可以食用,有人为了使冷菜色彩更美观,造型更加别致,使用一些非食用性原料,那就违反了食品安全卫生法。

2.不能使用腐烂变质原料

有些原料,由于制作过程时间较长,特别是在天气比较炎热的情况下,原料容易腐烂变质,一旦原料变质,则不能继续使用,另外还要注意制作过程中有些原料的交叉污染。

3.注意制作过程卫生

冷菜制作过程从原料选用、餐具选择、刀具使用、工具配用等要严格按照卫生要求，要及时进行必要的消毒处理，制作时最好配以消毒塑料手套，使用的生料、熟料，不要被设备、工具等污染，尽可能缩短制作时间，以保证冷菜的新鲜度，保证冷菜、冷拼的质量。

　　4.要防止成品变色、变质、变形

　　由于冷菜制作所使用的原料，有些会与空气中的氧接触而使其变色，有的会因为搁置时间较长而干燥变色，尤其在拼盘摆放过程中，由于摆放时间较长，容易变色、变质、变形。冷菜在制作好后，若不及时使用，可用保鲜膜覆盖，放在低温下保存，也可在冷菜表面涂刷一层油，既防止原料水分挥发，又防止食物与空气接触，同时还会使成品明亮鲜艳，达到保管的目的。

第二节　冷菜的制作

一、冷菜的制作基础知识

冷菜的制作，是指对烹饪原料加热成熟后或不加热直接进行调味，对于冷吃菜肴的制作过程，有热制冷吃和冷制冷吃两大类。

冷菜是用来制作冷拼的主体原料，原料通过各种不同的成熟方法，将其加工成符合制作要求的熟制品，将这些熟制品经过刀功处理，拼摆出一定的造型和图案，这一过程称为冷拼的制作。

冷菜的制作，从色、香、味、形、质等诸多方面，较之热菜有所不同。冷菜的制作具有其独立的特点，与热菜的制作有明显的差异。如何才能制成符合冷菜制作需要的原材料，这就要求我们要熟悉并掌握冷菜制作的常用方法。

冷菜制作的烹调技艺主要有拌、腌、卤、酱、煮、蒸、炝、熏、醉、烤、冻、挂霜等。

冷菜的加工成熟，其意义不完全等同于热菜的加热成熟。它既包含了通过加热调味的手段将原料加工成熟，也包含着直接调味将原料制"熟"，而不通过加热的方式。因此，从这个意义上来讲，冷菜的许多制熟方法是热菜烹调方法的延伸、变革或者是综合运用。

二、冷菜的调味

冷菜的制作除体现在原料的选用上外，更注重的是精细的刀功、色彩的搭配，尤其是调味。

冷菜的调味有加工前调味，如腌、泡、渍等；有加热中调味，如酱、卤、煮等；有加工后调味，如拌、炝、熏等。

冷菜调味，要根据冷菜的品种性质，有针对性地选用调味品的口味，有的冷菜适合于重口味，有的冷菜适合于重色泽，应用中要注意冷菜的调味。

三、冷菜调味品制作

1.咸味汁

咸味汁以精盐、味精、麻油加适量鲜汤调和而成，为白色咸鲜味。适用于鸡肉、虾肉、蔬菜、豆类等，如盐水鸡、盐水虾、盐水毛豆等。

2.酱油汁

酱油汁以酱油、味精、麻油、鲜汤调和制成,为褐红色咸鲜味。用于拌食或蘸食肉类主料,如酱油鸡、酱油肉等。

3.虾油汁

虾油汁用料有虾子、精盐、味精、麻油、绍酒、鲜汤,做法是先用麻油炸香虾子后再加调料烧沸,为白色咸鲜味。用于拌食荤素菜皆可,如虾油冬笋、虾油鸡片等。

4.蟹油汁

蟹油汁用料为熟蟹黄、精盐、味精、姜末、绍酒、鲜汤。蟹黄先用植物油炸香后加调料烧沸,为橘红色咸鲜味。多用于拌食荤料,如蟹油鱼片、蟹油鸡脯、蟹油鸭脯等。

5.蚝油汁

蚝油汁用料为蚝油、精盐、麻油,加鲜汤烧沸,为咖啡色咸鲜味。用于拌食荤料,如蚝油鸡、蚝油肉片、蚝油芦笋等。

6.韭味汁

韭味汁用料为腌韭菜花、味精、麻油、精盐、鲜汤。腌韭菜花用刀剁成蓉,然后加调料鲜汤调和,为绿色咸鲜味。拌食荤素菜肴皆宜,如韭味里脊、韭味鸡丝、韭菜口条等。

7.麻酱汁

麻酱汁用料为芝麻酱、精盐、味精、麻油、蒜泥。将麻酱用麻油调稀,加精盐、味精调和均匀,为赭色咸香料。拌食荤素原料均可,如麻酱拌豆角、麻汁黄瓜、麻汁海参等。

8.椒麻汁

椒麻汁用料为生花椒、生葱、精盐、麻油、味精、鲜汤。将花椒(泡软)、生葱同制成细蓉,加调料调和均匀,为绿色或咸香味。拌食荤食较多,如椒麻鸡片、椒麻里脊等。忌用熟花椒。

9.葱油汁

葱油汁用料为生油、葱末、精盐、味精。葱末入油后炸香,即成葱油,再同调料拌匀,为白色咸香味。用于拌食禽、蔬、肉类原料,如葱油鸡、葱油海蜇等。

10.糟油汁

糟油汁用料为糟汁、精盐、味精,调匀后为咖啡色,咸香味。用于拌食禽、肉、水产类原料,如糟油鸭、糟油鸡胗等。

11.姜油

姜油用料为生姜、葱末、精盐、味精。姜末、葱末入油后炸香,即成姜油,再同调料拌匀,为淡黄色咸香味。用于拌食禽、蔬、肉类原料,如姜油母鸡、姜油豆苗等。

12.花椒油

花椒油用于需要突出麻味和香味的食品中,能增强食品的风味。是将色拉油烧至五六成热,将花椒、八角炒出味,投入生姜、大蒜、葱白炸香,再下入锅离火,晾凉后打去料渣即成,如椒油鸡、椒油笋片、椒油鱼丁等。

13.酒醉汁

酒醉汁用料为好白酒、精盐、味精、麻油、鲜汤。将调料调匀后加入白酒,为白色咸香味,也可加酱油成红色。用于拌食水产品、禽类较宜,如醉青虾、醉鸡脯,以醉生虾最有风味。

14.芥末糊

芥末糊用料为芥末粉、香醋、味精、麻油、白糖。将芥末粉加香醋、白糖、水调和成糊状,静置半小时后再加调料调和,为淡黄色咸香味。用于拌食荤素均宜,如芥末肚丝、芥末鸡皮、芥末薹菜等。

15.芥末油

芥末油是以黑芥子或者白芥子经榨取而得来的一种调味汁,具有强烈的刺激味。主要辣味成分是芥子油,其辣味强烈,可刺激唾液和胃液的分泌,有开胃的作用,能增强食欲,另外还有解毒、美容养颜等功效。

16.咖喱汁

咖喱汁用料为咖喱粉、葱、姜、蒜、辣椒、精盐、味精、色拉油。咖喱粉加水调成糊状,用油炸成咖喱浆,加汤调成汁,为黄色咸香味。用于拌食禽、肉、水产都宜,如咖喱鸡片、咖喱鱼条等。

17.咖喱油

咖喱油用料为辣椒末、咖喱粉、姜、蒜、洋葱,做法将调料下熟菜油烧至四成热,炒制,待炒透喷出香味。用于拌食禽、肉、水产都宜,如咖喱鱼片、咖喱牛肉条等。

18.姜味汁

姜味汁用料为生姜、精盐、味精、麻油。生姜挤汁,与调料调和,为白色咸香味。最宜拌食禽类,如姜汁鸡块、姜汁鸡脯等。

19.蒜泥汁

蒜泥汁用料为生蒜瓣、精盐、味精、麻油、鲜汤。蒜瓣捣烂成泥,加调料、鲜汤调和,为白色。拌食荤素皆宜,如蒜泥白肉、蒜泥豆角等。

20.五香汁

五香汁用料为五香料、精盐、鲜汤、绍酒,做法为鲜汤中加盐、五香料、绍酒,将原料放入汤中,煮熟后捞出冷食。最适宜于拌食动物内脏类,如五香鸭胗、五香猪肚等。

21.茶熏味

茶熏味用料为精盐、味精、麻油、茶叶、白糖、木屑等,做法为先将原料放在盐水汁中煮熟,然后在锅内铺上木屑、白糖、茶叶,加箅,将煮熟的原料放箅上,盖上锅用小火熏,使烟剂凝结原料表面。禽、蛋、鱼类皆可熏制,如熏鸡脯、五香鱼等。注意锅中不可着旺火。

22.酱醋汁

酱醋汁用料为酱油、香醋、胡椒粉、麻油,调和后为浅红色,为咸酸味型。用于拌菜或炝菜,荤素皆宜,如炝腰片、炝胗肝等。

23.酱汁

酱汁用料为面酱、白糖、麻油、清汤。先将面酱炒香,加入白糖、清汤、麻油后再将原料入锅煮透,为赭色咸甜型。用来酱制菜肴,荤素均宜,如酱汁茄子、酱汁肉等。

24.糖醋汁

糖醋汁以白糖、香醋为原料,调和成汁后,拌入主料中,用于拌制蔬菜,如糖醋萝卜、糖醋番茄等。也可以先将主料炸或煮熟后,再加入糖醋汁炸透,成为滚糖醋汁。多用于荤料,如糖醋排骨、糖醋鱼片。还可将糖、醋调和入锅,加水烧开,凉后再加入主料浸泡数小时后食用,多用于泡制蔬菜的叶、根、茎、果,如泡青椒、泡黄瓜、泡萝卜、泡姜芽等。

25.山楂汁

山楂汁用料为山楂糕、白糖、白醋、桂花酱,将山楂糕打烂成泥后加入调料调和成汁即可。多用于拌制蔬菜果类,如楂汁马蹄、楂味鲜菱、珊瑚藕等。

26.柠檬汁

柠檬汁用料为新鲜柠檬、白糖、桂花酱。做法是新鲜柠檬经榨挤后得到的汁液,酸味极浓,加入白糖、桂花酱拌匀,伴有淡淡的苦涩和清香味道,如柠檬瓜条、柠檬水果等。

27.茄味汁

茄味汁用料为番茄酱、白糖、香醋,做法是将番茄酱用油炒透后加白糖、香醋、水调和。多用于拌熘荤菜,如茄汁鱼条、茄汁大虾、茄汁里脊、茄汁鸡片等。

28.红油汁

红油汁用料为红辣椒油、精盐、味精、鲜汤,调和成汁,为红色咸辣味。用于拌食荤素原料,如红油鸡条、红油鸡、红油笋条、红油里脊等。

29.青椒汁

青椒汁用料为青辣椒、精盐、味精、麻油、鲜汤。将青椒切剁成蓉,加调料调和成汁,为绿色咸辣味。多用于拌食荤食原料,如椒味里脊、椒味鸡脯、椒味鱼条等。

30. 胡椒汁

胡椒汁用料为胡椒粉、精盐、味精、麻油、蒜泥、鲜汤,调和成汁后,多用于炝、拌肉类和水产原料,如拌鱼丝、鲜辣鱿鱼等。

31. 鲜辣汁

鲜辣汁用料为白糖、香醋、辣椒、精盐、味精、麻油、葱、姜。将辣椒、姜、葱切丝炒透,加调料、鲜汤成汁,为咖啡色酸辣味。多用于炝腌蔬菜,如酸辣白菜、酸辣黄瓜等。

32. 姜醋汁

姜醋汁用料为香醋、生姜。将生姜切成末或丝,加醋调和,为咖啡色酸香味。适宜于拌食鱼虾,如姜末虾、姜末蟹、姜汁肴肉等。

33. 三味汁

三味汁是将蒜泥汁、姜味汁、青椒汁三味调和而成,为绿色。用于拌食荤素皆宜,如炝菜心、拌肚仁、三味鸡等,风味独特。

34. 麻辣汁

麻辣汁用料为酱油、香醋、白糖、精盐、味精、辣油、麻油、花椒面、芝麻粉、葱、蒜、姜,将以上原料调和后即可。用于拌食主料,荤素皆宜,如麻辣鸡条、麻辣黄瓜、麻辣肚、麻辣腰片等。

35. 五香味

五香味用料为丁香、花椒、桂皮、陈皮、八角、生姜、葱、酱油、精盐、绍酒、鲜汤,将以上调料加汤煮沸,再将主料加入煮浸到烂。用于煮制荤原料,如五香牛肉、五香扒鸡、五香口条等,有时候,说是五香实际上香料比较多。

36. 糖油汁

糖油汁用料为白糖、麻油。调后拌食蔬菜,为白色甜香味,如糖油黄瓜、糖油莴笋等。

37. 腐乳汁

腐乳汁用料为腐乳、麻油、鲜汤。将用料调和均匀,用于拌食,荤素皆可,如腐乳虾、腐乳莴苣等。

第三节　冷菜装盘

冷菜的装盘，拼摆手法较多。一般来讲，原料准备好后，首先要根据要求，对原料进行修整，然后刀功处理后进行拼摆装盘，特别是对一些花色拼盘，要使其图案生动、造型美观、形象逼真。对原料采用的修整手法有直刀法、平刀法、斜刀法等，有时还需特殊刀法和雕刻手段，如批、刻、戳、挑、挖、花纹刀、波浪刀，甚至还要使用一些模具，如鸡心形、蝴蝶形等。整个过程程序较多，特别是在花色拼盘的制作中，要注意各个环节的连续性。

凉菜的拼摆方法从形式上来看有单拼盘、双拼盘、三拼盘、四拼盘、什锦拼盘等，形式有排列式、堆放式、环围式、码摆式等。

一、冷菜的装盘技艺

（1）排：将熟料平排成行地排在盘中。排菜的原料大多用较厚的块状或腰圆块、椭圆形，便于切配形状。排可有各种不同的排法，如将火腿修成锯齿形切片，逐层排叠可以排出多种花色。

（2）堆：就是把熟料堆放在盘中。一般用于单拼盘。堆也可配色成花纹，有些还能堆成很好看的宝塔形。

（3）叠：是把加工好的熟料一片片整齐地叠起，一般叠成梯形，然后托起放入盘中的底料上。

（4）围：将切好的熟料排列成环形层层围绕。用围的方法可以制成很多的花样。有的在排好主料的四周围上一层辅料来衬托主料，叫作围边。有的将主料围成花朵，中间另用辅料点缀成花心，叫作排围。

（5）摆：是运用各式各样的刀法，采用不同形状和色彩的熟料，装成各种物形或图案等。这种方法需要有熟练的技术，才能摆出生动活泼、形象逼真的形状来。

（6）覆：是将熟料先排列在碗中或刀面上，再翻扣入盘中或菜面上。

二、花色拼盘的拼摆手法

花色拼盘的拼摆手法，是花色拼盘造型生动的关键所在。花色拼盘的拼摆手法是否合理得当，直接影响到花色拼盘的造型。因此，要了解花色拼盘的各种拼摆手法，以便在制作中灵活运用。

1.排拼法

排拼法是花色拼盘制作中最常用的手法,就是将经过刀功处理成型的原料整齐有规律地拼摆在盘中,讲究排列有序、比例协调,方式有锯齿形、圆形等,如蝴蝶、宫灯等花色拼盘。

2.堆制法

堆制法是把加工成型或不规则形状的较小的原料,按花色拼盘图案的要求,码放在盘中,是一种较为简单的拼摆手法,一般花色拼盘的垫底多用于此法,堆制法可采用一种原料,也可采用多种原料,一般形状有馒头形、宝塔形、卧式形、山川形等。

3.叠砌法

叠砌法就是将刀功成型的原料,一片片有规则码起来,形成一定图案,多用于鸟类的翅尾制作,一般选用片形原料,随切随砌,是一种比较精细的拼摆手法,刀功成型整齐美观,制作时,随切随叠,完成后用刀铲起原料,盖在垫底的原料上,也可切片在盘中叠砌成型。如桥形、馒头形、什锦拼盘等。

4.摆贴法

摆贴法就是运用巧妙的刀法,把原料切成特殊形状,按构思要求,摆贴成各种图案,多用于禽鸟、人物、树叶、鱼鳞等,是一种难度较大的艺术操作手法,需要具备熟练的拼摆技巧和一定的艺术修养。

5.雕刻法

雕刻法就是运用雕刻的手法对原料进行成型处理后,组拼在盘中的图案上,如鸟的眼睛、嘴、爪及动物类、动画类人物的一些部位,在孔雀开屏、龙凤呈祥等图案中应用较多。要求制作者雕刻的技术精细、熟练,雕刻出的形态生动、结构比例准确。

6.模具法

模具法可分为模压法和模铸法。模压法就是运用各种空心模具,将原料压成一定形状,再按花色拼盘图案的要求进行切摆,形状统一、美观,如孔雀的羽尾、禽鸟的羽毛等。模铸法就是将制作好的冻液,浇在一定形状的空心模具中,使其成为一定的图案,然后将成型的图案摆放在盘中,如拼摆的蓝天、海面等。

7.卷制法

卷制法是将原料改成薄片或使用薄片的原料,包馅或不包馅进行卷制,然后经过刀功处理后进行拼摆成型的手法,如白菜卷、紫菜蛋卷等,一般来说,卷制法色彩鲜艳,摆制的造型美观。

8.裱绘法

裱绘法是指将裱花蛋糕的技法应用于花色拼盘制作中,是将一定色彩、味型的胶体原料，装入特殊的裱绘工具中，在盘中或主题图案上挤裱绘制一定的图案或文字，起到衬托美化作用。

三、冷菜拼摆注意事项

1.要注意颜色的配合和映衬

各种颜色要搭配合理，相近的颜色要间隔开。

2.硬面和软面要很好地结合

各种不同质的原料要相互配合，软硬搭配，能定型的原料要整齐地摆在表面，碎小的原料可以垫底。

3.拼摆的花样和形式要富于变化

要注意多样化，一桌酒席中的冷拼不能千篇一律，要多种多样。

4.要很好地选择盛器

要注意盛装器皿的选择，使原料与器皿协调。

5.要注意口味上的搭配

要防止带汤汁的不同口味的原料互相串味，一只冷拼要尽量多种口味。此外拼摆冷拼时还要特别注意卫生。

6.要注意季节的变化

夏季要清淡爽口，冬季可浓厚味醇。

第四节　冷菜烹调技法

一、拌

拌是指把生料或熟料加工成丝、条、片、块等较小形状，用调味品调味拌均匀后直接食用的一类烹调方法。拌是一种常用烹调方法，其口味变化很多，如甜酸味、酸辣味、芥末味、椒麻味、怪味、麻酱味、麻辣味等。一般以植物性原料作生料，以动物性原料作熟料。

拌的菜肴一般具有入味、鲜嫩、清爽、清淡的特点。其用料广泛，荤、素均可；生、熟皆宜。如生料，多用鲜海鲜、鲜鱼肉、各种蔬菜、瓜果等；熟料多用熟鸡、熟肉、熟制的水产等。常用的调味料有精盐、酱油、味精、白糖、芝麻酱、辣酱、芥末、醋、五香粉、葱、姜、蒜、香菜等。

拌的操作程序：精选原料→切配→调拌→装盘。

拌，是一种简便制作凉菜的方法。制作过程中要注意以下几点：

第一，拌凉菜必须十分注意卫生，严格消毒。

拌凉菜，特别是生拌凉菜，对一些新鲜蔬菜、果品一定要洗涤干净，以防病毒和残留农药中毒；熟拌的蔬果等原料，也须在净水中反复清洗，在沸水里氽透或煮熟，或在油锅里炸熟。切制时生熟分开，还可以用醋、酒、蒜等调料杀菌，以保证食用安全。

第二，选料要精细，刀功要美观。

尽量选用质地优良、新鲜细嫩的原料。拌菜的原料切制要求都是细、小、薄的，这样可以扩大原料与调味品接触的面积。因此，刀功的长短、薄厚、粗细、大小要一致，有的原料剞上花刀，这样容易能入味。正确使用刀法，对于拌菜形状美观，保存营养成分意义重大。拌菜一般使用切刀法，按其施刀方法又分为直切、推切、拉切、锯切、铡切和滚刀切等多种刀法。直切，要求刀具垂直向下，左手按稳原料，右手执刀，一刀一刀切下去。这种刀法适用于萝卜、白菜、山药、苹果等脆性的根菜或鲜果，是拌菜最常用的刀法之一。推切，适用于质地松散的原料，要求刀具垂直向下，切时刀由后向前推，着力点在刀的后端。拉切，适用于韧性较强的原料，切时刀与原料垂直，由前向后拉，着力点在刀的前端。锯切，适用于质地厚实坚韧的原料，若拉、推刀法切不断时，可像拉锯那样，一推一拉地来回切下去。铡切，适用于切带有软骨和滑性的原料，着力点在刀的前后端，要一手握刀柄，一手压刀背，两手交替用力，以铡断原料。滚刀切，是使原料呈一定形状的刀法，每切一刀或两刀,将原料滚动一次,用这种刀法可切出梳背块、菱角块、剪刀蓼等形状。拌菜前,要视原料的质地软硬程度,正确运用刀法,才能收到理想的效果。

第三,正确使用调味品。

调味是拌菜的关键,也是形成菜肴鲜美味道的主要程序。要视菜的原料和食用者对咸、甜、酸、辣、苦、香、鲜等要求,正确选择调味品,并且按照各种调料的特性,酌量、适时使用调料。调味要轻,以清淡为本,下料后要注意调拌均匀,调好之后,又不能有剩余的调味料积沉于盛器的底部。否则将达不到理想的要求。拌菜通常使用的作料有:食盐、酱油、醋、香油、芝麻酱、芥末、大葱、姜、蒜、辣椒、白糖、五香调料水、芫荽等。

第四,要注意色的搭配。

拌凉菜要避免原料和菜色单一,要注意色彩的搭配,使菜肴看上去色彩亮丽、鲜艳。例如,在黄瓜丝拌海蜇中,加点海米,使绿、黄、红三色相间,提色增香;慎用深色调味品,因成品颜色强调清爽淡雅。可使用一些色彩鲜艳的蔬菜进行装饰点缀,或直接拌在菜肴中。

第五,掌握好火候。

有些凉拌蔬菜须用开水焯熟,应注意掌握好火候,原料的成熟度要恰到好处,要保持脆嫩的质地和碧绿青翠的色泽;老韧的原料,则应煮熟烂之后再拌。

(一)生拌

1.生拌的概念

生拌一般是指选用新鲜嫩度好的动植物作为原料,在原料加工好后不进行加热,直接用调味拌均匀的一种方法。如生拌黄瓜、生拌鱼片等。

2.生拌的操作程序

精选原料→切配→调拌→装盘。

3.生拌的操作关键

(1)生拌的原料要新鲜卫生,符合卫生要求,质地要脆嫩。

(2)加工精细、刀功均匀;生拌原料的刀功处理,搭配要均匀,丁配丁、条配条、丝配丝、片配片。

(3)调味准确、拌制均匀,口味要结合原料配制,有些原料本身有一定的口味,如甜味、酸味、辣味等,要结合这些特点配制调味。

(4)生拌的冷菜不宜拌制过早,随吃随拌,因为盐等调味品有渗透作用,防止出水,失去风味。

(5)加工过程中要注意卫生,包括刀具、砧板、拌制的工具、餐具等,防止交叉污染。

(6)装盘时,要根据原料的多少选择餐具,装盘要美观大方。

4.生拌的特点

色彩鲜艳、爽脆适口、口味多样。

5.实例

蒜泥拌黄瓜

(1)原料

主料:新鲜黄瓜 400 克。

调料:精盐 4 克、味精 2 克、米醋 8 克、大蒜 10 克、香油 3 克。

(2)初加工

将鲜黄瓜去头、蒂,洗涤后,再用凉开水冲洗。

(3)切配

①将黄瓜沥净水分;从中间顺长剖开;切成 6cm×0.8cm×0.8cm 的长条后置盆中,加精盐(2 克)腌制 5 分钟;

②用刀将大蒜拍或捣碎成泥。

(4)烹调

取一碗,加入味精 2 克、蒜泥 8 克、精盐 2 克、米醋 8 克、香油 3 克调匀,倒入黄瓜条中拌匀装盘。

(5)操作关键

①黄瓜切条一定要长短粗细均匀一致;

②腌制黄瓜时间不可过长(一般 5 分钟);

③调味时,在咸鲜的基础上突出蒜泥和醋香风味。

(6)成品特点

清爽脆嫩,蒜香可口,夏令佳肴。

(二)熟拌

1.熟拌的概念

熟拌是将加工整理原料用煮、氽等烹调方法,把原料烹制成熟切配后,加入调味品及辅料,拌制均匀,装盘成菜的一种凉菜的制作方法。

2.熟拌的操作程序

精选原料→熟处理→切配→调拌→装盘。

3.熟拌的操作关键

(1)选用原料要新鲜,质地鲜嫩,易于成熟的原料;

(2)动物性原料要视原料的老嫩,充分加热使之熟透,但不能熟至过老;

(3)植物性原料焯水要开水下锅,以断生为宜,焯水后且应迅速摊晾,若要过

凉,需用凉白开或矿泉水不可用自来水,以保持其质地脆嫩,色彩鲜艳;

(4)拌制时,调味要准确,拌制要均匀;

(5)加工过程中,要注意质、形、色的配合,许多熟拌的菜肴,特别是动物性原料,需要一些植物性原料来搭配,要注意色彩和形状,要丁配丁、条配条,整齐美观;

(6)随吃随拌,特别是植物性原料,不可放置过长时间,防止出水;

(7)加工过程中要注意卫生,防止刀具、砧板、器皿等交叉污染;

(8)装盘时,要根据原料多少和色泽,选用适当的餐具装盘,装盘要美观。

4.熟拌的特点

鲜嫩清爽、口味多变、制作多样。

5.实例

芥末鸡丝

(1)原料

主料:鲜鸡脯肉 400 克。

配料:水发粉丝 50 克、嫩白菜心 75 克。

调料:精盐 3 克、味精 2 克、芥末粉 30 克、米醋 15 克、香油 10 克、鲜汤 20 克、葱 10 克、姜 10 克。

(2)初加工

①葱姜去皮洗净,加工成段、片;

②将鸡脯肉洗净,放入清水锅中,加入葱段、姜片,煮熟后捞出。

(3)切配

①白菜心切成 5cm×0.2cm×0.2cm 细丝,粉丝用温(开)水泡发,切成 6cm 长;

②芥末粉放入盛器中加热水、米醋调成糊状,加盖焖 30 分钟,制成芥末糊。

(4)烹调

①取盛器一个,加入鲜汤 20 克、精盐 3 克、味精 2 克、香油 10 克、芥末糊调成卤汁;

②将熟鸡脯肉撕成 5cm×0.3cm 细丝状,同粉丝、白菜丝一起置入盛器中,倒入调好的卤汁拌制均匀一致。

(5)操作关键

①鸡脯肉煮制时不可煮过头,手撕鸡丝要均匀;

②调制芥末糊时,必须保持温度,静置 30 分钟以上,拌制时根据个人口味而定。

(6)成品特点

辛香冲鼻,风味独特,刺激食欲。

(三)混合拌

1.混合拌的概念

混合拌是将加工整理原料生、熟混拌,指原料有生有熟或生熟参半,经切配后,再以味汁拌匀成菜的方法。具有原料多样,口感混合的特点。

2.混合拌的操作程序

精选原料→熟处理→切配→调拌→装盘。

3.混合拌的操作关键

(1)选用原料要新鲜,要注意选用质、形、色能相互搭配的原料;

(2)动物性原料须充分加热使之熟透,各种原料刀功处理要一致;

(3)植物性原料焯水要开水下锅,则以断生为宜,且应迅速摊晾,以保持其质地脆嫩,色彩鲜艳;

(4)调味要准确,拌制要均匀;

(5)要注意有些生料具有调味的作用,如青椒、蒜苗等,注意口味搭配;

(6)随吃随拌,特别是植物性原料,不可放置过长时间,防止出水;

(7)加工过程中要注意卫生,特别是生料,一定要注意卫生;

(8)装盘要美观。

4.混合拌的特点

鲜嫩清爽、口味多变、制作多样。

5.实例

鸡丝拌黄瓜

(1)原料

主料:鲜鸡脯肉120克、黄瓜1根150克。

调料:大蒜10克、生抽20克、米醋15克、花椒5粒。

(2)初加工

①葱姜蒜去皮洗净,加工成段、片、蓉;黄瓜洗净;

②将鸡脯肉洗净,放入清水锅中,加入葱段、姜片,煮熟后捞出。

(3)切配

将黄瓜切成细丝;熟鸡脯肉撕成细丝状。

(4)烹调

①取盛器一个,加入蒜蓉、生抽、米醋、香油拌匀;

②用适量油放入花椒粒炸至变色捞出不要,迅速浇到碗汁里拌匀;

③黄瓜丝和鸡丝放入碗中,倒入碗汁拌匀即可。

(5) 操作关键

①鸡脯肉煮制时不可煮过头,手撕鸡丝要均匀;

②调制调料汁时,要拌匀。

(6) 成品特点

黄瓜爽脆,鸡肉鲜嫩,风味独特。

练 习 实 践

1. 什么是生拌?其操作关键有哪些?
2. 黄瓜改形后,为何要腌制?
3. 什么是熟拌?有什么特点?
4. 熟拌适合哪些原料?
5. 芥末糊是由什么原料加工而成的?加工时应注意哪些事项?
6. 熟鸡脯丝不用刀切,而用手撕,是为什么?
7. 什么是混合拌?其操作关键是什么?

二、腌

腌是指以盐、酱、酒、糟为主要调味品,利用精盐、糖、醋、酒等溶液的渗透作用,使其入味的一类烹调方法。按调味不同分为盐腌、醉腌、糟腌、糖醋腌;按腌制的方法可分为干腌和湿腌。腌是通过渗透使原料入味,而渗透是需要一定时间,腌制的时间要视原料及成品菜肴不同的要求特点而掌握。

腌制冷菜不同于腌咸菜,是将原料浸渍于调味料中,或用调料涂擦拌和,以排除原料中的水分和异味,使原料入味,并使有些原料具有特殊的质感的制法。调味不同,风味也就各异。同时,腌制类制品的调味中,盐是最主要的,任何腌法也少不了它。腌制的菜肴具有储存、保味时间长,鲜嫩爽脆,干香、浓郁且味透肌里的特点。

在实际操作过程中,要根据具体口味要求选用腌制的方法。这里之所以未将腌风、腌腊等纳入分类法中,是因为腌风和腌腊仅是一种初加工的方法,而不是冷拼材料的成熟方法。经过腌风和腌腊的原料尚须经过蒸或煮后方可成菜,故不作为一种分类形式,至于腌拌,其内涵仍是盐腌。

腌制的成品脆嫩清爽,风味独特。

含水分少的原料可以加水腌制,也可直接腌制;含水分多的原料可直接用调味品擦抹表面或直接用调味品腌制。

腌制时间的长短可根据季节、气候、原料的质地、大小等视情况而定,一般来说,冬季腌制时间稍长,夏季腌制时间略短,动物性原料腌制时间较长,植物性原料腌制时间较短。

肉类腌制品在烹调前可以用清水泡洗,除去部分咸味和腥味,蔬菜制品要沥去水分再制作。

腌的操作程序:

选料初加工→切配→初熟处理(或直接生料)→腌制→除去水分再拌和其他调料(或直接从调好味的卤汁中捞出)→装盘。

(一)盐腌

1.盐腌的概念

盐腌是将原料用食盐擦抹或放盐水中浸渍的腌制方法,是最常用的腌制方法,它也是各种腌制方法的基础工序。盐腌的原料水分滤出,盐分渗入,能保持清鲜脆嫩的特点。经盐腌后直接供食的有腌白菜、腌芹菜等。用于盐腌的生料须特别新鲜,用盐量要准确。

熟料腌制,一般是煮、蒸之后加盐,如咸鸡。这类原料在蒸、煮时一般以断生为好,腌制的时间短于生料。盐腌原料的盛器一般要选用陶器,腌时要盖严盖子,防止污染。如大批制作,还应该在腌制过程中上下翻动1~2次,以使咸味均匀渗入。

2.盐腌的工艺流程

选料→初加工→腌制→调味(熟处理)→成品→装盘。

3.盐腌的操作关键

(1)腌制的原料要新鲜,一般选用新鲜可生食的蔬果类较多,含水量较大的蔬菜,腌制时容易出水,要注意盐的浓度;

(2)用盐量要准确,太咸要用水洗去部分盐分或提前泡制,去除多余盐分,以保证咸度;

(3)掌握好腌制时间,保证原料腌透,植物性原料腌制时间较短,肉类原料腌制时间相对较长,小型原料腌制时间较短,大型原料腌制时间较长。

4.盐腌的特点

咸鲜得当、口味清淡。

5.实例

盐水鸭

(1)原料

主料:净鸭 1 只(约 1500 克)。

调料:花椒 12 粒、八角 2 个、生姜 5 克、葱段 2 根、精盐 85 克。

(2)初加工

①将净鸭去掉小翅和脚掌,在右翅肋下开一个 6cm 长的小口,取出内脏,拉出食管和气管,疏通肛门,用清水浸泡洗净沥干。

②炒锅上火,放入精盐、花椒粒炒香后倒出待用。

③将鸭子放在案板上,取 50 克椒粒盐从刀口处塞入鸭腹内晃匀。另取 25 克椒粒盐擦遍鸭身,再将剩余的椒粒盐从刀口和鸭嘴内塞入,放入缸中腌制(夏天 1~2 小时,冬天 4 小时),取出后放入清卤内腌渍(夏天 2 小时,冬天 4 小时),然后挂在通风的地方晾干,用 6cm 长的竹管插于鸭肛门内,取生姜 2 克、葱 1 根、八角 1 个从右翅刀口处塞入鸭腹内。

(3)烹调

汤锅加清水、生姜 3 克、葱 1 根、八角 1 个,烧开,将鸭头朝下放入汤锅内,使鸭全部淹没在汤内,烧至锅边起小泡,用小火焖 20 分钟,将鸭捞出控净腹内汤汁后,再入锅中焖 15 分钟,取出沥干,抽出竹管,晾凉后切条装盘即成。

(4)操作关键

①原料要选用新鲜的原料,植物性原料腌制后可直接调味食用,动物性原料腌制后,要经过熟处理,成熟后再食用。

②腌制时间要视天气温度情况而确定。

③腌制的盐最好炒熟再腌制鸭子。

④注意火候,不要煮制时间过长,保持鸭子的韧性。

(5)成品特点

咸甜清香,口感滑嫩。肉玉白,油润光亮,皮肥骨香,鲜嫩异常,咸鲜可口。

(二)糖醋腌

1.糖醋腌的概念

糖醋腌是以白糖、白醋或采用果汁等酸甜口味的调味品作为主要调味品的腌制方法。在经糖醋腌之前,原料必须经过盐腌这道工序,使其水分泌出,渗进盐分,以免漤口。然后再用糖醋汁腌制,如辣白菜等。糖醋汁的熬制要注意比例,一般是 2:1~3:1,糖多醋少,甜中带酸。

2.糖醋腌的工艺流程

选料→初加工→腌制→调味→成品→装盘。

3.糖醋腌的操作关键

(1)原料多选用新鲜的蔬菜或水果类。

(2)大型的原料要经过刀功处理成小型形状。

(3)糖醋的比例要掌握恰当。

4.糖醋腌的特点

酸甜可口、清淡爽脆。

5.实例

糖醋小萝卜

(1)原料

主料:小萝卜500克。

调料:米醋30克、绵白糖50克、盐0.5克。

(2)初加工

将小红萝卜的须根、顶尖切除,清洗干净,沥干水待用。

(3)切配

用刀将萝卜拍碎,放在盘内,加盐腌20分钟,将渗出的水沥干。

(4)烹调

将萝卜放入白糖和醋,腌渍5分钟,拌匀即可。

(5)操作关键

①萝卜事先用盐腌制一下,去去水分;

②调味要准确,并掌握好色泽;

③掌握好腌渍的时间。

(6)成品特点

甜酸适宜,口感爽脆。

三、糟腌

1.糟腌的概念

糟腌是以盐及糟卤作为主要调味卤汁腌制成菜的一种方法。糟腌之法类同于醉腌,不同之处在于醉腌用酒(或酒酿),而糟腌则用糟卤(也称香糟卤)。冷菜中的糟制菜品,一般多在夏季食用,此类菜品清爽芳香,如:糟凤爪、糟卤毛豆等。

2.糟腌的工艺流程

选料→初加工→腌制→调味→成品→装盘。

3.糟腌的操作关键

(1)选用原料要新鲜。

(2)可进行刀功处理,也可整只。

(3)调味准确、腌制均匀。

4.糟腌的特点

糟香味浓、清淡爽脆。

5.实例

糟凤爪

(1)原料

主料:鲜凤爪 1000 克。

调料:葱姜各 10 克、料酒 30 克、香糟卤 500 克。

(2)初加工

将鸡爪洗净,剪去趾甲洗净。

(3)烹调

①锅中加水烧沸,加入葱姜片和料酒,将鸡爪放入沸水中,约 5 分钟后至熟捞出(不宜煮太烂),放入冰水中激冷,等冷却后捞起,冲洗鸡爪表面油腻,沥干水分或用厨房用纸吸干。

②将鸡爪纵向对半切开,置入容器中,倒入香糟卤,以浸没鸡爪为准,4 小时即可食用(放入冰箱冷藏室,口感更佳)。

(4)操作关键

①鸡爪要洗净。

②煮制时不可煮制过老,用冰水过凉的目的是保持鸡爪爽脆。

③掌握好浸泡的的时间。

(5)成品特点

糟香味浓,鸡爪爽脆。

(四)果汁腌

1.果汁腌的概念

果汁腌是以果汁作为主要调味品,直接腌制入味的腌制方法。一般选用可生食的蔬菜、水果等。常用的果汁有柠檬汁、荔枝汁、杧果汁、山楂汁等。可拌在原料中,也可直接浇在改好刀原料上。

2.果汁腌的工艺流程

选料→加工→加果汁→腌制→成品。

3.果汁腌的操作要求

(1)选择原料以质感脆嫩的植物性原料为主,加工成小形状,便于原料入味;

(2)注意使用质量好的果汁,以黏稠、味浓为佳,也可使用一些果粉,加入加工好的原料中拌制腌透;

(3)原料不需要加其他任何调味品,直接加入果汁,或将原料浸泡在果汁中;

(4)注意腌制的时间不可过长,防止出水过多,影响果汁浓度和口味。

4.果汁腌的特点

质感爽脆、果味浓郁、色泽美观。

5.相关菜例

柠檬冬瓜条、果味黄瓜、山楂藕、果汁萝卜皮等。

柠檬冬瓜条

(1)原料

主料:嫩冬瓜500克。

调料:柠檬汁200克、绵白糖100克。

辅助料:青红丝5克。

(2)初加工

将冬瓜去皮、籽,洗净。

(3)切配

将冬瓜切成5cm×1cm×1cm的条,入沸水锅焯水至断生后,入凉开水中过凉。

(4)烹调

将过凉的冬瓜条捞出沥干水分,置盆中,加柠檬汁200克、绵白糖100克拌匀,腌渍1小时。

(5)操作关键

①刀功均匀、掌握好焯水时间(也可不焯水);

②调味要准确,并掌握好色泽;

③掌握好腌渍的时间。

(6)成品特点

装点美观、色泽橘黄,甜酸适宜,口感爽脆。

练 习 实 践

1.什么是腌制?腌制关键是什么?

2.什么是盐腌？盐腌应注意什么？
3.什么是糖醋腌？有什么特点？
4.冬瓜除切条外，是否还可以切成其他形状？请举例说明。
5.冬瓜焯水为何时间不宜过长？是否可不焯水？
6.通过柠檬冬瓜条的制作过程你还会制作哪些菜？

三、酱

1.酱的概念

酱多选用于家禽、家畜及其四肢、内脏作为原料，是指经加工整理过的原料，再经过腌制后焯水、过凉放入酱汁锅中，用大火烧沸，中小火较长时间加热酱制入味成熟，旺火收汁的一种热制冷吃的烹调方法。

2.工艺流程

原料刀功处理→入锅酱制→捞出冷却→改刀装盘。

3.酱的操作关键

(1)选用韧性较大的动物性原料，原料要先通过腌制入味，焯水处理。

(2)兑制酱汁时，调味料要足，汁的量不宜过多，以保持酱汁的色泽及浓度。酱汤的调制方法相对来说简单很多。要配制高质量的酱汤，提前用老鸡、棒子骨等荤料熬成汤料，然后在汤料中放入常用香料和简单的调味料，比如盐、鸡粉、糖色等熬制而成。由于酱制的原料多带有浓郁的异味，所以香料包的配比非常关键。

(3)原料酱制之前，要进行初步熟处理。由于酱制的原料都是生的，所以初步处理过程极为关键，尤其是一些异味比较重的荤料，需要进行长时间的漂水(时间一般都在2小时以上)、焯水(冷水下锅，小火浸煮食材最为合适)和祛异味的腌制。

(4)火候的控制。一般来说，酱汤烧开后才能下入原料，待酱汤再次烧开后立即转为菊花火来加热。整个熟制过程中，酱汤始终保持似开非开的状态。

4.酱的特点

酱制的特点色泽棕红明亮、口感软糯、原汁原味(适宜批量制作)。

5.实例

酱牛肉

(1)原料

主料：生牛肉2500克。

配料：酱油150克、精盐50克、绵白糖100克、黄酒100克、芫荽5克、山楂片1克、小茴香1克、砂仁5克、桂皮2克、丁香0.5克、陈皮0.5克、肉蔻1克、花椒2克、葱10克、姜10克。

辅助料:硝水20克、红曲米汁50克、老酱汤2000克。

(2)初加工

牛肉洗涤干净;葱、姜去皮洗净;各种香料用纱布包扎成香料袋。

(3)切配

①葱打结,姜切片;

②将牛肉按肌肉纤维,用刀切成250克左右的块,然后用竹扦在肉上戳一排洞,撒上精盐25克、黄酒50克、硝水20克,反复揉搓至精盐粒溶化,然后放入缸内(冬季腌3~5小时,夏季腌1小时),使肉红、肉质紧密。

(4)烹调

①锅置旺火上,加清水烧沸,投入肉块,上下翻动几次,水再沸时,捞出洗净,原汤撇去浮沫、滤出沉渣留用;

②锅复置火上,放入老酱汤、牛肉块和原汤(汤量以淹没肉块为好),加入香料袋、葱结10克、姜片10克、黄酒50克、红曲米汁50克、绵白糖100克、酱油150克、精盐25克,用旺火,烧沸后改用小火,酱至筷子能戳进牛肉时,离火浸焖,待汤汁浓稠全部裹在牛肉块上盛出,晒凉后按肌肉纤维横向切片装盘。

(5)操作关键

①要选择瘦牛肉(或牛腱子),烹调前必须腌渍入味;

②要掌握好烹调过程中原料的成熟度;

③注意此菜的火候及加热时间。

(6)成品特点

色泽红润,鲜咸醇香。

练 习 实 践

1.什么是酱?酱有什么特点?

2.酱牛肉要选用牛的哪个部位最好?

3.酱牛肉菜酱制前为何要腌制?请写出腌制的详细过程及注意事项。

4.详细说明酱牛肉菜制作的关键、特点各是哪些?

四、卤

卤是将加工好的原料或预制后的半成品、熟料,放入提前熬好的卤水中加热使原料充分吸收卤味并成熟的烹调方法。要配制高质量的卤水。卤水的好坏，决定着卤制品的质量。卤水的制作方法相对来说比较复杂，除了要吊汤、搭配香料和调料外，还需要放入油炸增鲜料和炸过增鲜料的油脂。尤其是香料的配比，较酱汤的香料搭配更为复杂。

卤法是制作冷菜的常用方法之一。加热时，将原料投入卤汤（最好是老卤）锅中用大火烧开，改用小火加热至调味汁渗入原料，使原料成熟或至酥烂时离火，将原料提离汤锅。卤制完毕的材料，冷却后宜在其外表涂上一层油，一来可增香，二来可防止原料外表因风干而收缩变色。遇到材料质地较老的，也可在汤锅离火后仍旧将原料浸在汤中，随用随取，既可以增加（保持）酥烂程度，又可以进一步入味。

首先是调制卤汤。卤制菜的色、香、味完全取决于汤卤。行业中习惯上将汤卤分为两类，即红卤和白卤（也称清卤）。由于地域的差别，各地方调制卤汤时的用料不尽相同。大体上常用的调制红卤的原料有红酱油、红曲米、料酒、葱、姜、冰糖（白糖）、盐、味精、大茴香、小茴香、桂皮、草果、花椒、丁香等；制作白卤常用的原料有盐、味精、葱、姜、料酒、桂皮、大茴香、花椒等加水熬成，俗称"盐卤水"。无论是红卤，还是白卤，尽管其调制时调味料的用量因地而异，但有一点是共同的，即在投入所需卤制品时，应先将卤汤熬制一定的时间，然后再下料。

其次是在原料入汤卤前，应先除去腥臊异味及杂质。动物性原料一般都带有血腥味，因此卤制前，通常要经过焯水或炸制等方法，一来使原料的异味去除，二来兼可使原料上色。

最后是把握好卤制品的成熟度，卤制品的成熟度要恰到好处。卤锅卤制菜品时通常是大批量进行，一桶卤水往往要同时卤制几种原料。不同的原料之间的特性差异很大，即使是同种原料，其个体差异也是存在的，这就给操作带来了一定的难度。因此，在操作的过程中，一是要分清原料的质地。质老的置于锅（桶）底层，质嫩的置于上层，以便取料。二是要掌握好各种原料的成熟要求。根据成品要求，灵活恰当地选用火候。习惯上认为，卤制菜品时，先用大火烧开再用小火慢煮，使卤汁之香味慢慢渗入原料，从而使原料具有良好的香味。

老卤的保质也是卤制菜品成功的一个关键。所谓老卤，就是经过长期使用而积存的汤卤。这种汤卤，由于卤制过多种原料，并经过了很长时间的加热和摆放，所以其质量相当高。原料在加工过程中，鲜味物质及一些风味物质溶解于汤中且越聚越多而形成了复合美味。使用这种老卤制作原料，会使原料的营养和风味有所增加，因而对于老卤的保存也就具有了必要性。通常认为对老卤的保存应当做到以下几个方面：定期清理，勿使老卤聚集残渣而形成沉淀；定期添加香料和调味料，使老卤的味道保持浓郁；取用老卤要用专门的工具，防止在存放过程中使老卤遭受污染而影响保存;使用后的卤水要烧沸,从而相对延长老卤的保存时间;要选择合适的盛器盛放老卤。

要掌握好卤制的火候。关于卤制火候,特别强调一点:很多同行卤制的原料会出现破皮的现象,这说明火大了,所以在卤制一些乳鸽、鸭子、鸡等原料时,一定要将卤水的加热温度控制在95~98℃,使卤汤保持在似开非开的状态为宜。防止串味。一般来说,卤制不同食材时最好采用专卤专用的方法。比如卤牛肉和牛杂、卤羊肉和羊杂、卤猪肉和猪杂、卤鸡和鸽子、卤鹅、卤豆制品、卤菌菇都要配置单独的卤水,不可混用。

每天使用完卤水后,如何存放,如何补汤、补色、补味……都有很高的技术含量。

卤的操作关键:

卤制原料不宜过大,以动物性原料为主;卤制时应以小火加热;原料卤制前可先腌制入味;动物性原料卤制前,应焯水或过油再卤制;卤制时,易熟的原料或体积小的原料,容易成熟,可先捞出再继续卤制其他原料;卤汁应保持干净卫生。

卤制菜品色泽美观、鲜香醇厚。

(一)红卤

1.概念

卤汤中放有一定量的酱油、糖色或红曲米,使卤汁色呈棕红,卤制的菜肴色泽红润,这种技法称为红卤,若去掉配方中的有色调味品便成了白卤。

2.工艺流程

选料→原料刀功处理浸泡去除血污→(腌制)→焯水或过油熟处理→卤制入味→改刀装盘。

3.操作要求

(1)卤制原料不宜过大,大块整只的可改成小块形状,以动物性原料为主,原料卤制前可先腌制入味;

(2)动物性原料卤制前,应焯水或过油再卤制,便于去除一些异味;

(3)卤制时火力不能大,应以小火加热,火力大容易使鸡鸭等炸皮,影响美观;

(4)卤汁要多,卤汤全部淹没原料,使原料受热均匀;

(5)卤制时,易熟的原料或体积小的原料,容易成熟,可先捞出再继续卤制其他原料;

(6)卤汁应保持干净卫生,不可蘸入生水或不洁之物,及时烧开冷却存放;

(7)卤制的菜肴可直接切配装盘,也可浇入卤汁调味。

4.特点

色泽美观,口感鲜美,鲜香醇厚。

5.相关菜例

卤牛肉、卤烧鸡、卤猪蹄、卤大肠、卤蛋、卤牛肚等。

卤烧鸡

(1)原料

主料:光鸡1只(约1250克)。

调料:桂皮10克、白糖15克、陈皮10克、八角10克、辛姜2克、小茴香2克、精盐150克、姜20克、肉蔻3克、山楂片3克、砂仁2克、丁香3克、白芷5克、草果3克、花椒5克、老抽10克。

辅助料:饴糖200克、色拉油1500克(实耗50克)。

(2)初加工

光鸡洗净,在靠肩的颈部直开一小口,取出嗉囊、内脏,用水内外冲洗干净。

(3)切配

先用刀背敲断大腿骨,从肛门上边开口处把两只腿交叉插入鸡腹内;再将右翅膀从宰杀的刀口处穿入,使翅膀尖从鸡嘴露出;鸡头弯回别在鸡膀下边,左膀向里别在背上,与右膀成一直线;最后将鸡腹内两只鸡爪撑开,顶住鸡腹。

(4)烹调

①将别好的鸡挂在阴凉处,晾干水分,用毛刷蘸饴糖涂抹鸡身,涂匀后再次晾干;

②锅内倒油,待油温升至七成热时,将鸡入大油锅中炸成金黄色时捞出;

③大锅内放足水,把所有香料装入一只纱布袋中,扎紧袋口,放入锅中,将水烧开,煮约20分钟,然后加入糖、精盐、老抽;

④将炸好的鸡放入大锅内,用旺火烧开,撇去浮沫,稍煮5分钟,将锅中鸡上下翻动一次,盖上锅盖,改用文火煮60分钟,以肉烂脱骨为止。

注意:煮鸡的卤汁应妥善收存,以后再用,老卤越用越香。香料袋在鸡煮熟后捞出,下次再煮鸡时再放入,一般可用2~3次。

(5)操作关键

①鸡皮要晾干,饴糖要涂匀;

②炸鸡的油温要始终保持在七成热,油温低,鸡不变色,油温过高,则发黑;

③卤汤一次加入的水量,以没过鸡为宜,中间不能再加水;

④香料要煮出香味再下入鸡;

⑤鸡要煮到酥烂。

(6)菜品特点

油润发亮,肉质雪白,味道鲜美,香气浓郁,肉烂脱骨,肥而不腻。

(二)白卤

1.概念

卤汤中不放酱油、糖色或红曲水等有色色素,卤汁无颜色,卤制的菜肴白色或本色,这种技法称为白卤。

2.工艺流程

原料→刀功处理→腌制→预或熟处理→卤制入味→改刀装盘。

3.操作要求

(1)选料多选用质老韧性大的动物性原料,也可选用一些蔬菜等原料;

(2)预卤的原料须先经油炸或焯水,以除去部分血水和异味;

(3)制作卤汤时,所用香料应用洁布包好,以防汤水浑浊;

(4)卤汁要宽,全部淹没原料,使原料受热均匀;

(5)卤汤内切忌卤制豆制品和易发酸、带膻、腥异味的原料;

(6)取用原料时,不可用手指接触卤汤,应使用专门的工具;

(7)每次卤完食品后,要将卤汤重新置于火上烧开,撇尽油沫,放置凉爽处,不要乱动,卤汤要定期加热,定期更换香料袋;

(8)卤制的菜肴可直接切配装盘,也可浇入卤汁调味。

4.特点

口味清淡,口感爽口,香味浓郁。

5.相关菜例

白卤鸡翅、白卤牛肉、白卤羊肉、白卤猪蹄、白卤海带等。

6.实例

白卤牛肉

(1)原料

主料:牛腱子肉1000克。

调料:桂皮10克、白糖15克、陈皮10克、八角10克、辛姜2克、小茴香2克、精盐150克、姜20克、肉蔻3克、山奈片3克、砂仁2克、丁香3克、白芷5克、草果3克、香菜10克、干辣椒10克。

(2)初加工

牛肉用清水浸泡2小时后,漂洗后再浸泡一下,出尽血水备用。

(3)切配

牛肉改刀成大块,用花椒,盐腌制几个小时;腌前在肉上用尖头筷戳一些洞,以便入味,红辣椒切丝;香菜切3cm段;大蒜头剥皮剁成蒜泥。

(4)烹调

①锅内加水,放入牛肉,烧开,除去血污,捞出洗净;

②大锅内放足水,把所有香料装入一只纱布袋中,扎紧袋口,放入锅中,将水烧开,煮约20分钟,然后加入糖、精盐、料酒等;

③将焯水的牛肉放入大锅内,用旺火烧开,撇去浮沫,用文火煮60分钟,以牛肉熟透为止。

(5)操作关键

①牛肉要腌透、焯水;

②卤汤一次加入的水量,以没过原料为宜,中间不能再加水;

③香料要煮出香味;

④卤汁应妥善收存,以后再用,老卤越用越香。香料袋在牛肉煮熟后捞出,下次再放入,一般可用2～3次。

(6)菜品特点

略有弹性,五香味浓,酥软可口。

练 习 实 践

1.什么是卤?卤汁如何调制?

2.卤的特点和具体要求有哪些?

3.请写出卤烧鸡制作的全过程。

4.卤烧鸡制作容易出现错误的地方在哪?如何纠正?

5.通过卤烧鸡你还会做哪些卤菜?

五、熏

1.熏的概念

熏是以烟气和热空气作为成熟过程的主要传热介质,是将原料基本调味后,置于熏锅中加热,利用锅底热的辐射和熏料的烟味烹制菜肴的一种凉菜烹调方法。制品红亮光润,香气独特。按熏烟的接触方式:直接火烟熏和间接火烟熏;按熏烟保持稳定范围:冷熏法、温熏法、热熏法、焙熏法等;按制品的加工过程:生熏、熟熏。所谓生熏,是针对细嫩的生料,如鱼、鸡、鲜笋等,一次性将其熏熟;而熟熏,则是把原料先用其他方法制熟,然后再用烟来熏,以增添烟香风味。熏料的配制常用茶叶、木屑、红糖、甘蔗皮、稻皮、面粉等。加盖密封，利用熏料烤炙散发出的烟香和热气熏制成熟及增加风味的方法。熏制菜品以其烟香味独特而受到人们的青睐，常见的品种有生熏白鱼、毛峰熏鲈鱼、烟熏猪脑等。无论生熏还是熟熏，技术要求都比较高，难度也相当大，从选料、腌渍、上色到熏制成菜等工序，都有其独特之处，很多厨师都因为对烟熏的性质及操作要领不甚了解，而导致成菜色泽、质感、香味等方面的不成熟。

熏制时锅盖一定要严密不透气，熏料的量要适当，根据所用原料严格控制好火候及熏制时间，烧至冒青烟时要及时转入小火并迅速离开火源，否则色泽过重，会使主料带有煳味。生熏的火候应小于熟熏，时间要比熟熏略长些。熏制的时间一般从冒烟开始熏10分钟即可。将主料取出及时刷匀麻油即成，具有香味特殊、色泽光亮的特点。

熏制菜的原料多用动物性及海味品为主，如猪肉、鸡、鸭及蛋类等。极少数的植物性原料也可用于此法。熏制的原料一般都是整只或整块、整条的，熏制前一般要经过水烫卤制或加味煮制、腌味蒸制等方法处理。熏制时，需用熏锅。在熏锅内撒匀适量红（白）糖、茶叶、盐巴等置于慢火上，在熏料上置熏架，排上需熏原料，加盖。待烟弥漫于锅内约5分钟后，将熏制的原料翻身，再熏制约3分钟后，将锅离火，至锅底冷却即成。原料应保持在高温下熏制，原料在温度降低或冷却时熏制则不宜上色，烟香味也不宜渗入原料；若多料熏制时，摆放原料要有间隔距离，不宜过紧，不宜重叠，以使原料受熏均匀，上色一致，并且在熏制时保持恒温和密封，从而使烟香缓慢走失；另外，原料熏制成熟后，应在其外表涂抹一层油，能增其香味，同时会使原料油润光亮。

2.工艺流程

原料刀功处理→腌制→（熟处理）→熏制→改刀装盘。

3.熏的操作关键

（1）选料

正确选料是做好烟熏菜肴的先决条件。首先，在原料上须选用新鲜、质嫩的动物性原料，如鸡、鸭、鹅、鱼、肉等，在选用鸡时应以当年仔鸡为好，鸭则宜选用嫩鸭。其次，在选择生烟原料时，为了保证成菜具有烟香浓郁的特点，须选用香味浓郁且细小的材料，如樟木屑、松柏枝、茶叶、竹叶或米锅巴、甘蔗渣等。

（2）腌渍

腌渍处理是提高成菜口味的重要一环，但在实际操作中，经常有厨师由于认识不到该过程的重要性，随意加料腌渍或缩短腌渍时间，所以根本无法达到渗透入味的目的，最终，导致菜肴味道不足且腥味较重。

在腌渍时，先要用干净的抹布将原料里外的水分及血污揩干，再用精盐、料酒、葱姜等料擦匀全身。在腌渍时间上，应根据原料的质地情况来决定，如对于鱼类的腌渍，一般30分钟即可入味；而对于鸡、鸭、鹅等，则需腌渍2小时以上。

(3) 上色

虽然原料在烟熏过程中，熏烟里所含有的酚类和醛类可以形成烟熏食品中的大部分色素成分，但是这种颜色暗灰，在菜肴中往往被认为是不美观的色泽。因此，为保证菜肴在烟熏后能达到色泽艳丽、金黄油亮的效果，就需要在烟熏前对原料进行上色处理。

常用的方法是：在原料表面均匀地抹上一层饴糖水、酒酿汁或酱油，然后放于风口处吹干，再进行熏制。

(4) 烟熏

这个程序是整个烟熏技法的关键所在，要想较好地完成烟熏过程，突出菜肴的特点，必须正确掌握熏烟的性质及对烟熏火候的控制。

熏料中的木屑一般含有 40%～60% 的纤维素、20%～30% 的半纤维素，及 20%～30% 的木质素。在木屑分解时，表面和中心存在着温度梯度，外表面在缓慢燃烧时，而内部却正在进行着燃烧前的脱水。

在这个过程中，外逸的化合物有一氧化碳、二氧化碳，以及某些挥发性的有机酸，而大多数木屑，在 200～260℃ 时就有熏烟产生，温度达到 260～310℃ 时，则会产生焦木液和一些焦油；当温度再上升到 310℃ 以上时，则木质素裂解产生酚和其他衍生物。

4. 熏的特点

熏能赋予产品以特殊的烟风味，引起人们的食欲。对加硝酸盐腌制的肉类制品，经过熏制干燥形成烟熏的茶褐色，产品色泽好；除去产品中过多的水分，同时使产品适度收缩，赋予制品良好的质地。熏烟成分中含有醛、酚等有机物质，不仅随着烟气成分渗入产品内部，而且由于这些成分的聚合作用，在制品表面形成茶褐色有光泽的薄膜，提高产品的防腐性，增加制品的耐保存性，防止脂肪的氧化作用。熏烟的温度在 45℃ 以上，可阻止微生物的繁殖；熏制品的肉温在 15℃ 左右，促进肉自溶酶的作用，使产品质地变软。

(一) 生熏

1. 生熏的概念

生熏是指熏制前，制品仅是经过腌制入味的生料，熏后直接食用或熏后再经热处理制成菜品的一种烹制方法。

2. 生熏的工艺流程

原料整理干净→刀功处理→腌制→熏制→改刀装盘。

3.生熏的操作关键

(1)熏制时锅盖一定要严密不透气;

(2)熏料的量要适当,根据所用原料严格控制好火候及熏制时间,烧至冒青烟时要及时转入小火并迅速离开火源,否则色泽过重,会使主料带有煳味;

(3)生熏的火候应小于熟熏,时间要比熟熏略长些。熏制的时间一般从冒烟开始熏10分钟即可。将主料取出及时刷匀香油即成,具有香味特殊、色泽光亮的特点。

4.生熏的特点

色泽鲜艳、熏香味浓、质地鲜嫩。

5.实例

生熏鱼脯

(1)原料

主料:新鲜草鱼1条(约750克)。

调料:葱100克、姜50克、黄酒40克、精盐15克、花椒2克、丁香5粒、香油25克。

辅助料:茶叶150克、红糖100克、松木屑800克、大白菜叶3片。

(2)初加工

草鱼刮鳞、去鳃,除净内脏洗净;葱、姜去皮洗净。

(3)切配

葱姜各50克切丝,剩余葱切段;将草鱼去头、尾、脊骨;将鱼肉放入容器中,加入葱丝、姜丝、黄酒、精盐、花椒、丁香等调料,腌渍约30分钟。

(4)烹调

取铁锅一只,锅内依次铺撒均匀放入红糖150克、茶叶100克、松木屑800克,再洒上一点清水,上面放一圆形铁丝箅子,在箅子上面铺上白菜叶,再均匀地铺上葱段,然后把腌渍好的鱼肉平铺葱段上,鱼皮朝下,将锅盖严上小火;烧至起烟约15分钟后离火,待5分钟后揭开锅盖,取出鱼片,改成条状,放入盘内,刷上香油即成。

(5)操作关键

掌握好各种熏料的用量和熏制时间。

(6)成品特点

色泽黄亮,鱼肉鲜嫩,烟香浓郁,是夏秋时令佳肴。

(二)熟熏

1.熟熏的概念

熟熏是指选用经过蒸、煮、炸等方法处理的半成品原料,熟熏的原材料,则用家畜的某些部位,整只家禽,以及蛋品、油炸过的鱼等。

2.熟熏的工艺流程

原料整理干净→刀功处理→腌制→熟处理→熏制→改刀装盘。

3.熟熏的操作关键

(1)熟熏的原料要通过煮、卤、蒸等方法进行熟处理,使原料入味成熟;

(2)熏制时火力不可过大,小火慢慢加热,不能产生浓烟,否则烟熏味太浓,影响风味;

(3)熏制的时间不可过长,使烟熏味依附原料表面有烟熏味即可;

(4)注意观察原料颜色,不可熏制颜色过重发黑;

(5)熏制时锅盖一定要严密不透气,熏料的量要适当;

(6)主料取出及时刷匀香油。

4.熟熏的特点

色泽光亮,熏香味浓。

5.实例

熏肠

(1)原料

主料:生猪肉香肠 500 克。

调料:红糖 100 克、茶叶 25 克。

(2)初加工

将猪肉香肠用温水刷洗干净、上笼蒸熟取出。

(3)烹调

取有盖铁锅,涮净擦干水,然后将红糖均匀地撒在锅底,再撒上茶叶,放上铁箅子;将猪肉香肠摆放在上边,加锅盖上小火,使熏料在锅内生烟;熏 10 分钟左右离火,稍候片刻,打开锅盖,取出猪肉香肠改刀装盘。

(4)操作关键

①在熏制时要掌握好火候及熏制时间;

②锅盖应扣严,不能漏烟,箅子不能太密。

(5)成品特点

肉质醇香,风味别致。

1.熏制有哪几种方法?应注意哪些问题?

2.请写出熏制菜肴所用的熏料的品种有哪些？熏肠应选用哪些熏料最好？

3.什么是生熏？有什么特点？

4.生熏为什么要选用比较细嫩的食材作为原料？

5.熟熏的成品特点是什么？适应熟熏还有哪些原料？

六、醉

1.醉的概念

醉是把原料用以优质白酒、精盐为主要调料制成的味汁浸渍原料制成菜品的方法。醉制法适用于新鲜的家禽及虾蟹、贝类和蔬菜等原料。原料可整形醉制，也可加工成小型原料醉制。醉制按调味料的种类又分为红醉（用酱油）和白醉（用精盐）；按原料不同又分为生醉（鲜活）和熟醉（熟处理半成品）；如醉蟹、醉鸡、醉笋等。

醉是一种凉菜烹调方法。醉制的菜品鲜味浓郁，质感脆爽或鲜嫩，带有浓郁的酒香味。

以前，醉菜的选料多是虾、蟹类、毛豆、鸭舌的食材，随着现代工艺的发展，很多不同的原料采用醉的方法来加工，如鸭掌、鹅肝等。

2.工艺流程

原料初步处理→酒醉。

3.醉的操作关键

(1)选料要超级新鲜，尤其是在制作生醉菜时，要求原料必须是鲜活的。

(2)生醉之前，原料一般要用白酒或者其他原料来杀菌。

(3)醉汁的配方一定要控制好。

(4)酒的选择。一般制作生醉菜，多选择高度的白酒，比如红星二锅头、茅台酒。如果是制作熟醉菜，则可以选择一些红酒。

(5)醉菜的制作温度，一般会控制在0～5℃。不过，现在很多厨师在制作醉蟹时，也会采用−2～0℃。

（一）生醉

1.生醉的概念

生醉，是指原料经清洗醉腌后，直接食用的一种烹制方法。

制作此类醉肴，一般是用鲜活的水产原料，如虾、蟹等，酒醉时，多用竹篓将鲜活水产品放入流动的清水内，让其尽吐腹水，排空腹中的杂质，再晾干水分，放入坛中盖严，然后以精盐、白酒、绍酒、花椒、冰糖、丁香、陈皮、葱、姜等调味品制好的卤汁，掺入坛内浸泡，令其吸足酒汁，待这些原料醉晕、醉透，并散发出特有的香气后,直接食用,生醉通常3~7天即成。

2.生醉的工艺流程

原料初步处理→酒醉→成品。

3.生醉的操作关键

(1)必须选用鲜活原料,主要是无污染、无毒、无害、清洁卫生的一些植物性原料以及水产品。

(2)醉制时要控制好时间,有的时间长,有的要现醉现吃。

(3)醉制的料汁要按一定的比例配制好。

(4)醉制的时间要根据季节和菜肴的特点而定。

(5)盛器必须严格消毒,注意清洁卫生。

4.生醉的特点

菜肴新鲜、酒香味浓、风味独特。

5.实例

醉虾

(1)原料

主料:活虾300克。

调料:高度曲酒50克、精盐5克、味精5克、葱15克、姜15克、蒜15克、香菜20克、香油15克、酱油10克、米醋25克、白胡椒粉5克、白糖20克。

(2)初加工

①活虾放入清水中,吐去泥腥味;

②葱、姜、蒜去皮洗净;香菜摘洗干净。

(3)切配

①葱姜蒜分别切成细末;

②香菜改成2cm段。

(4)烹调

①将活虾放入玻璃煲中,盖上盖;

②取碗一只,放入葱姜蒜末、香菜段,再加入曲酒、米醋、酱油、白糖、味精、白胡椒粉、香油,调成调味汁;

③将玻璃煲上桌,掀去盖,浇上调味汁,盖上盖略焖即可。

(5)操作关键

①一定要选用活虾;

②调汤汁时口味应略清淡;

③醉制时,应将容器口封严,略焖。

(6)成品特点

咸鲜适中，酒香味醇，风味独特。

(二)熟醉

1.熟醉的概念

熟醉，是将原料加工成丝、片、条块或用整料，经热处理后醉制的方法。热处理主要有三种方式：一是先焯水后醉，如山东醉腰丝；二是先蒸后醉，如醉冬笋；三是先煮后醉，如醉蛋。

2.熟醉的工艺流程

原料初步处理→熟处理→酒醉→成品。

3.熟醉的操作关键

(1)原料经过熟处理后，要掌握好原料的成熟度，保持原料的鲜嫩和原有风味；

(2)原料经过熟处理后，要改刀成小型的丁、条、片等，便于入味；

(3)醉制时要控制好时间，熟醉的时间不宜过长，时间过长，酒味太浓，时间过短，酒味不足；

(4)调制醉汁要掌握好调料的比例，特别是酒的浓度要掌握好，包括酒的品质和品种。

4.熟醉的特点

酒香味浓，咸鲜适口。

5.实例

醉鸡

(1)原料

主料：净光鸡1只(约1200克)。

调料：曲酒100克、精盐10克、黄酒20克、味精5克、芫荽2粒、花椒1克、大葱15克、老姜10克。

(2)初加工

①将鸡从背部开刀，去净内脏，斩去头、爪，洗净；

②大葱、姜去皮洗净。

(3)切配

①将鸡从背部剖开；

②葱白切成寸段，老姜切块、拍松。

(4)烹调

①将鸡放入沸水锅中焯水，洗净血污，再将沙锅置火上，添入清水(将鸡淹没

为度),加入姜块 10 克、葱段 15 克、花椒 1 克、芫茜 2 粒、黄酒和鸡;烧沸后,盖上盖,转用小火慢煮;待鸡肉充分酥软时捞出,稍凉后剁成约 3cm 见方的块,然后用原汤泡至凉后捞出;

②取少量原汤放碗内,加精盐 10 克、味精 5 克调味;

③鸡块装入盛器中,加入曲酒 100 克,用玻璃纸封住口,盖上盖,腌 4～5 小时,取出码放在盘中,浇汁即可上桌。

(5)操作关键

①煮鸡时宜用小火,否则鸡肉质老;

②所调汤汁口味应略清淡;

③醉制时,应将容器口封严,腌制时间要长一些。

(6)成品特点

咸鲜适中,酒香味醇。

练 习 实 践

1.什么是生醉?生醉有什么特点?

2.醉虾为什么要选用活虾?

3.活虾为什么要用调味汁略焖?

4.醉虾选用什么酒最好?

5.什么是熟醉?熟醉有什么特点和要求?

6.制作醉鸡应选用什么样的鸡作为原料?

7.鸡熟后为什么要用原汤浸泡?起什么作用?

8.如何调制醉汁?

七、炝

炝是将具有脆嫩质地的动植物原料改成丝、丁、片、条等较小形状,放入沸水锅里焯水,或者是下入油锅滑油,待控水或沥油以后,再加调味品并炝入热花椒油,加盖略焖片刻,以使调味汁在高温下散发出浓郁香味,然后拌匀成菜的一种烹调方法。炝菜的调味品是相对固定的,有花椒油、精盐、味精、姜丝或姜末。一般动物性原料的成熟方法是上浆后滑油。菜肴如炝虎尾、虾子炝芹菜、滑炝鸡丝、炝腰片等。炝与拌的区别主要是:炝是先烹后调,趁热调制;拌是指将生料或凉熟料改刀后调拌,即有调无烹。另外,拌菜多用酱油、醋、香油等调料;而炝菜多用精盐、味素、花椒油等调制成,以保持菜肴原料的本色。

炝菜所用到的原材料，多以质地脆嫩的蔬菜和鲜活海鲜为主，也可选用猪肉、鸡肉等原料。另外，炝制的方法因原料前期加工技术的不同，又可分为氽炝、滑炝、油炝、生炝、活炝、熟炝，不过最为常用的还是生炝、熟炝和活炝。

炝制菜品的制作方法，一般选用极其简单的成熟法，诸如水氽、过油等，从而使原料的质感得到保证。炝制菜品在预熟时一般都未经过调味过程，因此要求料形是相对较小的、宜于成熟和入味，通常以片、丝等形状居多。为了使炝制菜品具有浓郁的味道，在调味过程中以有一定刺激性味道的调味品为主，如胡椒粉、蒜泥等，并且经过调味后应当摆放一段时间，以便使其充分入味。在我国有些地区，也有将鲜活的小型动物性原料，辅以适当的调味料炝食的。因而在调味过程中，一般均加入一定量的白酒和胡椒粉，充分达到调味的效果，如腐乳炝虾等。

炝菜所用原料多是各种海鲜及蔬菜，还有鲜嫩的猪肉、鸡肉等原料。原料熟处理以断生为好，保持脆嫩；炝的菜肴不使用米醋，酱油之类的调味品，以保证菜肴的清淡无汁，要用热花椒油，调味需趁热调味，便于原料入味。

（一）焯水炝

1.概念

焯炝是指原料经刀功处理后，用沸水焯烫至断生，然后捞出控净水分，趁热加入花椒油、精盐、味精等调味品，调制成菜，晾凉后上桌食用。对于蔬菜中纤维较多和易变色的原料，用沸水焯烫后，须过凉，以免原料质老发柴。同时，也可保持较好的色泽，以免变黄。

2.工艺流程

初加工→切配→沸水焯烫→趁热调味→装盘。

3.操作要求

（1）要选用新鲜、质地鲜嫩、易于成熟的原料，植物性原料选用较多；

（2）原料进行刀功处理，要大小厚薄一致，便于成熟度一样；

（3）原料焯水，要沸水下锅，断生即可，捞出控水，荤料一般不过凉，易于变色的原料要过凉处理；

（4）原料要趁热加入调味品，花椒油的使用量要适中，调拌均匀。

4.特点

质感爽脆，香味浓郁，鲜嫩适口。

5.实例

炝虎尾（焯水炝）

（1）原料

主料：活鳝鱼（笔杆粗细）600克。

配料:冬笋 25 克、香菜 15 克。

调料:酱油 15 克、米醋 100 克、精盐 7 克、绵白糖 1 克、味精 2 克、白胡椒粉 5 克、花椒 15 克、香油 15 克、黄酒 30 克、葱 10 克、姜 10 克。

(2)初加工

①葱去皮洗净打结,姜去皮洗净切片,香菜摘去黄叶洗净;

②锅中放清水,加入黄酒 25 克、精盐 4 克、葱结 10 克、姜片 10 克、米醋 100 克,用旺火烧沸,然后将鳝鱼迅速倒入,并盖上锅盖,略煮片刻,待鳝鱼张口时,锅离火,将鳝鱼捞入清水中洗去黏液;

③用竹刀将鳝鱼熟出骨,取双背。

(3)切配

取鳝鱼背肉,截成约 6cm 长的段;冬笋切成丝。

(4)烹调

①将鳝鱼背、冬笋丝放入沸水锅中,汆透捞出;

②取一扣碗,将鳝鱼肉背朝下,中间放入冬笋丝,再放入酱油、精盐、味精、绵白糖、白胡椒粉,整齐扣在碗内,上笼蒸约 10 分钟。将蒸好的鳝鱼扣在盘中,掀去扣碗;另起锅,加入香油烧热,炸花椒起香,撇去花椒,将油浇在鳝鱼上。

(5)操作关键

①煮鳝鱼时,火力不宜过旺,以防鳝鱼破皮,影响菜肴的美观;

②此菜的鳝鱼不宜选择太大的,否则肉不嫩,影响口感;

③熟练掌握鳝鱼熟出骨技巧,出肉要干净;

④蒸鳝鱼时间不可过长。

(6)成品特点

鳝鱼软嫩,鲜美可口,佐酒佳肴。

(二)滑油炝

1.概念

滑油炝是指原料经刀功处理后,需上浆过油滑透,然后倒入漏勺控净油分,再加入调味品成菜的方法。滑油时要注意掌握好火候和油温(一般在 3～4 成热),以断生为好,这样才能体现其鲜嫩醇香的特色。

2.工艺流程

初加工→切配→滑油至断生→趁热调味→装盘。

3.操作要求

(1)要选用新鲜、质地鲜嫩的原料,动物性原料选用较多;

(2)原料进行刀功处理,要大小厚薄一致,便于成熟度一样,可上浆也可不上浆;

(3)原料滑油,油温不能太高(一般在3~4成热),断生变色即可,要控净油分;

(4)原料要趁热加入调味品,调拌均匀。

4.特点

鲜香味浓,质地细嫩,口感清爽。

5.实例

滑炝里脊丝(滑油炝)

(1)原料

主料:猪里脊肉200克。

辅料:冬笋25克、黄瓜25克。

调料:盐2克、味精1克、花椒油5克、料酒10克、淀粉(豌豆)5克、姜10克、鸡蛋清20克、色拉油500克。

(2)初加工

①里脊肉洗净,切丝,加料酒、蛋清、湿淀粉10克(淀粉5克加水)拌匀;

②黄瓜、冬笋、姜分别洗净均切丝。

(3)烹调

①锅上火放色拉油,烧至四成热时,下入里脊丝用筷子划开,滑熟时倒入漏勺控油,再用热水投一下,控净水,放入碗里;

②加入笋丝、瓜丝、姜丝、味精、精盐、花椒油,调匀装盘即成。

(4)操作关键

①里脊丝、黄瓜丝、冬笋丝要粗细均匀,上浆要匀;

②滑油时油温不要高,掌握好火候,防止肉丝粘连或脱浆;

③滑油后要用热水投一下,去点部分油。

(5)成品特点

色彩鲜艳,肉丝鲜嫩,黄瓜、冬笋爽口。

(三)特殊炝

1.概念

选用新鲜的或活的动物性烹料,不经加热处理,洗净后直接加入具有杀菌消毒功能的调味品即可。

2.工艺流程

选料→初加工→切配→调制调味汁→调味→装盘。

3.操作要求

(1)原料要选鲜活、干净卫生、无污染、无毒无害的一些植物性原料以及水

产品;

(2)原料加工形状小巧,大小厚薄均匀一致,拌制时要拌制均匀;

(3)调味汁要按一定的比例配制好,要根据季节和菜肴的特点而定;

(4)调味品多使用一些具有杀菌消毒功能的调味品,如大蒜、白酒、醋等,对原料进行一定的杀菌消毒。

4.特点

口感爽脆,口味鲜美,汤汁味浓。

5.实例

腐乳呛虾

(1)原料

主料:鲜活河虾 400 克。

调料:白糖 3 克、味精 1 克、精盐 2 克、麻油 4 克、葱姜汁 20 克、香豆腐乳 30 克、胡椒粉 2 克、白酒 15 克。

(2)初加工

将虾剪去须、脚、眼,洗净后再用冷开水洗一遍,沥干,放入碗内加精盐、白酒、葱姜汁略拌一下,浸渍 5 分钟。

(3)烹调

将香豆腐乳用刀在砧板上塌成蓉,放入碗内,加豆腐乳汁、白糖、胡椒粉、味精、麻油拌匀;将碗内虾捞出,放入腐乳汁中拌和均匀后,将虾整齐地排列盘中即成。

(4)操作关键

①虾要选鲜活、干净卫生、无污染的;

②调味汁要按一定的比例配制好,量要适中;

③调味汁要拌和均匀。

(5)成品特点

鲜嫩爽口,味呈咸、甜、香、辣。

练 习 实 践

1.什么是呛?有什么特点?

2.制作呛虎尾应选用什么样的鳝鱼?熟处理时应注意哪些事项?

3.写出焯水呛与滑油呛的异同点。

八、冻

1.冻的概念

冻是以水为传热介质,将富含弹性和胶原蛋白的原料用小火长时熬制成胶,调味冷凝后食用的一种烹调方法;或取富含胶质的原料放入锅中加水慢慢煮烂,使其充分溶解成为较稠的汤汁,经过滤后,浇入已加工成熟的原料中,待其自然冷却凝固成冻的一种烹制方法。因其汤汁清澈见底,凝固后晶莹透明光洁,故又称水晶。冻制品的冻汁多用猪肉皮、琼脂、明胶、食用果胶或其他带有胶类的原料制成。主要是利用了蛋白质凝胶作用的原理。尤其是肉皮和含有结缔组织较多的原料中含有大量的胶原蛋白,经加热水煮后产生变性而溶于水中成为胶体溶液,随着温度的降低而凝固成冻胶。

冻制的原料一般采用富含胶原蛋白的猪肉皮、猪肘、猪爪、鱼、带皮羊肉等。制作时,把原料放入盛器中加汤水和调味品,上笼屉蒸烂,或放入锅内炖煮熟烂,然后任其自然冷却或放入冰箱内冷却,待结冻后即成。

有些原料含胶量较少,为使其能结冻,也可在原汤中放些琼脂、肉皮冻,使其结冻。用冻制法还可制作水晶肘子、冻鸡、羊羔等菜肴。

2.工艺流程

原料初加工→焯水→切配→腌制→蒸制→过滤→调味→冷却。

3.制作冻菜使用的凝固剂

制作冻菜少不了凝固剂,目前,大家常用的凝固剂有八种,由于品种不同,用它们制作冻菜也呈现出完全不同的效果。

猪皮:成本最低,口感最自然,属于纯天然冻剂。操作过程比较复杂,成品的透明度也比较差,有轻微的异味。猪皮处理干净,切成条或块后放入容器内,加入调料和水,大火蒸数个小时,取出过滤,加入调料调味,放入主料(荤、素均可),调匀后冷藏。除了单纯的鱼鳞冻外,几乎可以制作所有的冻菜,但是最好用来制作荤、素的咸冻菜。口感最好。

猪皮冻的口感虽好,但是对于某些菜品来说,透明度不够是它的一大缺陷。为此,在制作猪皮冻时,可以根据需要添加少许凝胶粉(具体添加量要根据菜肴的要求确定),这样口感几乎不会受到影响,成本也比较低,最重要的是提升了猪皮冻的透明感。

用猪肉皮熬制成胶质液体,并将其他原料混入其中(通常有固定的造型),使之冷凝成菜的方法称为皮胶冻法。在实际操作过程中,根据其加工方法的不同又可以分为花冻成菜法和调羹成菜法(盅碟成菜法)。所谓花冻成菜法,就是洗净的猪皮加水煮至极烂,捞出制成蓉泥状(或取汤汁去皮),加入调味品,淋入蛋液,也可掺入诸如干贝末、熟虾仁细粒,并调以各式蔬菜细粒,后经冷凝成菜。成品具有美观悦目、质韧味爽的特点，如五彩皮糕、虾贝五彩冻等。调羹成菜法（盅碟成菜法）是指在成菜过程中需要借助于小型器皿如调羹、盅、碟（或小碗）等，制作时，取猪肉皮洗净熬成皮汤，取盅碟等小型器皿，将皮汤置入其中，放入加工成熟的鸡、虾、鱼等无骨或软骨原料（按一定形状摆放更好），经冷凝成菜。用此法加工的冻菜，一般都宜将原料加工成丝状或小片、细粒等。调味也不宜过重，以轻淡为主。此法在行业中使用较普遍，如水晶鸡丝、水晶鸭舌等。

冻制成菜的先决条件是冻的制作。首先是所用肉皮必须彻底洗净，应达到无毛、无杂质油脂。因此在正式熬制前，先将肉皮焯水后将肉皮内外刮净，清洗后改成小条状入锅加热，便于熟烂。其次熬制汤汁时，要掌握好皮汤中原料与水的比例，一般认为以 1:4 为宜。

若汤水过多，则冻不结实；若汤水过少，则胶质过重，韧性太强。汤汁凝结后一般以透明或半透明为主，所以在熬汤时除了用盐、味精、葱结、姜块及少量料酒外，一般不用有色调味料和香辛料，防止有色调味料影响冻的成色。皮冻熬好后，根据成菜要求，添加所需调味品。

鱼鳞：成本最低，口感最自然，属于纯天然冻剂，成品的透明度高。操作过程比较复杂，腥味比较重，色泽也发黄。鱼鳞、猪皮按照比例混合，冲洗干净，放入盘内或者锅内，加入酒、葱、姜、清水，大火蒸或煮制，直至鱼鳞完全融化，取出过滤，加入调料调味，放入主料（荤、素均可），调匀后冷藏。只能用来制作鱼鳞冻，应用较窄。口感仅次于猪皮。

凝胶片或凝胶粉：它是从动物的骨头（多为牛骨或鱼骨）提炼出来的胶质，与其他成品凝固剂相比，它最大的特点是异味小，成品透明度高，口感比较爽滑，有弹性。大多产自意大利，所以价格比较昂贵，口感略发硬，不够自然。主要有凝胶片和凝胶粉两种。凝胶片先用冰水浸泡，泡软后用手挤干水分，放水加热，溶化后调味，放入原料冷冻。凝胶粉放入锅内，加入清水，用电磁炉内小火加热至凝胶粉溶化，调味，后放入原料冷冻。切不可用普通的炒菜灶加热，否则溶液易焦边。多用来制作西式的点心或者高档菜的冻菜，比如鹅肝冻。

琼脂：成本比较低，应用方法也比较简单。但是本身有一种塑料的味道，成品口感也很一般，没有那种入口即化的口感。放入锅内，加入清水，小火慢慢熬煮至溶化，取出过滤，调味，放入原料拌匀，冷却。多用来制作果冻等甜冻菜。

琼脂学名石花菜，俗称冻粉。此法是指将琼脂掺水煮或蒸溶后，浇在经过预熟的原料上，冷却后便其成菜的方法。琼脂冻与皮冻比较，具有不同的质地和口感。通常情况下，琼脂冻较为脆嫩，缺乏韧性，所以一般用于甜制品制作的较多。有时也用于花色冷拼的衬底或掺入其他原料作冷菜的刀面原料。琼脂冻类的菜品操作比较简便，成菜具有色泽艳丽、清鲜爽口的特点。琼脂冻的操作要领体现在以下几个方面:所用琼脂一般为干品,使用前用清水浸泡回软后,洗干净,再放入清水中煮化或蒸溶。倘若是制作甜品,可不加水,掺入冰糖,蒸制待琼脂及冰糖溶化后,倒入事先备好的容器中冷凝成型。掌握好琼脂及水的使用比例。一般地说,琼脂都要加水熬制成菜,这就有个比例,即水加多了成品不宜凝结;水加少了,凝冻质老易于干裂,口感欠佳。琼脂与水的比例一般控制在1∶10左右为宜。

根据用途不同,琼脂在熬制过程中可适量添加一些有色原料,以丰富菜品色彩。琼脂冻类菜品若无特殊用途,通常要借助于一定的成形器皿来完成。例如草莓琼脂冻、牛奶琼脂果杯等。

冻制菜品是冷菜制作中常见的一种形式。适合于冻法成菜的原料很广泛,通常来说,大多数无骨细小的动物性原料适宜用皮冻法成菜;大多数植物性原料特别是水果类原料适用于琼脂冻法。常见菜品如水晶肴蹄、双色水果杯、水晶西瓜球等。

果冻粉:成本适中,应用简单。成品口感不够爽滑,韧性也比较强,根本就没有入口即化的感觉。放入锅内,加入清水,小火慢慢熬煮至溶化,取出过滤,调味,放入原料拌匀、冷却。多用来制作果冻等甜冻菜。

鱼胶粉:成本适中,应用简单,加热即可。成品口感不够爽滑,韧性也比较强,入口没有即化的感觉。鱼胶粉的腥味非常重,而且颜色发淡黄色。放入锅内,加入清水调匀,然后搁水加热至溶化,调味,放入原料拌匀、冷却。切记:鱼胶粉必须使用隔水加热的方法处理,否则水分超过90℃,鱼胶粉的腥味也会越来越严重。多用来制作果冻等甜冻菜,但是为了节省冻菜的制作时间,现在也用来制作少量的咸冻菜。

刺槐豆胶:无色、无味的植物胚乳精制多糖,是极为良好的增稠稳定剂,是分子厨艺中常见的烹饪原料,用它制作的成品弹性好,而且可以扭曲,具有良好的透明度。成本非常高,而且目前的应用面很窄。豆胶在冷水中只有部分溶解,加热至85℃保持10分钟以上才能充分水化,使冷却后达到最大黏度。目前主要用来制作分子美食。

水晶鱼冻:成本较低,应用简单,透明度高,有弹性。口感发硬,色泽略发黄,韧性也比较强。入微波炉高火加热10分钟,倒入容器内,自然冷却后再放入冷藏。可以制作多种冻菜,用来制作鱼鳞冻,效果比较好。

冻菜看似简单,制作起来却是难点重重,稍不注意,做好的皮冻菜不是口感发硬,就是有异味,要不就是不成型,那么制作冻菜到底需要注意哪些问题呢?

很多厨师认为,鱼鳞冻就是鱼鳞熬制而成的冻。其实这种说法并不准确,因为如果单用鱼鳞熬冻,鱼鳞的胶质必须丰富,但是实际上,鳞片胶质丰富的鱼类一般都不去鳞烹调(如鲫鱼),所以制作鱼鳞冻的鱼鳞一般都是草鱼鳞等。

这种鱼鳞的胶性并不强,直接熬制耗时长,效果还特别差,所以聪明的厨师都搭配猪肉皮一起熬制鱼鳞冻汁。鱼鳞与猪皮的比例一般都会控制在2:1或者3:1,具体分量要根据当地食客口感的喜好添加。

4.操作关键

煮制冻汁选料要新鲜,掌握好水(一次性加足,中途不宜加水)与料的比例、火候、时间及冻汁的浓度、清澈度(油要撇尽)。

5.冻的特点

冻制菜肴具有色泽美观、晶莹透亮、滑嫩爽口的特点。冻的制品分为甜、咸两种,咸味多用于鸡、鸭等原料制成菜肴,冻料多用于猪皮。甜冻多用于鲜果原料为主制成菜肴,冻料可使用琼脂或者咖喱粉。

6.冻的操作方法及步骤

(1)咸味冻的制作,将炒锅洗净,掺入鲜汤,放入猪肉皮和辅料调料,用小火一直煨炖至肉皮溶于豆腐时,拣去姜、葱将猪皮凉凉用于绞肉机反复搅碎成细粒,再放入汤内,调定好味,分别舀在搪瓷盘中,凉凉,可放入冰箱辅助冻制凝固,翻扣在案上,切成装盘规格备用。食用时可切成拼盘,配上多种调味品更佳。

(2)甜味冻的制法,取琼脂用清水淘洗干净,在清水泡一个小时,用白糖加清水烧开,撇去浮沫,澄清后去渣留糖液,将琼脂盛入干净容器内,灌入糖液,上笼蒸至琼脂完全溶化后端出,可与其他水果配合定型,冷却后划成小块或用模型定型,冷却后翻扣在盘中,放入冰箱冰镇,食用时装盘上席即可。

7.实例

水晶皮冻(肉皮冻)

(1)原料

主料:新鲜猪肉皮2000克。

调料:食盐25克、料酒30克、葱姜各30克。

(2)工艺流程

猪皮洗净→反复刮净油脂→焯水→切成细丝→放入不锈钢容器内→加入料酒、清水、葱白、姜片→大火蒸制→过滤→放入调料、添加原料→倒入不锈钢盘内→冷却。

(3)初加工

①先用刀刮掉能够刮掉的油脂,下入沸水中略焯,捞出后继续用刀刮,继续焯水。连续操作2~3遍,然后肉皮放入盆中,先加入1%的热碱水揉搓,再加入1%的热醋水搓洗,直至肉皮洁白,手感滑爽,然后用清水再冲洗两遍。用碱搓洗可洗去肉皮上残留的油脂,加醋可以除去肉皮上的异味,中和碱性,避免营养流失。

②处理好的猪皮应切成细条,增大肉皮的表面积,利于吸收热量,使肉皮中的

胶原蛋白质充分溶于汤中。

(4)蒸制

①猪皮条放入不锈钢盆内,加入葱段、姜片、料酒、清水,直接大火蒸制。蒸制过程中,水的用量非常关键,多了做出的皮冻无法成型,或者不能切割;水少了,皮冻太硬,口感不好,而且成本较高。我在制作时,一般都是水刚刚没过猪皮丝。

②蒸制过程中,不可以加盐。因为盐有渗透作用,会影响胶原蛋白的析出。

③蒸制过程中,不锈钢盆不可密封,否则猪皮的异味散发不出去。

④必须采用蒸的方法制作。有些厨师为了减少烹调时间,采用高压锅压制或者煮制的方法,做好的皮冻汁非常浑浊,影响成菜效果。

⑤有些厨师偶尔也会采用隔水蒸制的方法,即将猪皮丝放入容器内,加入调料和水,放入蒸锅内。蒸锅内倒入沸水,水要达到盛肉容器的底部,用大火蒸4~5小时。拣出葱段与姜块,加入盐、味精搅匀,倒入模具内,冷却即可。此法的优点是缩短加热时间,做出的冻汁也清澈如水。

(5)操作关键

①熬好的皮冻汤一定要充分过滤;

②加入调料和原料后,皮冻汁不能过多搅动,尤其是放入荤料后,长时间搅动会造成荤料出油,继而影响成品的透明度;

③为了防止添加荤料后出油,在加入荤料后,可将调好的皮冻汁放入蒸笼内,继续蒸20分钟,以去掉搅拌时产生的气体,取出后再冷冻。

(6)成品特点

晶莹剔透,入口即化且爽口。

水晶橘子(琼脂冻)

(1)原料

主料:鲜橘子200克。

配料:琼脂25克、山楂糕25克。

调料:绵白糖100克。

(2)初加工

①琼脂用清水泡软;

②橘子去皮及筋络。

(3)切配

①山楂糕切成菱形片状,拼放扣在碗内呈菊花状,然后摆入橘子;

②琼脂切成细末。

(4)烹调

炒锅洗净上火,加入清水、琼脂末、绵白糖熬化,然后将汤汁浇在扣好橘子的碗内，凉凉后，反扣在盘中。

(5)操作关键

①琼脂应先泡软，切成细末，以利于熬化；

②掌握好琼脂和水的比例。

(6)成品特点

造型美观、透明晶亮、甜酸适口、属夏季佳肴。

1.什么是冻？其操作关键是什么？

2.水晶冻是怎样形成的？

3.水晶橘子最适宜在什么季节制作？

4.做冻菜还可用其他什么原料？

九、挂霜

1.挂霜的概念

挂霜是以油为传热介质，将经过油炸的小型原料挂上或撒上一层似粉似霜的白糖的甜菜的一种烹调方法。成品松脆香甜，洁白似霜。挂霜的方法有两种：一种是将炸好的原料放入盘中，上面直接撒上白糖，适合于颜色较浅的原料；另一种是在拔丝的基础上，利用糖浆的黏性在原料表面滚黏一层白糖。挂霜菜肴主要有雪衣豆沙、香蕉锅炸、挂霜丸子等。挂霜法在有些地区被称为"翻炒""黏糖"等，有的因挂霜菜的技术不易掌握就不熬糖浆，只在主料上撒上糖粉，也似白霜，它的外观和口感比用熬糖制成的挂霜制品相差甚远。挂霜菜色泽洁白似霜，形态美观雅致，口感油润、松脆、干香。挂霜和拔丝不一样的是，挂霜必须要用水熬，这样做出来的菜洁白如雪。水、糖的大致比例是1∶2。

挂霜的原料，一般选用含水分较少的干果作主料，也可选用一些动物性原料（如排骨、肥膘肉等）。小型原料一般不经过加工即可直接炸制；稍大的原料通常切成块、条、片或将原料压成溶泥包入馅心制成丸子等形状后炸制。

制造霜的最大困难是熬糖。煮糖通常是用糖水煮的，将水和糖加入到锅中，用小火热煮，煮至所有的糖溶解在水中，水泡从大到小和致密的状态，在一定程度的黏度下，倒入原料中并混合。熬糖之前，锅必须清洗干净。在煮的过程中，可以用勺子搅拌糖水，防止底部粘连，促进溶解。当蒸煮时，水的量可以略小于糖的量，当水分挥发时，是下料的时间(该比例仅适用于小于500克原料的糖和水剂量)。糖与水的比例是非常重要的。水多了，原料糖浆就挂不住，水少了，糖溶化后就吃不起"霜冻"。

其次，原料加热成熟环节不容忽视。除了霜状外观和甜味外，酥脆的口感也是主要特点。坚果是油性原料，水分少，这种原料通常采用小火油浸法。一些原材料可以在煮沸前用开水浸泡，脱皮方便，另外，炸时很容易渗透一些水。对于肉类原料，应挂水糊或蛋糊，使原料的质地变得脆硬。经过冷却后，这种脆脆的原材料的外观很可能不会变脆。

最后，当原料挂霜以后，原料必须分开，否则会黏在一起。分离后，糖和原料被分离。也有的是将用糖浆包裹的原料倒入一堆炒米粉中搅拌，这种糯米粉还可以改成可可粉、芝麻粉等(也有可可粉直接拌成糖浆，然后均匀搅拌)。

有一些著名的霜冻菜，如带霜冻的腰果、可可桃仁、带霜冻的排骨、带糖的新鲜切片等。

2.挂霜工艺流程

原料初加工→过油→熬糖→拌制→冷却→成品。

3.挂霜的操作关键

(1)多选用新鲜、无霉烂、无虫蛀、水分较少的干果类，也可选用其他的原料，但要加工成小型状态，挂糊或不挂糊炸透；

(2)熬糖时要用小火，要使糖充分溶化，但又不能让糖液变色，保持洁白；

(3)翻拌时，要不停翻锅，使糖液均匀黏在原料上；

(4)冷却后，检查是否有粘连在一起的原料；

(5)若加入其他调味品，应在糖汁熬好后加入糖汁中溶化，再下入主料。

4.挂霜的特点

表面洁白似霜，味香甜质脆。

5.实例

挂霜生仁

(1)原料

主料：花生米250克。

配料：绵白糖200克。

调料：色拉油1000克(实耗25克)。

(2)初加工

将花生米放开水中浸泡至薄皮发软时捞出，剥去皮。

(3)烹调

①将花生仁入四成熟温油中浸炸,至酥脆时捞出;

②锅洗净,入清水50克,再加白糖上文火用手勺不停搅动;炒至糖溶化至糖液冒大气泡时,锅端离火口,继续搅动至大气泡消失、糖液翻细密的小气泡时,迅速将花生仁倒入锅内,置阴凉通风处翻拌均匀,使糖液均匀地黏裹在花生仁的表面,呈白色结晶状,即可出锅装盘。

(4)操作关键

①花生仁过油不可太老或太嫩;

②炒糖时,火力要适当,切勿过火出丝,应在出丝前翻小气泡时倒入花生仁,否则,降温后不能出现白霜,难以保证色泽和质量;

③糖液应均匀裹在花生仁的外表;

④熬糖的炒锅一定要洗干净。

(5)成品特点

色泽洁白,花生仁酥脆、香甜可口。

挂霜肥膘

(1)原料

主料:猪板油150克、鸡蛋黄20克。

调料:白糖75克、面粉50克、花生油500克。

(2)初加工

将猪肉洗净,切成绿豆大的粒,拌上鸡蛋黄,搅拌均匀。

(3)烹调

锅置火上,加入花生油烧至四成热时,将猪板油泥挤成直径约3cm的丸子,将丸子下锅改用小火炸熟炸酥捞出沥油即成。

炒锅内加入清水、白糖,用微火炒至出霜时,倒入炸好的丸子,挂满糖霜时盛出即可。

(4)操作关键

①猪肥膘切粒要大小均匀,加入鸡蛋黄要搅打均匀;

②炸制时油温不宜太高,要炸透炸熟;

③熬糖时,火力要适当,切勿过火出丝;

④糖液应均匀裹在丸子的外表;

⑤熬糖的炒锅一定要洗干净。

(5)成品特点

色泽洁白,丸子酥香、香甜可口。

练 习 实 践

1. 什么是挂霜？有什么特点？
2. 制作挂霜菜肴时熬糖的关键是什么？应使用什么样的火力？
3. 熬制后的白糖为什么冷却后能凝成白霜？挂霜生仁为什么叫挂霜？
4. 挂霜和拔丝有什么区别？

十、糟

1. 糟的概念

糟是将处理过的生料或熟料，用糟卤等调味品浸渍，使其成熟或增加糟香味的一种烹制方法。多用于动物性原料和蛋类原料，也可用于豆制品和少数蔬菜。

原料未经热处理直接糟制，经过数小时乃至数天、数月入味后，在加热制成菜品的烹制方法即为生糟。生糟大都适用于蛋类、鱼虾蟹类，糟制后多采用蒸食。熟糟是将原料热处理后糟制，经浸腌入味再改刀装盘成为菜品的烹制方法。熟糟多适用于禽、畜类的原料。

我国东部江、浙、沪等地区，每逢夏日来临，盛行一类独特口味的菜肴——糟味菜。"糟"运用于烹调历史悠久。相传2000多年前，越先民已用"酒"和"糟"调味。《齐民要求》中也阐述了有关"糟"的烹调方法的运用。糟味菜是以"香糟"为主要调味料，将烹饪原料经糟盐腌或用糟卤浸泡或加糟汁滑熘等方法烹制成菜，其具有糟香浓郁、鲜咸回甜的特点。

糟是利用谷类发酵制取黄酒或米酒后所剩下的残渣（即酒糟），经过一定的工艺加工制成。其为酒的副产品，香味醇和，益味和雅。糟中含丰富的酯类成分（如乙酸乙酯、丙酸乙酯、异丁酸乙酯等），使其具有独特的酒香气。由于制取酒糟的方法不同，制出的糟可分为黄酒糟、红糟与白糟三种。黄酒糟是酿制黄酒剩下的酒渣，红糟是将红曲、酒药碾碎与蒸熟的糯米一起拌匀装坛，封口发酵而成。糟内含有一定的红曲色素成分，呈粉红至枣红色，红糟以福建产的为佳，白糟直接在蒸熟糯米中加入酒药，装坛经发酵而成，其色泽白色至浅黄色，是江、浙、沪等地盛产的一种糟。由于各地所产的糟不同，用其制成的菜肴也别具风格。糟味菜的制作关键在于制作香糟卤，其制作是否得当，直接关系着糟味菜的品质。虽然市场上有瓶装的糟卤出售，但其糟味不强。自制糟卤，可使糟味得以较好地发挥，成菜独树一帜。

2.糟的操作关键

(1)糟制时要掌握好时间；

(2)糟制时要掌握好调味品的分量；

(3)糟制时不可带入生水等；要选用好不同的糟料。

3.糟的特点

糟香味浓，风味独特。

(一)红糟

1.概念

红糟是将经处理过的生料或熟料用盐、香糟，再加入5％的红曲(红色)等调料制成的糟卤浸渍的一种方法，卤汁为红色。

2.工艺流程

选料→初加工→配糟汁→糟制→成品。

3.操作要求

(1)应选用新鲜细嫩的动植物原料，保证成品清淡爽口，具有糟香风味；

(2)原料熟处理，不可烹制过于酥烂，成熟即可；

(3)制糟卤时，调味品的比例要恰当，保持糟香及正常的味型；

(4)糟制的时间要掌握好，冬季时间略长，夏季时间略短，不论时间长短，以糟香味渗入到原料为宜；

(5)妥善保管好糟汁，不要使糟汁变质，最好是现做现用，保持新鲜度。

4.特点

清鲜爽口、质地鲜嫩、糟香味浓。

5.相关菜例

如红糟虾、南卤醉虾、糟醉冬笋、南糟醉蟹等。

红糟虾

(1)原料

主料：新鲜白虾500克。

调料：红糟酱30克、白胡椒粉1克、白糖2克、红酒50克、大蒜10克、葱20克、姜10克、新鲜百里香2克、生抽10克。

(2)初加工

将白虾洗净；葱、姜、蒜去皮洗净；将葱、姜、蒜切末，百里香剥成碎末。

(3)烹调

①将白虾用红酒腌5分钟；

②热锅加入橄榄油，爆香一半葱、姜、蒜末，将白虾沥去红酒，倒入锅中翻炒，

白虾一半变色时,倒入红糟酱、生抽、胡椒粉、白糖,翻炒至全熟加入剩下的葱、姜、蒜末和百里香,翻炒片刻,起锅盛盘即可。

(4)操作关键

①虾要保持新鲜;

②炒制时,虾熟即可;

③火力不要大。

(5)成品特点

色泽红润,糟香味浓。

二、白糟

1.概念

白糟是将经处理过的生料或熟料用盐、白糟、香料等调料制成的糟卤浸渍的一种方法,卤汁为白色。白糟,一种纯天然的食用添加剂,我国绍兴所产最佳。白糟是酿时的一种副产品,是一种酒糟,因其颜色洁白,故名白糟。常用白糟来制作白糟肉、蛋、泡菜等食物。因其为酒糟,所以含有酒精,颜色鲜艳洁白剔透,有浓厚的酒香味。

2.工艺流程

选料→初加工→调糟汁→糟制→成品。

3.操作要求

(1)选用原料以鲜嫩为宜,糟制后保持原料的鲜嫩;

(2)原料熟处理,不可烹制过于酥烂,保持原料固有的口感;

(3)制糟卤时,调味品的比例要恰当,突出糟香味;

(4)糟制的时间要掌握好,冬季时间略长,夏季时间略短,不论时间长短,以糟香味渗入到原料为宜;

(5)妥善保管好糟汁,最好现作现用。

4.特点

色泽沽白、质地鲜嫩、酒香味浓。

5.相关菜例

白糟肉、白糟蛋、白糟鸡、白糟鸭掌、白糟排骨、白糟包菜等。

白糟鸡翅

(1)原料

主料:生鸡翅1000克。

调料:醪糟汁150克、白胡椒粉1克、黄酒50克、精盐10克、味精2克、大葱20克、老姜15克、香油10克。

辅助料:鲜汤150克。

(2)初加工

将鸡翅洗净;大葱、老姜去皮洗净。

(3)切配

将葱白切成段,老姜切成片。

(4)烹调

①将鸡翅入沸水锅中焯水,去净血污;汤锅放火上,加入清水、姜片、葱段、黄酒和鸡翅,烧沸后撇去浮沫,转用小火加热,至鸡翅断生捞出,晾凉;

②将鸡翅置器皿中加鲜汤、醪糟汁、胡椒粉、精盐、拌腌约4小时,待其入味后码放在盘中,淋入少量汤汁和香油。

(5)操作关键

①原料烹调应事先焯水,除去异味;

②掌握好火候和加热时间;

③注意调味料的投入顺序。

(6)成品特点

鸡翅洁白,咸鲜适口,回味略甜,糟香味醇。

练 习 实 践

1.什么是糟、糟有什么特点?

2.白糟鸡翅制作选料有何要求、醪糟的种类有哪些?

3.用同类烹调方法还可制作哪些菜肴?

4.白糟鸡翅的成品特点有哪些?

十一、酥

1.酥的概念

酥是一种冷菜的制作方法,与热菜中的焖、烧有些相似,但比焖、烧加热时间更长。酥的方法做菜,以醋为主要调味品,以使荤料骨肉酥软,鲜香入味。一般都是将主料放入锅内后,一次加足汤水和调料,盖严锅盖加热,直到烧好才揭锅。

酥菜制成后,不可急于起锅装盘,因为此时主料已经酥烂,稍碰即碎。应待成菜冷却以后装盘。

酥主要有两种形式：一种是硬酥；另一种是软酥。主料先过油再酥制的是硬酥；不过油而直接将原料放入汤汁中加热处理的为软酥。可以酥制原料很多，肉、鱼、蛋和部分蔬菜均可作为酥制原料。酥制的主要环节在于制汤，其味型丰富多样，除以烧煮菜肴的基本味作为基本调味外，尚可加入如五香粉或其他香料等调味料。

酥制菜品一般都是相对批量生产，成品要求酥烂，因此首先应当防止原料黏底。因为在酥制菜肴过程中，不可能经常性翻动原料，甚至有的原料从入锅到出锅根本就无法翻动，所以一定要加衬垫物，并将原料逐层排放。其次，加料及汤水的投放比例要准确，以免影响滋味的浓醇。酥菜制作时间一般较长，故汤汁的投放应比一般菜肴略多一些。开始加热时，以汤汁略高于原料为度。最后，酥制菜品讲究酥烂，为防止原料的形态被破坏，加热完毕后，必须冷却后方可起料。

酥的烹调方法，适用于制作酥鲫鱼、酥海带、酥藕、酥鸡蛋等冷菜。

2.酥的工艺流程

原料初加工→过油（或不过油）→加调料和醋→大火烧开→小火加热→成品。

3.酥的操作关键

(1)动物性原料一般都过油，植物性原料一般不过油；

(2)酥制菜肴醋要多，醋能溶解原料中的钙质，使之酥；

(3)小火炖制时间要长，至少4小时以上，防止汤干。

4.酥的特点

骨酥肉烂，不失其形，香酥适口。

（一）硬酥

1.概念

硬酥是将原料炸制成半成品后，再有顺序地排列在大锅中，放在以醋、糖、盐、酱油（也可不放）、各种香料为主要调料的汤汁中，经过小火较长时间的煨焖，使原料达到骨酥肉烂，酥香味浓的一种烹饪技法。

2.工艺流程

选料→初加工→炸制→调汤汁→大火烧开→小火煨焖→冷却→装盘。

3.操作要求

(1)原料酥制前，要炸透，使原料呈干硬状态，便于酥制时易于吸收汤汁和入味，保持菜肴的口感和质感；

(2)制汤时，水与醋、糖、酱油、盐等主要调料的比例要恰当，要突出醋的用量，醋容易挥发，且溶解钙质，使骨质酥软，因此，醋的用量大，要视具体原料的多少来确定醋的用量；

(3)要严格控制火候,先用旺火烧开后再改用小火煨焖;

(4)汤汁浓稠后,取料时要保持原料形状完整。

4.特点

骨酥肉烂、不失其形、香酥适口。

5.相关菜例

酥鲫鱼、酥鱼尾、酥排骨、酥肉、酥豆腐干等。

酥鲫鱼

(1)原料

主料:小活鲫鱼750克(7cm长)。

调料:酱油50克、绵白糖50克、米醋200克、干辣椒25克、黄酒150克、精盐5克、味精2克、大葱50克、老姜50克、香油20克。

辅助料:色拉油2000克(实耗100克)。

(2)工艺流程

原料整理干净→过油→码锅中→加入调料→旺火烧开→小火收汁→淋麻油→成品。

(3)初加工

将鲫鱼去鳞、鳃。用刀从脊背处剖开,去内脏洗净,沥干水分;大葱、老姜去皮洗净。

(4)切配

将葱白切成段,老姜切成片。

(5)烹调

①锅上火,注入色拉油,烧至八成热时,放入鲫鱼,炸至鱼皮起皱,色泽金黄色时,捞出沥油;

②取砂锅一只,内放竹垫,上放葱姜各20克、干辣椒15克,将鲫鱼背朝上、头朝下逐层叠起,上面再放剩余葱姜、干辣椒,加入酱油、绵白糖、黄酒、米醋、精盐等,加清水1000克,旺火烧开,以小火焖4个小时后,离火晾凉,然后将鱼背朝上,摆入盘中,淋上麻油即可。

(6)操作关键

①鲫鱼大小要均匀,不宜太大,7cm长短即可;

②掌握好火候和加热时间,焖制的时间要长才能酥;

③锅底要放竹垫,防止煳底。

(7)成品特点

色泽金红、酥软香辣、卤汁鲜浓。

(二)软酥

1.概念

软酥是原料不经过炸制,而是将原料经过加工处理成半成品,有顺序地排列在大锅中,放在以醋、糖、盐、香料等调制的汤汁中,经过小火较长时间的煨焖,使原料达到骨酥肉烂,酥香味浓的一种烹饪技法。

2.工艺流程

选料→初加工→半成品→调汤汁→大火烧开→小火煨焖→冷却→装盘。

3.操作要求

(1)酥制前,原料要清理干净,有的需要焯水,但不能过油;

(2)制汤时,水与醋、糖、酱油、盐等主要调料的比例要恰当,主要注意醋的用量和调味品的比例;

(3)要严格控制火候,先用旺火烧开后再改用小火煨焖;

(4)汤汁浓稠后,取料时要保持原料形状完整。

4.特点

骨酥肉烂、不失其形,香酥适口。

5.实例

酥海带

(1)原料

主料:涨发海带250克。

调料:酱油50克、绵白糖50克、米醋200克、干辣椒25克、黄酒150克、精盐5克、味精2克、大葱50克、老姜50克、香油20克。

(2)工艺流程

原料整理干净→码锅中→加入调料→旺火烧开→小火收汁→淋麻油→成品。

(3)初加工

将海带洗净,切成大片,卷成卷,用线扎好;大葱、老姜去皮洗净;葱白切成段,老姜切成片。

(4)烹调

取砂锅一只,内放竹垫,上放葱、姜各20克、干辣椒15克,将逐层叠起放入,上面再放剩余葱、姜、干辣椒,加入酱油、绵白糖、黄酒、米醋、精盐等,加清水1000克,旺火烧开,移小火焖4个小时后,离火晾凉,切成丝摆入盘中,淋上麻油即可。

(5)操作关键

①海带卷要大小均匀,不要过粗;

②掌握好火候和加热时间,焖制的时间要长才能酥;

③锅底要放竹垫,防止煳底。
(6)成品特点
色泽金黄、酥软香辣,卤汁鲜浓。

十二、泡

1.泡的概念

泡是将新鲜蔬菜、水果等原料经洗涤、切配,不需加热直接放入泡菜卤水中泡制的一种方法。泡制出的成品,称为泡菜。泡是一种特殊的技法,相当于泡腌,但在泡制的过程中,会产生大量乳酸。东北的酸菜是用盐腌制,性质与泡菜一样,所以有些地方将泡菜也称为酸菜。

泡菜古称菹,是指为了利于长时间存放而经过发酵的蔬菜。一般来说,只要是纤维丰富的蔬菜或水果,都可以被制成泡菜;像是卷心菜、大白菜、红萝卜、白萝卜、大蒜、青葱、小黄瓜、洋葱、高丽菜等。蔬菜在经过腌渍及调味之后,有种特殊的风味,很多人会当作是一种常见的配菜食用。

世界各地都有制作泡菜,风味也因各地做法不同而有异,其中涪陵榨菜、法国酸黄瓜、德国甜酸甘蓝,并称为世界三大泡菜。已制妥的泡菜有丰富的乳酸菌,可帮助消化。但是制作泡菜有一定的规则,不能碰到生水或是油,包括泡制的器具等,否则容易腐败等。若是误食遭到污染的泡菜,容易拉肚子或是食物中毒。

泡菜主要是靠乳酸菌的发酵生成大量乳酸而不是靠盐的渗透压来抑制腐败微生物的。泡菜使用低浓度的盐水,或用少量食盐来腌渍各种鲜嫩的蔬菜,再经乳酸菌发酵,制成一种带酸味的腌制品,只要乳酸含量达到一定的浓度,并使产品隔绝空气,就可以达到久贮的目的。泡菜中的食盐含量为2%～4%,是一种低盐食品。

泡的种类主要有咸泡和甜泡。

咸泡:泡卤以盐、酒、辣椒等为主要调味品。

甜泡:泡卤以糖、白醋等为主要调料品。

2.泡的工艺流程

原料初加工→调味泡制→成品。

3.泡的操作关键

(1)泡制的原料要新鲜脆嫩;

(2)泡菜要使用专门工具,切忌油腻污染;

(3)泡卤要保持清洁,不得用手直接取用;

(4)制时要根据季节和卤水的新、陈、淡、浓、咸、甜而定;

(5)泡卤未腐败变质可继续使用,但需将陈物捞尽。

4.泡的特点

酸辣咸鲜、色泽清爽、口感脆嫩。

(一)咸泡

1.概念

咸泡是泡卤以盐、酒、辣椒等为主要调味品,泡制出的成品咸鲜、酸辣、爽脆。

2.工艺流程

选料→加工→咸味卤水→泡制→成品。

3.操作要求

(1)泡菜的原料要新鲜脆嫩,要事先洗净、晾干,加工成丁、条、片等小形状,便于快速泡至入味;

(2)泡制的荤菜,要事先加热成熟,再用卤汁浸泡,浸泡时间略长,保证原料入味后再切配装盘;

(3)泡菜的器皿要干净,不要带有生水油腻之物,防止泡汁变质;

(4)泡制的冷菜,一定要泡透,时间至少在4个小时以上,时间越长味越浓,但也不是家庭制作泡菜的几个月时间;

(5)泡制菜肴的卤水,浓度要高一些,因为泡制过程中,原料会出水,冲淡卤水的味道;

(6)泡菜的卤汁要保持清洁,不可用手直接取用,要用筷子或夹子捞取;

(7)泡菜的卤汁在无变质的情况下,可连续使用,但需捞尽陈物,在下一次的泡制过程中,卤汁要增加调味品,否则,味道会变淡。

4.特点

口感爽脆、味道鲜美、咸鲜酸辣醇厚。

5.实例

四川泡菜

(1)原料

主料:野山椒1瓶、白萝卜1根、心里美萝卜1个、樱桃萝卜数根。

调料:精盐15克、白砂糖10克、白酒15毫升、八角3粒、老姜1块、花椒10粒。

辅料:凉白开水500毫升。

(2)加工

①各种萝卜洗净沥干水分,切成4~5cm长、0.5cm宽的条,老姜去皮;

②把凉白开水装入泡菜坛中,再将野山椒水调入一半;

③将盐、白砂糖、白酒、鲜蘑菇精、八角、姜、花椒、野山椒放入;

④在泡菜坛中先用筷子将调料搅拌均匀，再放入原料，封口即可，24小时后即可食用。

(3)操作关键

①泡菜坛要洗干净、晾干；

②泡菜时不能加生水，否则容易变质；

③泡好的菜应存放在温度较低的地方；

④取食时应保持清洁卫生。

(4)特点

咸鲜、酸辣、回味略甜、色泽清爽、口感脆嫩。

(二)甜泡

1.概念

甜泡就是泡卤以糖、白醋等为主要调味品，可加入蜂蜜、桂花酱等香味甜品，原料多选用蔬菜、水果等。

2.工艺流程

选料→加工→甜味卤水→泡制→成品。

3.操作要求

(1)多选用新鲜脆嫩的蔬果类，要事先洗净、晾干，加工成丁、条、片等小形状，便于快速泡至入味；

(2)泡制甜菜的甜卤汁，浓度要高，因为泡制过程中，原料会出水，冲淡卤水的味道；

(3)泡菜的器皿要干净，不要带有生水油腻之物，防止泡汁变质；

(4)要掌握好糖和醋的比例，不可过甜或过酸，加入桂花酱，会增加其果香味；

(5)泡制的冷菜，一定要泡透，时间至少在4个小时以上，时间越长味越浓，但也不是家庭制作泡菜的几个月时间；

(6)不可直接用手取用泡菜，要使用工具捞取；

(7)泡菜的卤汁可连续使用，但在下一次的泡制过程中，卤汁要增加糖和醋，否则，味道会变淡。

4.特点

酸甜适口、果香浓郁、质感爽脆。

5.实例

糖醋泡蒜

(1)原料

主料：新鲜大蒜500克。

调料：白醋 300 克、白糖 100 克、盐 15 克。

(2) 加工

把新蒜外皮剥掉，剪掉蒜须，一点泥土也没有，就不用水洗了，直接可以腌制，晾两小时。用一个干净的容器，无水无油。把剥好的蒜放入，撒上白糖和盐。不用翻动，再倒入白醋，拧上盖子，放置阴凉通风处密封保存，2 周后即可食用。

(3) 操作关键

① 泡菜坛要洗干净、晾干；

② 泡菜时不能加生水，否则容易变质；

③ 泡好的蒜应存放在温度较低的地方；

④ 取食时应保持清洁卫生。

(4) 成品特点

酸甜味浓、质感爽脆。

十三、煮

1. 煮的概念

煮主要用热菜，也可用于冷菜，是冷菜和热菜的兼用技法，也是许多冷菜和热菜的烹调辅助技法。煮法是将食物及其他原料一起放在多量的汤汁或清水中，先用武火煮沸，再用文火煮熟。具体操作方法：将食物加工后，放置在锅中，加入调料，注入适量的清水或汤汁，用武火煮沸后，再用文火煮至熟。适用于体小、质软类的原料。所制食品口味清鲜、美味，煮的时间比炖的时间短。

煮和汆相似，但煮比汆的时间长。煮是把主料放于多量的汤汁或清水中，先用大火烧开，再用中火或小火慢慢煮熟的一种烹调方法。

在冷菜运用中，煮法主要是白煮。就是将加工整理的生料放入清水中，烧开后改用中小火长时间加热成熟，冷却切配装盘，配调味料（拌食或蘸食）成菜的冷菜技法。

具体菜肴有：白切肉、水煮花生米、盐水青虾、白斩鸡等。

2. 煮的工艺流程

选料→加工整理→入锅煮制→切配装盘→佐以调料。

3. 煮的操作关键

(1) 煮的选料严；

(2) 煮的原料加工精细；

(3) 煮的水质要净；

(4) 煮的加热火候适当，热菜是旺火或中上火，加热时间短，冷菜中小火或微

火,加热时间较长;

(5)煮的改刀技巧要精;

(6)白煮的调料特别讲究,常用有上等酱油、蒜泥、腌韭菜花、豆腐乳汁、辣椒油等。

4.煮的特点

清香酥嫩,蘸作料食用,味美异常。

(一)盐水煮

1.概念

盐水煮就是将原料放入水锅中加入盐、葱、姜等调味品煮制的一种热制凉吃的冷菜烹调方法。

2.工艺流程

选料→加工→盐水煮制→浸泡→成品→改刀装盘。

3.操作要求

(1)味鲜质嫩的原料,水开后下入原料,保持原料的爽脆;质老的原料可以冷水下锅,要煮熟煮透;

(2)有些体大质老的原料要事先腌制,动物性原料要泡去血水,焯水后再煮制;

(3)煮制时应用大火烧开后再改用小火煮制或离火浸泡,但原料必须成熟;

(4)煮制原料的汤水应是无色,除了葱姜盐以外,也可加入一些香料,但不能加入色调过重的香料,以免影响原料的洁白度;

(5)煮制时,应将原料完全浸没在汤中,确保成熟一致。

4.特点

口感鲜嫩、咸鲜适口、清淡爽口。

5.实例

盐水虾

(1)原料

主料:新鲜河虾400克。

调料:葱20克,姜20克,黄酒30匙,花椒1克,精盐5克。

(2)加工

①将虾剪去虾须、虾脚、洗净。

②锅上火,加入清水1000克,下所有的调料,烧沸,将虾放入,继续用大火煮至水再沸,撇去泡沫,煮约2分钟,见虾壳泛红,即可将虾连汤盛入汤碗内,待其自然冷却后,整齐地装盘即可。

(3)操作关键

①必须选用活虾或很新鲜的虾；

②煮制时间不可过长，虾壳泛红，虾肉成熟即可；

③要开水下锅。

(4)特点

色泽鲜红，肉质鲜嫩，滋味鲜香清口，咸味适中。

(二)白煮

1.概念

将加工整理的生料放入清水中，烧开后改用中小火长时间加热成熟，冷却切配装盘，配调味料(拌食或蘸食)成菜的冷菜技法。

2.工艺流程

选料→加工整理→入锅煮制→切配→调料→装盘。

3.操作要求

(1)白煮的选料要选用质地鲜嫩的原料，水开后下入原料，质老的原料可以冷水下锅；

(2)煮制时应用大火烧开后再改用小火煮制或离火焖透；

(3)煮制原料的汤水应是无色，除了葱姜盐以外，不加任何有色调味品，因此，原料煮熟后无味，必须再加工调味；

(4)煮制时，应将原料完全浸没在汤中，确保成熟一致，色泽洁白；

(5)白煮的菜肴调制的风味较多，可根据个人爱好调制蘸料或调味汁。

4.特点

质地细嫩，清爽适口，蘸料或浇汁口味变化多端。

5.实例

水煮花生米

(1)原料

主料：生花生米500克。

调料：精盐6克、八角1粒、老姜1块、花椒10粒。

(2)加工

①将花生米泡一晚上，泡透。

②锅上火，加入清水，放入泡透的花生米，加入各种调料，大火煮开后转小火煮半个小时，离火浸泡，食用时捞出装盘即可。

(3)操作关键

①花生米要提前泡透，要去掉霉变；

②煮制时要用小火；

③浸泡是为了便于入味，防止风干。

(4)特点

花生酥烂、咸鲜适口。

十四、蒸

1.蒸的概念

蒸是将加工成型或体形较小的整形原料，以蒸汽为传热介质，加热成熟的一种烹调方法。它不仅用于烹制菜肴(蒸菜肴)，还用于原料的初步加工和菜肴的保温回笼等。蒸制菜肴是将原料(生料或经初步加工的半制成品)装入盛器中，加好调味品有时还加上汤汁或清水后上笼蒸制。蒸制菜肴的工具主要有蒸车、蒸箱、蒸笼、蒸锅等。

蒸法用于冷菜中有两个方面，一是特殊材料的制作，成型加工；二是常用材料的制作加工。将初步调味成型的原料置于盛器中，用蒸汽加热的方式使原料成熟或定型的方法称为蒸。

热菜中蒸制菜品的原料以动物性为主，植物性为辅。其料形一般以蓉、块、片以及经过加工成特殊形态的形状居多。

冷菜中的蒸制，主要选用一些时令蔬菜以及一些蔬菜的叶、茎、根等，洗净拌以面粉，上笼大火快速蒸制，成品软糯、鲜香、风味独特，是民间应用较多的一种方法。

蒸制菜肴成功的关键在火候。一般要求是旺火沸水煮制。根据成菜要求，可采用放汽蒸与不放汽蒸两种形式进行加工。

蒸法尽管不是一种常用的冷拼材料的制作方法，但蒸法在冷拼材料制作中的作用却很大。很多的冷拼刀面材料，特别是一些花色冷拼的刀面材料，都需要通过蒸法成型，因而在冷拼制作中具有重要的地位。

2.工艺流程

选料→初加工→蒸制→调味→装盘。

3.操作要求

(1)要选用新鲜的蔬菜原料，大块的根茎类可以加工成丝状，便于成熟；

(2)原料要洗净晾干，适当加入底盐拌制，但不可加入过早，防止蔬菜出水；

(3)拌入面粉时，面粉不要加入过多，过多蒸菜粘连，过少蔬菜不能沾满面粉；

(4)要大火水开，上笼快速蒸制，蔬菜断生、面粉成熟，3~5分钟即可；

(5)食用时，可用蒜泥或辣酱拌制一下，增加风味。

4.特点

软嫩清雅，香味浓郁，风味独特。

5.实例

蒸芹菜叶

(1)原料

主料:芹菜叶 200 克。

调料:精盐 5 克、面粉 100 克、香油 2 克、熟辣椒酱 10 克、蒜泥 5 克、食用油 10 克。

(2)加工

①将芹菜叶洗净,沥干水分;

②在芹菜叶中倒入食用油拌匀,再加入面粉再次拌匀,叶子上都沾上面粉。

(3)烹调

①把拌匀的芹菜叶放到蒸笼里蒸,旺火开锅后大约 3 分钟取出,抖开晾凉,装入盘中;

②辣椒酱、蒜泥、精盐、香油拌匀,倒在蒸菜上即可。

(4)操作关键

①芹菜叶洗净后,要控净水分;

②蒸制时要用旺火,快速蒸制;

③蒸好后要及时抖开,防止粘连;

④调味可根据个人爱好调味。

(5)特点

咸鲜微辣,软糯适口。

十五、油炸

1.概念

油炸是把原料在加热的过程称为油炸。冷菜中的油炸技法,是指原料经炸制后冷却再调味食用的一种方法。

2.工艺流程

选料→初加工→油炸→冷却→装盘。

3.操作要求

(1)原料一般选用果实、种子类较多,水分含量少,油炸后具有酥松脆的口感;

(2)掌握好油温,有的需要热油,有的需要温油,视具体原料品种而定;

(3)原料炸前可先行腌制,不上浆挂糊,晾去部分水分再炸;

(4)正确掌握火候,有的需要大火,有的需要小火,不可炸制过老,带有煳味,色彩发黑,过嫩则香味不足,酥脆感不强;

(5)冷却后再食用,若趁热食用,则变成热菜品种了。

4.特点

酥脆可口、余味香浓。

5.实例

油炸花生米

(1)原料

主料:生花生米500克。

调料:精盐2克。

辅助料:色拉油500克。

(2)加工

生花生米洗净控干。

(3)烹调

锅置火上,加入色拉油,倒入花生米,保持中小火,直到花生米为金黄色,且锅内几乎没有小泡时捞出,将花生米尽量摊平,等完全凉后装盘,再撒上少许食盐食用。

(4)操作关键

①花生米炸至七八成熟即可,余热可以使花生米全熟;

②炸制时火力不能大,保持小火慢慢浸炸;

③炸花生米应凉油下锅,热油下锅会使花生米急剧受热,容易导致外焦内生;

④大批量要密封好,防止回潮。食用时可撒上精盐或白糖。

(5)成品特点

花生酥脆、香气扑鼻。

十六、卤浸

1.概念

卤浸是把原料初加工后用热油炸,然后趁热放入事先做好的卤汁浸渍入味的一种方法。原料可事先腌制也可不腌制。

2.工艺流程

选料→初加工→油炸→调卤汁→浸泡入味→装盘。

3.操作要求

(1)原料加工形状不可过大,多加工成小型的块、条等形状,便于入味,否则不容易浸泡入味;

(2)原料不易入味的可事先腌制,增加底味,小型原料也可不腌制;

(3)原料炸制要炸至酥透,易于吸收汤汁,入味充足;

(4)卤汁事先兑好,汤汁要宽,味要浓厚,可根据不同口味需要,调制卤汁口味,也可使用一些卤制原料的卤水浸泡;

(5)浸泡时间根据菜肴特点和原料形状大小而定。

4.特点

质地酥香,汤汁味浓,风味独特。

5.实例

卤浸带鱼

(1)原料

主料:新鲜带鱼500克。

调料:精盐2克、干辣椒2克、料酒10克、花椒3克、葱、姜、蒜各10克、酱油10克、胡椒粉4克、十三香3克、白糖5克、味精3克。

辅助料:色拉油500克。

(2)加工

带鱼去鳞鳃洗净,截成5cm左右菱形块;葱姜蒜去皮洗净,葱切段拍松,姜蒜拍松;干辣椒切段。

(3)烹调

①锅置火上,加入30克色拉油,热油小火,将干辣椒、花椒、葱姜蒜炸香;加水,放酱油、胡椒粉、白糖、十三香;大火烧开;转入小锅;小火加盖烧20分钟关火,倒入盆中。

②锅置火上,加入色拉油,大火烧至六成热,倒入带鱼段,待带鱼结壳,外表金黄色捞出,趁热倒入做好的卤汁中,浸泡4小时以上即可食用。

(4)操作关键

①卤汁的口味可以重一些,要保持卤汁的鲜香味浓;

②炸制带鱼要炸透,便于浸泡入味。

(5)成品特点

鲜香味浓,带鱼酸软。

第三章

热菜烹调技法

第三章 热菜烹调技法

热菜,一是指有一定温度的菜品,如刚做好上桌时热热的可直接食用的菜;二是指将凉菜加热,如锅仔,明炉,砂锅。其主要食材有各类凉菜及已经加热的菜。热菜在菜肴中占的比例较大,热菜发展史在中国烹调发展史上占有重要地位和作用,热菜烹调技艺是中国烹饪工艺形成和发展的核心,是中国烹调艺术的集中体现,因此,热菜烹调技艺比冷菜烹调技艺更为复杂,使用的范围更加广泛。按具体烹调技艺可划分为以油为介质的热菜烹调技艺、以水为介质的热菜烹调技艺、以蒸汽为介质的热菜烹调技艺、以固体传热为介质的热菜烹调技艺等;从筵席制作来看,可划分为大菜、头菜、炒菜、饭菜、甜菜、汤羹类等。

热菜调味一般都能及时见于效果,并多利用勾芡以使调味分布均匀,冷菜调味强调"入味",或是附加食用调味品,热菜必须通过加热才能使原料成为菜品,冷菜有些品种不须加热就能成为菜品。热菜是利用原料加热以散发热气使人嗅到香味,冷菜一般讲究香料透入机理,使人食之越嚼越香。所以素有"热菜气香""冷菜骨香"之说。

热菜烹调技艺,也叫热菜烹调技法或热菜烹调方法,一般是指把经过初步加工、切配、腌渍后的半成品或原料,进行加热和调味,制成不同风味菜肴的制作工艺。烹调技艺是烹饪工艺的核心,是在菜肴烹调工艺中起到决定性作用的环节。

第一节 以油为传热介质

从传热的角度看,传热介质在烹调中的作用是:从受热的锅底吸收热量,使其自身的温度升高,然后把热量传递给温度较低的原料。以油为传热介质,主要是利用油的对流传递热量。油的沸点比水高得多,因此,可以利用的范围比水宽。用油作为传热介质有以下特点

(1)油温(一般为200~300℃),能达到水温2~3倍的高温,它与食物原料的温差比水与原料的温差大得多,所以食物原料在单位时间内能从高温的油中获得大量的热量,达到快速成熟。

油的沸点比水高,用油导热能使原料缩短加热时间和成熟速度,一方面原料表面吸收大量热量,使表面水分因有足够的蒸发潜热而汽化,水分损失较多;另一方面因加热的时间缩短,原料内部的水分损失较少。正是因为原料内部和表层水分的损失相差比较大,所以能使食物形成外焦里嫩的质感,也使那些质地鲜嫩的

原料在加热过程中减少水分的流失，保持了脆爽软嫩的特色。另外高温也能使油分子驱散原料表面和内部的水分子，使原料香脆。油脂的热容量是 0.49 卡/克（1 克油脂温度上升 1℃所需要吸收的热量称为热容量）。而水的热容量为 1 卡/克。因此，在热量相等的情况下，油比水上升的温度要高一倍多。油脂在加热过程中，不仅油温上升快，而且上升的幅度也较大；若停止加热或减小火力，其温度下降也较迅速。这样便于烹饪过程中火候的控制和调节。

(2) 用油导热制作出的菜肴香味浓郁。原料经过油加热处理后，因油温较高，原料中的各种化学成分发生了多种化学反应，产生了呈香物质，动物原料中含有酯、酚、醇等有机物质，加热后能离析逸出，它们与油分子一起散发出来，所以香味较浓。从而使菜肴具有特殊的香味。同时油脂又是呈香物质的溶剂，因此加热形成的挥发性呈香物质溶解于油脂中，避免呈香物质挥发掉，使菜肴的香气和味道更加柔和协调。

(3) 用油导热制作出的菜肴表面光润柔滑，这主要是油分子浸润的效果。

(4) 用油导热还能最大限度地突出原料的本味。这是因为原料中的水分外逸，提高了原料本味的浓度，有些还吸收了一部分油脂，使菜肴的香气浓郁，风味更美。

以油为主要导热体的烹调方法主要有炒、爆、炸、煎、贴、油浸、油淋等几大类。

一、炒

炒是将经加工整理、切配成型的动植物小型烹饪原料，以油为传热介质，采用旺火或中火在中小油量的锅中，以较短的时间加热至断生，加入调味品入味成菜的烹调方法。炒按照用油量的多少、上浆或不上浆、上浆的厚薄、勾芡与否、生料或熟料、加热时间的长短、菜肴成品的特点和要求来区分，可分为生炒、熟炒、滑炒、干炒、爆炒、清炒、软炒、抓炒等。

炒是中餐菜肴烹调最常用、最基本的烹调方法之一。在原料选择方面，选用质地柔软、鲜嫩易熟或小型自然形体的动物性原料，经刀功成片、丝、丁、条、块、粒、米、末、蓉、泥、球、珠等小型形状，根据菜肴风味质地等要求，综合运用糊浆处理、调味加热和芡汁调理措施。原料需要进行滑油处理的，其油量与原料之比为 3∶1 左右，油温一般要掌握在 3～5 成热（100～150℃）以内，原料加热至断生之后，还要有一个过程，即锅中放少量底油，小火加热，投入作料炝锅，再放入主料、配料、调料和适量汤汁，旺火或中火迅速翻拌均匀成菜（勾芡或不勾芡）。这种情况下，热量传导主要是依据锅底部位，油脂起到润滑作用。炒的菜肴加热时间短，原料脱水不多，成熟较快，因此菜肴成品鲜嫩滑爽或鲜香入味。

炒的应用范围最广，分类也最多。

（一）生炒

1.生炒的概念

生炒又称煸炒、生煸等，是将经加工整理、质地脆嫩、不易散碎的以植物性为主要原料，不经上浆、滑油，直接用旺火少油量翻炒至熟的技法。

2.生炒操作的关键

(1)生炒时原料加工要均匀精细，一般多以丝、片为主；

(2)生炒时火力要旺，加热时间要根据原料的成熟度而定，一般以原料断生为佳；

(3)单一主料一次下锅，多种原料要根据原料的性质分先后下锅煸炒；

(4)菜肴成熟时，锅内不得出现多量的汤汁。

3.生炒的特点

质地鲜嫩，清爽利口。

4.实例

青椒肉丝

(1)原料

主料：猪瘦肉250克。

配料：青椒2个。

调料：白糖2克、味精3克、黄酒5克、酱油15克。

辅助料：色拉油25克。

(2)初加工

猪瘦肉洗净；青椒去蒂、洗净。

(3)切配

把猪瘦肉切成5cm×0.5cm×0.5cm的丝；青椒切等同的丝。

(4)烹调

锅上火，加入色拉油25克，烧热后放入肉丝略炒，待肉丝颜色变白，依次加入酱油15克、白糖2克、黄酒5克、青椒丝快速翻炒至熟。

(5)操作关键

①肉丝要粗细均匀；

②切好的肉丝、青椒丝不要用清水清洗；

③炒制时速度要快，不可过老或不熟。

(6)菜品特点

色泽淡黄、咸鲜微辣。

（二）熟炒

1.熟炒的概念

熟炒是将经过熟处理后的原料，刀功处理成丝、片、条等形状直接用旺火少油量翻炒成菜的技法。

2.熟炒操作的关键

(1)原料先要水煮至断生，再用刀功处理，一般以片状居多，大多数菜肴中加有配料；

(2)炒时锅内油量要适中、不宜过多，也不宜过少，否则质量受到影响；

(3)原料下锅后要急速煸炒，通常不勾芡；

(4)口味以咸鲜、鲜辣等复合味为主。

3.熟炒的特点

色泽红亮，肥而不腻，味咸鲜或微辣。

4.实例

回锅肉

(1)原料

主料：带皮去骨猪肘子650克。

调料：豆豉10克、甜面酱10克、酱油0.5克、红酱油0.5克、郫县豆瓣酱25克、葱、姜各10克。

辅助料：熟猪油50克、蒜苗100克。

(2)初加工

①将猪肘子刮净残毛洗净，煮制八成熟捞出凉凉；

②葱、姜去皮洗净。

(3)切配

①将熟猪肘子切成5cm×4cm×0.3cm的大片；

②豆瓣酱剁细；

③蒜苗切成4cm的段；葱、姜切末。

(4)烹调

锅上火，加入熟猪油，烧至五成热下入肉片炒至吐油呈灯盏窝状时，放入葱、姜末、豆瓣酱炒至上色，再放甜面酱、豆豉、酱油炒匀，加入蒜苗，炒至成熟装盘。

(5)操作关键

①猪肉不宜煮得过烂或过硬，煮至皮软约八成熟为好；

②切片要均匀，厚薄一致；

③掌握火候，中火成菜，要求肉片呈灯盏窝状；色香味俱佳。

(6)菜品特点

色泽红润，鲜香味浓，咸辣微甜。

（三）滑炒

1.滑炒的概念

滑炒是将经精细刀功处理的动物性原料，加工成丝、片、丁、末、粒等小型形状或剞花刀后改条块状，经上浆，用中油量滑油断生，后调味勾芡炒制的技法。

2.滑炒操作的关键

(1)滑炒的原料一般选用质地细嫩、去皮、去骨、无筋的原料，需加工成细丝、片、丁等形状，加工的形状大小要均匀；

(2)原料的上浆要均匀，不可太厚或太薄，上浆前，可先将原料入底味；

(3)滑油时为了防止黏锅，必须用热锅凉油滑锅，然后在热锅温油滑制。少量主料一次滑油，大量主料应分次滑油；

(4)恰当掌握火候，滑油的用油量与原料之比一般为4∶1左右，滑油温度一般为120℃左右，滑油成熟度以断生为宜；

(5)菜肴汁芡的多少应根据主料的多少掌握恰当。

3.滑炒的特点

滑嫩柔软，卤汁紧包。

4.实例

银芽鸡丝

(1)原料

主料：鲜鸡脯肉250克。

配料：绿豆芽100克。

调料：精盐3克、味精2克、黄酒2克、葱5克、姜5克。

辅助料：色拉油500克、湿淀粉15克、鸡蛋清1只、鲜汤20克。

2.初加工

鸡脯肉洗净；豆芽掐去头须；葱、姜洗净。

3.切配

(1)将鸡脯肉顺丝均匀切成4cm×0.1cm×0.1cm的细丝；葱、姜切末；

(2)将鸡丝用鸡蛋清1只、精盐0.5克、湿淀粉10克上浆。

4.烹调

锅上火，加入色拉油，滑锅后，烧至三成热放入鸡丝滑油，用筷子轻轻滑散后捞出沥油，锅内留少许油，放入葱、姜末略炒，下银芽，煸炒一下，放入滑过的鸡丝翻匀，依次加入黄酒2克、精盐2.5克、味精2克翻炒，淋油、装盘。

5.操作关键

(1)鸡丝要切均匀,无连刀现象;

(2)上浆要均匀适度,滑油前可加少许油抓均匀,以免滑油时粘连;

(3)滑油时要掌握好油温,热锅温油;

(4)烹调要迅速,出锅要及时,汁芡要适当。

6.菜品特点

色泽洁白,脆嫩爽口,营养丰富。

(四)干炒

1.干炒的概念

干炒也称煸炒,是将经过加工整理的丝状或条状刀口的新鲜柔韧或微老的动植物性原料,投入油锅中进行煸制,将主料煸干水分,经过烹调后调味料充分渗入原料内部,使主料口感香酥脆。

2.干炒操作的关键

(1)原料一般选用质地细嫩、去皮、去骨、无筋或纤维结构较紧密的动植物性原料,需加工成细丝、薄片、末等形状。如牛肉、鱿鱼、冬笋、黄豆芽等;

(2)干炒时锅内的油要适量,否则质量受到影响;

(3)原料下锅时要注意火候,用中火、温油久煸,不断翻炒,煸干水分,酌情调味,使成菜肴具有酥软柔韧、麻辣咸鲜香浓等风味特色;

(4)不用上浆、挂糊、着衣处理,不进行芡汁处理,不用过油法,否则不称其为煸;

(5)成品色泽多为棕红色,主料干、香、酥、脆,越嚼越香,质味极佳。

3.特点

色泽浓重,口味干香,耐于咀嚼,回味悠长。

4.实例

干煸牛肉丝

(1)原料

主料:精牛肉400克。

调料:精盐2克、味精2克、黄酒10克、花椒面10克、香油10克、酱油1克、姜10克、郫县豆瓣酱40克。

辅助料:色拉油75克、红油50克、青蒜苗75克。

(2)初加工

将牛肉用温水洗净;青蒜苗剥去老皮洗净;姜去皮洗净。

(3)切配

①将牛肉去筋膜,切成约 5cm×0.25cm×0.25cm 的丝;

②姜切成 3cm×0.1cm×0.1cm 的丝;蒜苗剖开切成 4cm 的段。

(4)烹调

炒锅置旺火上,烧热滑油后,加入色拉油 60 克,烧至七成熟,下牛肉丝用中火煸炒(边炒边淋入余下的油 15 克),至水汽将干时,加入豆瓣酱煸炒牛肉丝至酥,依次加入黄酒 10 克、酱油 1 克、精盐 2 克、姜丝,炒出香味,再放入蒜苗炒至断生,加入味精 2 克、红油 50 克,淋上香油翻匀,撒上花椒面,出锅。

(5)操作关键

①切丝不宜太细,但要均匀;

②干炒前要用油滑锅,以免影响菜肴质量;

③掌握好干炒火候和原料投放顺序。

(6)菜品特点

肉质酥香,麻辣可口。

(五)爆炒

1.爆炒的概念

爆炒是将新鲜易熟或脆性无骨原料加工成一定形状,以中量油为传热介质,用旺火快速加热的一种烹调方法。

2.爆炒操作的关键

(1)须选用脆性无骨、新鲜易熟的原料,过油时易于快速成熟;

(2)原料要加工成丁、条、丝、片等形状,或剞花刀,便于快速成熟和入味;

(3)须用旺火,正确掌握火候;炒制的速度要快;

(4)爆炒一般提前兑汁,汁要适量,要使芡汁全部包紧原料。

3.爆炒的特点

口感脆嫩、卤汁紧包。

4.实例

爆炒胗花

(1)原料

主料:鸭胗 500 克。

调料:精盐 2 克、味精 1 克、酱油 10 克、白糖 1 克、黄酒 15 克、白胡椒粉 2 克、蒜头 10 克。

辅助料:色拉油 1000 克(实耗 150 克)、水淀粉 20 克。

(2)初加工

鸭胗洗净后,用刀剔除外皮;蒜头去皮洗净。

(3)切配

①将胗仁剞上菊花刀；

②蒜头切成末状；

③将精盐2克、酱油10克、白糖1克、黄酒15克、味精1克、白胡椒粉加少许汤及水淀粉兑成汁。

(4)烹调

锅上火烧热后加入清油，烧至七成热，将胗花入锅油炸至断生捞出沥油，锅中留油25克，倒入蒜末及胗花，烹入兑好的汁，翻炒几下，溜油出锅装盘。

(5)操作关键

①鸭胗要在里面剞刀；

②原料入油锅的时间要短，且动作迅速以保持其特点；

③因为爆炒速度快，因此要用兑汁芡。

(6)菜品特点

形似菊花，形状美观脆嫩爽口。

(六)清炒

1.清炒的概念

只以一种原料为主料，没有配料或少有配料，突出本色、少汁爽口的炒制烹调方法称为清炒。

2.清炒操作的关键

(1)要选用质地软嫩或脆嫩的、鲜味充分的原料为清炒主料(多为生料)，无配料(净炒)或少有配料(清炒)，现将两者并称为清炒；

(2)清炒的原料一般选用去皮、去骨、去筋的原料，需加工成丝、片、条、丁、球等刀口形状；

(3)动物性原料可经过上浆着衣处理，用滑油法或焯水法作为烹饪的第一道工序，植物性原材料可以直接炒制或者用水焯法后炒制；

(4)清炒菜的成品清爽利口，传统清炒无芡汁。根据不同需要可用微芡炒制，即有芡而不见芡的状态；

(5)清炒不能放带色的调味品，菜品一定要保持本色，若放配料一定要少放，只能起点缀作用。

3.清炒的特点

滑嫩鲜香，汁紧亮油，营养丰富。

4 实例

清炒虾仁

(1)原料

主料:虾仁 350 克。

调料:精盐 3 克、味精 2 克、黄酒 5 克。

辅助料:鸡蛋清 25 克、湿淀粉 15 克、色拉油 750 克(实耗 75 克)、鲜汤 20 克。

(2)初加工

将虾仁放入清水中,用竹筷搅打,除尽沙肠和红筋,洗净,沥尽水分,放入碗中。

(3)切配

①将蛋清打散,放入虾仁中,加精盐 0.5 克抓匀,再放湿淀粉 10 克上浆;

②用碗一只加鲜汤、精盐 2.5 克、味精 2 克、黄酒 5 克、湿淀粉 10 克调兑汁芡。

(4)烹调

①炒锅上火烧热滑锅后,加入色拉油 750 克,烧至三成热,将浆好的虾仁倒入轻轻划开,至色成乳白色,倒出沥油;

②锅留少量油上旺火,将虾仁倒入,倒兑汁芡翻匀,淋油,出锅装盘。

(5)操作关键

①要用新鲜的虾仁;

②要去净虾线,除去水分;

③上浆一定要均匀,避免脱浆;

④滑油时,要热锅温油掌握好火候,快速翻炒。

(6)成品特点

虾仁洁白,滑嫩鲜香,汁紧油量。

(七)软炒

1.软炒的概念

将泥蓉原料或泥蓉制品或加调料的液体原料作为主料,用油炒制或用油滑过后再炒制,使制品质地柔软、鲜嫩的烹调方法称为软炒。

直接用泥蓉原料炒制的烹饪方法,如炒蒜泥等。

用泥蓉制品炒制的烹调方法,泥蓉制品是指加入调味料的泥蓉状原料。如鸡蓉炒牛奶等。

用液体原料(比如鸡蛋液)加入调味品(如糖、水淀粉等),用文火温油炒制的方法,如三不沾。

泥蓉状原料用汤或水澥制加入调料调拌成粥稠状,再加入适量调味品后进行炒制。此法又有三种方法:用温油炒制,用温油吊摊成片再炒制,用温油泼滑至片状再炒制,如不同风味或风格的炒芙蓉鸡片。

2.工艺流程

选料→剁斩原料制成泥蓉→过罗→加汤调制→加入姜汁→调拌均匀后加入食盐再拌匀→加入湿淀粉调匀。

3.软炒操作的关键

(1)炒蓉泥状原料时,如炒鸡蓉、鱼蓉,先要用汤或水将泥蓉解开,将主料调成粥稠状时,过罗后调澥主料,先不要加入调味,也不可用力搅拌,因用力搅拌易使原料变稠而不好过罗,加水或汤也不宜过量,否则影响炒制,顺着一个方向搅动,最后放少许精盐。

(2)炒时锅内油不宜太多,量多易腻,量少则易糊锅。

(3)原料下锅要急速推炒,使其全部均匀地受热凝结,以免挂锅边。发现黏锅现象时,要及时从锅边淋入一些油,翻炒成絮状即可;有些软炒菜的主料炒成棉絮状即可,如炒鲜奶,不可过分翻炒,以免脱水变老。

(4)用火要均匀。

(5)炒锅要干净、光滑。

(6)有的软炒菜主料下锅前要搅拌一下,以防止淀粉沉淀而影响质量。

4.软炒的特点

软嫩爽口,色泽洁白。

5.实例

炒鲜奶

(1)原料

主料:鲜牛奶600克。

调料:精盐6克、味精3克。

辅助料:熟猪油150克、湿淀粉30克、熟火腿5克、鲜蟹肉50克、鸡蛋清300克。

(2)初加工

将鸡蛋清打散。

(3)切配

将鲜奶放入成器中,加入蟹肉、鸡蛋清、精盐6克、味精3克、湿淀粉30克搅匀;熟火腿切末。

(4)烹调

炒锅上旺火烧热,放入熟猪油烧至四成熟时,倒入搅好的鲜奶,推炒至变稠熟透,盛入盘中,撒上火腿末。

(5)操作关键

①制作咸味的软炒菜肴,口味宜清爽、鲜香、不腻,主要是控制好油的用量;

②炒菜肴的色泽和口感要求严格,油脂、淀粉应选用色白无异味的,同时还要考虑辅作料、调味品等对菜肴色泽口味的影响;

③掌握好火候成熟度,不可炒老。

(6)菜品特点

洁白如雪,细腻软嫩,咸鲜清淡,营养丰富。

(八)抓炒

1.抓炒的概念

抓炒原为清朝宫廷菜中的烹调方法。将刀功处理后的主料,经过浆糊着衣处理,用手抓制过油并用兑汁芡快速炒制的烹饪方法,称为抓炒。

2.抓炒操作的关键

(1)选用质地鲜嫩或脆嫩、鲜味充足的动物性烹饪原料为主料。

(2)刀口形态为较厚的片或块。

(3)原料必须经过浆糊着衣处理,糊不能厚,薄薄一层即可,用手抓制进行过油炸制,以透为度,随之用兑制好的芡汁与主料一起快速炒制。

(4)兑汁烹炒,起芡型为软流芡,芡量较少,以裹包住主料为度,其味型是小糖醋味型。

(5)炸制时注意火候。

3.抓炒的特点

脆嫩、酸甜适中,微咸。

4.实例

抓炒鱼片

(1)原料

主料:净黑鱼肉 300 克。

调料:精盐 3 克、味精 5 克、米醋 10 克、绵白糖 10 克、酱油 3 克、葱、姜、蒜各 10 克、黄酒 10 克。

辅助料:鸡蛋 1 只、干淀粉 20 克、湿淀粉 10 克、鲜汤 50 克、色拉油 1000 克(实耗 80 克)。

(2)初加工

①将鱼肉洗涤干净;

②葱、姜、蒜去皮洗净。

(3)切配

①将鱼肉顺纤维片成 4cm×2cm×0.5cm 的片,放入成器中,加精盐 1 克、鸡蛋 1 只,再加干淀粉上厚浆抓匀;

②葱、姜、蒜切末。

(4)烹调

①炒锅置火上,烧热滑油后注入色拉油,大火烧至五成热时,将浆好的鱼片逐片下锅,炸至浅黄色时捞出;

②锅中留油 10 克,放入葱、姜、蒜末炒出香味,随即加入鲜汤、绵白糖、精盐、米醋、黄酒、酱油,烧沸后用水淀粉勾芡,加味精,倒入鱼片,翻匀即可出锅装盘。

(5)操作关键

①鱼片加鸡蛋、淀粉上浆,要比正常的浆厚一些,炸至浅黄色;

②操作时要轻翻鱼片避免碰散。

(6)菜品特点

鱼片鲜嫩,味道适口,咸、甜、酸柔和。

练 习 实 践

1.什么是炒?炒有哪些方法?

2.什么是生炒？生炒有什么特点和具体要求？

3.请写出青椒肉丝全过程。

4.什么是熟炒？熟炒时应注意哪些要求？

5.熟炒有什么特点和操作关键？

6.请写出炒回锅肉制作全过程。

7.什么是滑炒？滑炒适应哪些菜肴？

8.滑炒有什么特点和具体要求？

9.请写出银芽鸡丝制作全过程。

10.通过学习请你设计一道滑炒菜肴，并写出步骤。

11.什么是干炒？干炒适应哪些原料？

12.干炒有什么特点和具体要求？

13.请写出干煸牛肉丝全过程。

14.干煸牛肉丝宜选用牛的哪个部位肉，为什么？

15.什么是爆炒？

16.爆炒有什么特点和具体要求？

17.请写出爆炒胗花全过程。

18.爆炒胗花时油温应几成熟？为什么？

19.什么是清炒？

20.清炒有什么特点和具体要求？

21.请写出清炒虾仁全过程。

22.什么是软炒？

23.软炒有什么特点和具体要求？

24.请写出生软炒鲜奶全过程。

25.请你设计一道软炒菜，并写出步骤。

26.什么是抓炒？

27.抓炒有什么特点和具体要求？

28.请写出生抓炒鱼片全过程。

二、爆

1.爆的概念

爆是将质地脆嫩的动物性原料经刀功处理加工成型，用旺火高热油温快速加热成熟的烹调方法。采用这种方法烹制的原料，大都是细小无骨的，有上浆和不上浆，上浆有牛肉片、鸡脯肉、虾仁、羊肉片、猪腰花等。不上浆有鸭片、鸡胗、鸭胗、鱿鱼花等原料。刀功处理要厚薄粗细一致,在烹调之前,还必须将调味品准备好,预先制成调味汁,以加快操作,并使咸淡均匀,色泽美观。用此法烹调出的菜款具有光色美观,脆嫩爽口的特点。

爆法始于宋代,那时有"爆肉"的菜肴,元代又出现汤爆法,如汤爆肚,到了明代开始有油爆,如油爆鸡,也有将油爆叫作爆炒或生爆。

爆类菜肴,最初流行在北京和山东一带,由于爆类菜讲究火候,具有爽脆或鲜嫩、汁紧油亮、鲜美味酽的特点,遂流传各地和海外。但在广东,将油爆称为油泡,如油泡虾球。

爆类的菜肴在选料上特别讲究,多以质地爽脆的为主,如猪肚尖、生肚领、鸡胗、鸭胗、墨鱼、鱿鱼、海螺等,如用猪、牛、羊的肉,也宜选用最细嫩的部位。在原料的切配上,多是片、花刀块、细条等形状。

各地对爆类菜的制法多种多样:在油面飞火的状态下爆制的菜肴称为火爆,如火爆腰花;用生葱作为主要配料的爆类菜称为葱爆,如葱爆羊肉;用芫荽(即香菜)作为主要调味料的爆类菜称为芫爆,如芫爆里脊;用精盐作为主味的白色爆类菜称为盐爆,如盐爆鸭肠;以酱类调味品为主味的爆类菜称为酱爆,如酱爆鱼丁;用滚汤、滚水使原料成熟,再配调味碗蘸食的爆类菜称为汤爆、水爆,如汤爆肚、水爆肚;用香糟和姜作为主要调味品的爆类菜,则称为糟爆、姜爆;用蒜仔或蒜片作为主要配料的爆类菜称为蒜爆,如蒜爆窝肚。

2.操作要领

(1)要选用新鲜动物性原料。由于操作速度块,投用的调料一般都比较轻,口味多以清淡咸鲜为主,故原料一定要新鲜,烹制菜肴多选用脆性原料、韧性原料,如肚子、鸡肫、鸭肫、鸡鸭肉、瘦猪肉、牛羊肉等所采用的快速加热成熟的方法。

(2)原料一般都要剞花刀。这既可使成熟后原料外形美观,同时也很好地适应了爆的加热特点。经剞刀原料外形似块,而实际上表面都成丝和粒状,受热面积扩大,因此,在高温中一烫即熟,缩短了加热时间,保证脆嫩度。剞刀的原料必须大小一致,剞纹深浅与刀距一致,这样才能保证原料在短时间的加热中同时成熟。一般要求一盘中菜肴所用的原料,都剞同一种花刀,以求整齐美观。

(3)正确掌握火候和油温。爆的全过程要求旺火,油温七八成热再下原料快速翻炒。有些在入油锅前要烫焯的原料,烫焯时要求水要多,火旺,水要保持剧烈沸腾,以使原料骤遇沸水而收缩,使所剞的花纹充分爆绽开来,也可使原料半熟,为在爆的过程中快速成熟制造条件。爆的全过程基本都要求用旺火,一定要等油面冒轻烟,八九成熟时在下料。因油锅温度较高,原料入锅后要快速搅散;防止黏结,出现外熟里生现象。油爆之后,在炒和调味时,火力可以稍微减弱一些。一般爆菜,都要先将蒜、姜、香菜等煸出香味(又称炝锅),此时若火过大,容易将这些小料烧焦,操作时可端锅离火下葱、姜料。爆类菜在烹调过程中,必须用猛火滚油,或是滚汤(或滚水)急烫,使小型原料迅速成熟,一般以断生即可。火力小,传热媒介温度低或是加热时间长,都达不到爆类菜的火候要求。

(4)兑汁用料要恰到好处。爆菜都用兑汁调味,无论勾芡与否,都取兑汁法。勾芡的,下芡粉的量要准,芡汁入锅时一定要辅以快速搅拌和颠翻,以防芡粉结团,包裹不匀。不用芡粉的兑汁,考虑到水分快速挥发的因素,汤汁可适当多一些。成菜的汤汁也不宜太多,以吃完原料盘中略有余汁为好。由于爆菜的原料块形一般较大,如兑汁中不加芡粉,口味应重一些。有些爆菜为了强调蒜、香菜等香料的特有味觉,不经煸炒将香料切碎,直接放入兑汁中。

(5)过油的爆菜芡汁略紧。菜肴表面要有汁不见汁、不澥汁,盛菜的盘底不见油;糖、醋类的调味品也不宜放得过多,要加糖而不觉得甜、加醋而不觉酸。

(6)爆菜类是火候菜,所以烹制调味中用些辛辣浓烈的调味品,例:芫荽、辣椒、生葱、鲜姜、蒜、豆豉酱等。

(7)底油不能多。传统的爆菜,原料都不上浆,成熟后表面光滑,芡汁较难裹附在原料表面。底油不多,下芡略重并多加颠覆,便会使卤汁紧包原料。尾油一般可沿锅壁淋下少许,再旋一下锅,颠翻三两下即可盛装。要选用能突出主料味道的配料,采用微挂汁的上浆法,使菜肴制成后清新鲜爽,避免调味料喧宾夺主。

爆菜的分类有宫爆、酱爆、葱爆、芫爆、辣爆、油爆、氽爆、爆炒、盐爆等。

爆菜技法对比。油爆原料多数不挂糊,油温以六七成为宜。爆炒挂糊上浆过油,油温五六成为宜。酱爆与油爆基本相同,只是在调料上加甜面酱、白糖、香油。葱爆与爆炒相同,以葱作为主要配料,主料,配料要过油。芫爆与葱爆相同,只是将葱改芫荽(香菜梗)。京爆与爆炒基本相同,京爆原料挂蛋泡糊,菜肴色白似雪,糯软可口,汁少味清。水爆和汤爆只是传热介质汤和水。盐爆与油爆相同,用精盐而不用酱油调制汁,无色芡,盐爆菜肴颜色洁白,口味清淡。

加工整理好的脆嫩或柔嫩的新鲜烹饪原料为主料(可加入植物性原料为配料),先用油(或水)加热为第一道工序,或先过水后过油进行两次加热或者直接用油烹制,再用芡汁、清汁或酱汁、鲍汁等不同的汁芡进行快速烹调。

3.工艺流程

刀功处理(刀功花刀处理)→(上浆)→焯水、油炸(滑油)→爆制。

4.操作要求

爆菜的一般要求是主料质地脆嫩或柔嫩,多为动物性原材料为主料,加热时间短、急、速、烈,芡汁多为鲍汁,火候要求非常严格。绝大多数爆菜要水焯、油炸或滑油、爆制一气呵成。根据加热媒介和配料、调料、芡汁等特点,爆可分为油爆、芫爆、酱爆、葱爆、汤爆、水爆等多种方法。

（一）油爆

1. 油爆的概念

油爆是将加工成丁、丝、片等小型原料,以中量食用油为传热介质,用旺火、热油快速将原料烹制成熟的一种烹调方法。

加工好的小型原料可先用沸水稍烫,捞出沥水分,随即再在沸油锅内炸至七成熟,捞出沥油,再起油锅,待油热,投入炸好的原料颠翻一下,加入调味芡汁,再颠翻几下即成。另外一种油爆方法是将原料挂上薄糊不经水烫煮,先放入温油锅炸至六七成熟,然后再起油锅,按上法烹调,此法适于鸡丁、肉丝、虾、肚块等小型及鲜嫩的原料。

2. 油爆操作的关键

(1) 油爆菜原料要加工精细,必须选用质地脆嫩、无筋无骨、组织紧密结实或者软中带有一定韧脆性的动物性原料为主,比如,肚仁、鸡(鸭)胗、鱼肉、鸡胸脯肉、里脊肉等,可选用相应的植物性原料为配料,比如:玉兰片(冬笋片)、核桃等。

(2) 要提前将调味汁兑好芡。

(3) 油爆菜肴芡汁要全部包紧原料,不得有多余的芡汁出现,芡汁包紧而明亮,食后盘内只剩少许油。

(4) 火力要旺,速度要快。其步骤一定要连续进行,动作迅速、技术娴熟、快而稳。

(5) 将切花刀的主料用沸汤烫过,时间不宜过长,以免变老,烫后要控净水,主料下油锅快速油炸,油量一般为主料的三倍。

3. 油爆的特点

口感脆嫩,卤汁紧包。

4. 实例

油爆乌花

(1) 原料

主料:鲜大乌贼肉 400 克。

调料:葱、姜、蒜各 5 克、黄酒 15 克、白醋 2 克、味精 2 克、精盐 4 克、白胡椒粉 3 克。

辅助料:湿淀粉 5 克、色拉油 1000 克(实耗 60 克)、鲜汤 20 克、香菜叶 15 克。

(2) 初加工

将乌贼肉去筋膜,洗净;葱、姜、蒜去皮洗净。

(3) 切配

①将乌贼鱼片从中一分为二,先斜刀后直刀剞成麦穗花刀,改成 3cm 宽长方

形块;葱、姜、蒜分别切末;

②取碗一只,加入黄酒、精盐、白醋、味精、白胡椒粉、湿淀粉、鲜汤调成兑汁芡。

(4)烹调

①炒锅上火加入清水 1500 克,待沸时,倒入乌贼鱼块焯水成为乌花,倒出沥水;

②另起炒锅置火上,注入色拉油,至油六成热时投入乌花,约 3 秒倒出沥油,炒锅复上火,加入少许色拉油,放入葱、姜、蒜末稍煸,倒入乌花,烹入兑汁芡,翻拌均匀,淋明油出锅装盘。

(5)操作关键

①剞刀时注意刀距均匀,深浅一致,改刀后大小一致;

②烹调时焯水、滑油、烹汁三个时间都极短。

(6)菜品特点

洁白脆嫩,咸鲜味美,刀功精细,形态美观。

(二)酱爆

1.酱爆的概念

酱爆就是以酱料为主要调料的一种烹调方法,将甜面酱或豆瓣酱加以中量食用油为传热介质,将加工炒制好的酱汁包裹于菜肴上,是用旺火、热油快速烹制成熟鲜嫩主料原料上的烹调方法。

2.酱爆操作的关键

(1)选用新鲜脆嫩动物性原料为主料;配料运用质地细嫩爽脆的植物性原料。加工成片、丝、丁、条等形状。

(2)正确掌握火候:火大了酱易煳发苦;火小了酱挂不上主料。做到食后盘内只有油而无酱,是酱爆菜的特色。

(3)主料上浆滑油或焯水。将酱类调料煸炒出香味,下入烹调原料,不用勾芡。芡汁包紧原料,无多余芡汁。

(4)要将酱类调料煸炒出香味后,再下入主料,不用芡汁处理,以烹制加热过程中形成的自来芡为主。

(5)酱爆的关键是炒好酱,酱的数量一般相当于主料的五分之一。炒酱的用油量相当于酱的二分之一,油多酱少则窝油、挂不上主料,油少酱多则易黏锅。油和酱的比例也不是绝对的,可视酱的稀稠而增减油的用量,一般酱稀的用油多些、酱稠用油少些。要把酱炒熟、炒透、炒出香味来,不可有生酱味。

3.酱爆的特点

卤汁紧包,酱香扑鼻。

4.实例

酱爆牛蛙

(1)原料

主料:活牛蛙800克。

调料:甜面酱20克、精盐1克、黄酒10克、味精2克、绵白糖10克、葱、姜、蒜各5克。

辅助料:湿淀粉15克、色拉油500克、鸡蛋清1只、鲜汤50克。

(2)初加工

将牛蛙宰杀去内脏,剥去外衣,斩去头、爪尖,洗净;葱、姜、蒜去皮洗净。

(3)切配

①将牛蛙带骨斩成丁,放入碗中,加鸡蛋清打散,再加精盐1克、黄酒5克、湿淀粉10克上浆;

②另取碗一只放入黄酒5克、味精2克、绵白糖10克、湿淀粉5克、鲜汤调成兑汁芡。

(4)烹调

①炒锅置火上烧热,用油滑过,注入色拉油烧至四成热时倒入牛蛙丁,滑散至断生,倒入漏勺沥油;

②炒锅复上火,加入色拉油30克,放入葱、姜、蒜末、甜面酱、煸出香味,倒入牛蛙丁,放入兑汁芡,颠翻均匀,淋入明油,出锅装盘。

(5)操作关键

①牛蛙丁应大小均匀;

②蛙肉上浆应均匀包裹;

③兑汁芡注意淀粉的用量和汤汁量。

(6)菜品特点

色泽红润,蛙肉鲜嫩,口感咸甜,酱香浓郁。

(三)葱爆

1.葱爆的概念

葱爆是将加工成丁、丝、片的小型原料,以大葱为主要配料兼作调料,以中量油为传热介质,用旺火热油快速将原料烹调成熟的一种烹调方法,有三种方法。

(1)主料不上浆、不腌渍、直接上炒锅与调料共同爆制;

(2)主料不上浆,腌渍后上炒锅爆制;

(3)原料经过上浆、过油后与芡共同爆制。比如,北京菜葱爆肉(过油法)。

葱爆又分带芡葱爆和无芡少汁葱爆两类,多为无芡少汁葱爆。

2.葱爆的操作关键

(1)选用质地软嫩、新鲜,带有微膻气味的动物性原料;

(2)刀功多为片状,也有丁状的,如山东风味的大葱爆羊肉丁;

(3)爆制主料时锅要热,油要宽,油温较高,火力较旺,下料及时,翻拌烹制成熟;

(4)正确掌握油温和火候;

(5)芡汁包紧原料,无多余芡汁。

3.葱爆的特点

芡汁紧包,葱香扑鼻。

4.实例

葱爆羊肉

(1)原料

主料:羊里脊肉 250 克。

配料:大葱白 100 克。

调料:精盐 2 克、酱油 10 克、味精 2 克、米醋 3 克、黄酒 15 克。

辅助料:湿淀粉 15 克、鲜汤 50 克、色拉油 600 克(实耗 100 克)。

(2)初加工

羊肉里脊洗净;大葱去皮洗净。

(3)切配

①羊肉去净筋膜,顺丝片成 6cm×2cm×0.3cm 长方片;

②葱白斜切成 0.5cm 厚象眼片;

③取碗一只,放入羊肉片、精盐 0.5 克、黄酒 5 克、湿淀粉 10 克上浆;

④将精盐 1.5 克、酱油 10 克、味精 2 克、米醋 3 克、黄酒 10 克、鲜汤 50 克、湿淀粉 5 克调成兑汁芡。

(4)烹调

①炒锅上火烧热,用油滑过,注入色拉油,烧至四成热,放入羊肉片滑散至断生时倒入漏勺沥油。

②锅内留余油少许,放入葱片,煸出香味,放入羊肉片稍翻,倒入兑汁芡,颠翻均匀,淋入明油,出锅装盘。

(5)操作关键

①羊肉片厚薄均匀,掌握好成熟度;

②上浆应上足劲。

(6)菜品特点

羊肉滑嫩,口味咸鲜,葱香味浓,明油亮芡。

（四）芫爆

1.芫爆的概念

芫爆是将加工成丁、丝、片的小型原料以中量油为传热介质，以芫荽（香菜）为主要配菜，用旺火热油快速将原料烹调成熟，保持菜品本色，无芡清淡的爆制烹调方法。如芫爆里脊丝、芫爆肚丝。

芫爆的方法有三种。

（1）刀功处理后的脆嫩原料为主料，水焯过油后一气呵成爆制的烹调方法，比如北京风味的芫爆散丹等；

（2）鲜嫩原料刀功处理上浆，滑油，而后爆制的烹调方法，比如山东风味的芫爆里脊等；

（3）刀功处理的熟制原料先用水焯，再过油，而后爆制，如天津清真风味的芫爆散丹等。

2.芫爆的操作关键

（1）选用质地细嫩或脆嫩的动物性原料为主料，以香菜为配料，兼作调料；

（2）传统上芫爆菜的刀口为条形，也可加工成丝、片等多种刀口；

（3）主料上浆处理后用水焯或过油的方式进行第一道工序；

（4）主料不上浆的要水焯、过油、爆制连续快速操作；

（5）正确掌握火候及加入芫荽的时机，香菜不应过早投入，以出锅前投入为好；

（6）芡汁包紧原料，无多余芡汁。

3.芫爆的特点

卤汁紧包，芫香扑鼻，咸鲜适口。

4.实例

芫爆里脊

（1）原料

主料：净猪里脊肉300克。

配料：芫荽60克。

调料：精盐3克、味精2克、黄酒5克、葱、姜各5克。

辅助料：色拉油500克（实耗70克）、鸡蛋清1只、鲜汤50克、湿淀粉15克。

（2）初加工

里脊肉洗净；葱、姜去皮洗净；芫荽摘洗干净。

（3）切配

①将猪里脊肉片成大柳叶片放入碗中，加入鸡蛋清、精盐1克、湿淀粉10克

上浆;

②葱、姜分别切末;芫荽切 3cm 长段;

③取碗一只,放入鲜汤 50 克、黄酒 5 克、味精 2 克、湿淀粉 5 克、精盐 2 克调成兑汁芡。

(4)烹调

①炒锅置火上烧热,用油滑锅后,注入色拉油,烧至三成热时,倒入里脊片滑散,至断生倒出沥油;

②炒锅复上火,倒入色拉油 20 克,放入葱、姜末煸出香味,倒入里脊肉片、芫荽段,烹入兑汁芡颠翻均匀,淋入明油,出锅装盘。

(5)操作关键

①滑油时应掌握好油温,避免脱浆、黏锅;

②烹调时掌握好里脊肉的成熟度,断生即可。

(6)菜品特点

肉片鲜嫩,咸鲜适口;白绿相衬,色彩悦目。

(五)汤爆

1.汤爆的概念

汤爆是将加工处理后的脆嫩或柔嫩鲜味充分的动物性原料,用开水或沸汤氽烫捞入碗中,再以鲜汤浇上即成菜品的方法。食用时配胡椒粉、香菜末、虾油等调味品。也有汤中有调味品不再随上料碗的。完全依靠汤来烹制菜肴,使菜肴达到鲜嫩、脆嫩。主料要用质地脆嫩的生料,如鸡胗、猪肚等,用水焯一下,再用沸汤(鲜汤)冲熟。此法为北京菜特殊烹调方法之一。

水爆、汤爆属氽的一种,水爆:以水加热体的一种爆法。不挂糊不过油,不勾芡。最佳水温差 95～98℃,嫩的 12 秒左右,稍厚 8～15 秒最长,不超过 20 秒,才能保证脆嫩效果。汤爆:在汤汁中烫熟的烹调方法。以细嫩或软中带韧脆的动物性为主料,加工成较薄片或丝条状,不挂糊,直接烫制即可,以原料断生为成熟度。

2.汤爆的操作关键

(1)汤爆要用味道鲜美的清汤。

(2)火候要适当,原料一变色即成。

(3)选用质地细嫩或软中带韧脆的动物性原料为主料。原料多为羊、牛的胃(肚),以当天买来当天用为宜,冷冻品种不可使用。

(4)不需要浆糊着衣处理,直接烫制即可。汤要沸热,原料要适量,烫制时间要短,以原料断生为度。

(5)原料加工的刀口以丝条状态为主。

(6)调料料碗一般为酱油、芝麻酱、醋、辣椒油、黄豆酱,味碟为香菜、葱花等。

3.汤爆的特点

汤清见底,质地脆嫩。

4.实例

汤爆螺片

(1)原料

主料:带壳鲜海螺4只(约800克)。

配料:熟火腿30克、冬笋尖20克、油菜心8克。

调料:精盐4克、味精2克、黄酒5克、葱、姜各20克、白胡椒粉2克。

辅助:鸡汤1000克、鸡脯肉100克。

(2)初加工

①将海螺入沸水锅稍烫,捞出、剔肉、洗净泥沙。

②葱、姜去皮洗净;鸡脯肉洗净;菜心洗净。

(3)切配

①将螺肉顺长片成0.1cm厚片。

②火腿、冬笋分别切成柳叶片;葱、姜拍松。

③将鸡脯肉斩成蓉状,放碗内,加清水200克稀释成吊料。

(4)烹调

①取锅置火上,倒入凉鸡汤500克,加入吊料,用手勺搅匀,再用小火加热,待吊料完全凝固后整块捞出过滤。

②将汤倒回干净锅内,依次加入火腿片、冬笋片、油菜心、味精、精盐、白胡椒粉调味,烧至微沸时撇净浮沫,出锅倒入汤盆。

③另取锅上火,倒入剩余凉鸡汤500克,放入葱、姜、黄酒,用手勺搅匀,再用小火加热后,捞弃葱、姜,改大火烧沸,倒入螺片,氽至断生捞出,装入吊好的汤盆内即可。

(5)操作关键

①片螺肉片应厚薄均匀;

②氽制时掌握好成熟度,断生即可;

③吊汤时,宜用小火,如一次不清,可吊多次。

(6)菜品特点

螺片脆嫩,汤清见底,咸鲜味醇。

(六)水爆

1.水爆的概念

未经过刀功处理的脆嫩的动物性原料,用沸水氽烫捞出入汤盘(微带水汁),另配佐餐料碗、味碟一并上桌的方法。此法为北京菜特殊烹调方法之一。

2.操作关键

(1)选用软中带韧的动物性原料为主料;

(2)原料加工以丝、条、片状态为主,大小厚薄要均匀;

(3)不需要挂糊上浆,直接用沸水烫爆,烫爆时间极短,否则会变老;

(4)调料料碗一般为酱油、芝麻酱、醋、辣椒油、黄豆酱等;味碟为香菜、葱花等。

3.特点

质地脆嫩,味道鲜美,清爽利口。

4.实例

水爆肚

(1)原料

主料:羊肚 500 克。

调料:芝麻酱 30 克、大葱 15 克、虾油 5 克、酱油 20 克、辣椒油 10 克、醋 20 克、腐乳(红)10 克。

辅料:香菜 30 克。

(2)初加工

①将羊肚洗净,分割成肚领、肚蘑菇、肚散丹、肚葫芦、肚板和食管。

②撕净肚面上的油和有草芽一面的皮;肚散丹、肚板、肚蘑菇、肚葫芦上的薄膜撕去,顺着肉纹切成条,再横切成小条。

③制调料:将香菜末连同葱花、芝麻酱、醋、酱油、辣椒油、豆腐乳和虾油一起放入碗内调匀。

(3)烹调

锅内半锅凉水用火烧沸,下入羊肚,用漏勺搅拌,肚散丹氽 5 秒钟,肚板氽 7 秒钟,肚蘑菇、肚领、肚板约氽 8 秒钟,食管约氽 12 秒钟,熟后捞入盘中,蘸着调料即可食用。

(4)操作关键

①对千层百叶部位要一叶一叶地刷洗干净,剔除边头、筋丝;

②锅内清水煮沸,但不能翻大花儿,倒入切好的肚丝,爆的时间不能太长,过老嚼不动,过嫩不熟,要恰到好处。吃时蘸小料。

(5)成品特色

脆嫩爽口,鲜味独特。

(七)火爆

1.火爆的概念

经过刀功处理的脆嫩的动物性原料,旺火速成的爆炒方式。

2.操作关键

(1)原料多选用新鲜的动物内脏,配料多选用肉厚子少的泡辣椒、葱、姜、蒜等;

(2)原料加工以丝条状态为主,需提前用料酒或花雕酒淹制;

(3)不需要挂糊上浆,直接用旺火爆炒;

(4)出锅时用白酒喷洒,呈现酒燃烧状态。

3.特点

质地脆嫩,酒香味浓,鲜咸微辣。

4.实例

火爆腰花

(1)原料

主料:猪腰2个。

配料:莴笋75克。

调味料:泡辣椒10克、姜5克、蒜5克、葱10克、精盐3克、酱油5克、味精1克、胡椒粉1克、料酒15克、芝麻油5克。

辅助料:鲜汤30克、水淀粉25克、油75克。

(2)初加工

①姜、蒜去皮,切成1.5cm见方的指甲片;葱、泡辣椒去掉不用部分后切成马耳朵形;莴笋去老皮洗净切成长约4cm、粗0.7cm的筷子条,用精盐腌一下;

②猪腰去筋膜,平片一破为二,片去腰臊,先斜刀切成0.3cm~0.5cm的花纹,再横直切三刀一断(一端刀刀断,一端三刀一断),呈凤尾形,放入碗内,加入料酒、精盐、水淀粉拌匀;

③用精盐、味精、胡椒粉、料酒、酱油、鲜汤、水淀粉、芝麻油调成咸鲜味型的芡汁。

(3)烹调

炒锅置旺火上,烧油至七成热,放入腰花快速爆散开,放入泡辣椒节、葱节、姜片、蒜片爆出香味,放入莴笋条炒匀,倒入咸鲜味芡汁,待收汁亮油后抖锅几下装入盘内即成。

(4)操作关键

①腰臊要去净,凤尾形腰花注意其长约7cm,粗约0.6cm的形态;

②青笋条一定要注意腌一下,以便入味,保持脆嫩;

③炒制时,油温要掌握在200℃,下入腰花,快速划散出锅沥净油。

(5)成品特点

形状美观、腰花鲜嫩、色泽红润。

练 习 实 践

1. 什么是爆炒？爆炒有哪些方法？
2. 什么是油爆？油爆有什么特点和具体要求？
3. 请写出油爆乌花全过程。
4. 请你设计一道油爆菜肴,并写出步骤。
5. 什么是酱爆？酱爆有什么特点和具体要求？
6. 请写出酱爆牛蛙全过程。
7. 请你设计一道酱爆菜肴,并写出步骤。
8. 什么是葱爆？葱爆有什么特点和具体要求？
9. 请写出葱爆羊肉全过程。
10. 什么是芫爆？芫爆有什么特点和具体要求？
11. 请写出芫爆里脊全过程。
12. 什么汤爆？汤爆有什么特点和具体要求？
13. 请写出汤爆螺片全过程。
14. 请你设计一道汤爆菜肴,并写出步骤。

三、炸

炸是将经过刀功处理后的烹调原料,经腌渍、挂糊、拍粉或直接放入油量较多的锅中,用不同的油温、不同的加热时间,使菜肴内部保持适度水分和鲜味,并使外部酥脆香爽的烹调方法。炸的具体技法很多,出现了多种多样的分类:按预处理方法分,可分为生炸、熟炸、清炸、干炸、板炸、卷包炸等;按质感分,可分为酥炸、软炸、脆炸、面包渣炸、高丽糊炸等。也有的分为"不挂糊炸"和"挂糊炸"两类。

"不挂糊炸"类只有"清炸"一种,它是最古老的炸法。这种炸法的质感具有一定特色,即在外焦里嫩中又稍带韧性,有咬劲,能在咀嚼中感觉美味。但这种炸法的火候难以掌握得恰到好处,稍一疏忽便容易焦煳。

后来经过不断改进,才形成了后一类的"挂糊炸",而且这种炸法发展得越来越细,有生料滚蘸淀粉的干炸、熟料挂糊的酥炸、小型原料挂糊的软炸、带皮原料涂抹糖浆(饴糖)的脆炸等,最大限度地避免了清炸所出现的问题,极大丰富了炸菜的品种口味,也大大改进了炸菜的质感,产生了香、脆、酥、嫩等效果,并形成了丰富多彩的系列炸菜。这都是浆糊在烹调中所起的作用。

炸制需要一定的油量,使用大油量的目的,主要保持油温的稳定,不至于受生冷原料下锅的影响而降低油温,以保证菜肴的质量。

炸法所用的主料比其他任何技法都广,既可用生的原料,也可用预制的熟料和半成品原料,以猪、羊、牛、鸡、鸭、鱼、虾等动物性原料为多。即可大到整块、整只、整条的原料,也可用加工成的细碎小料和蓉泥原料,还可用自然形态的原料。它既是一种能独立成菜的方法,炸后就能直接食用,又是配合其他技法共同成菜的方法。特别是它还用于原料的预熟处理如"过油"和干货原料的涨发加工等,如油发鱼肚、蹄筋、肉皮(发后又叫"假鱼肚")等。所以,从炸法的适应性和应用的广泛性看,在热菜技法中是独一无二的。

炸是在旺火热油的条件下进行作业的,这就要受到很多因素的制约,如原料性质老嫩、形态大小、下料油温、炸的全过程油温等。所以凡一次性炸制的,首先要根据原料性质、体积确定最佳油温,如原料质老、体大的,油温相对要低一些,但加热时间要长一些,反之,油温要稍高一些,加热时间要短一些;火力旺时下料,油温应稍低一些,反之要高一些。其次,原料下锅要善于控制出手的轻、重、快、慢,以保证原料及时划开、移位、转动,均匀受热,并在成熟时及时出锅。再次,要能够凭借临灶经验鉴别火力的大小、油温的高低变化,观察锅内原料受热后的变化,如体积和色泽的变化等,来调节加热时间,使之达到最佳火候。最后,对一些火候较难控制的制品,一般可采取两次加热的复炸法,第一次油炸油温稍低,炸时稍长,以成熟为度;第二次油炸油温稍高,炸时要短,以炸至原料外表松脆,色泽符合标准为准。有时也可采取离火、半离火间隔炸,或离火浸炸等方法加以调节,以适应不同的炸制品的需要。

炸法在保持菜肴内鲜嫩外香酥上是非常有效的,但是从味觉上说,因基本调味必须在加热前进行,所以受到较大限制,就显得单调一些。自采用预制熟料炸后,得到了适当的弥补,滋味才逐渐多样化起来。

炸的使用范围很广,它既能单独成菜,又能配合熘、烧、蒸等其他烹法,共同成菜。炸菜的用油量一般是原料的四倍左右,如炸整只原料(整鸡、整鱼),用油量应适当增多,炸制菜肴无汤汁、无芡汁。用于炸的原料在加热前一般须用调味品浸渍,一般需要附带辅助性调料蘸食,即佐餐调料(料碗或味碟),其味型多种多样,如椒盐、孜然、麻辣、鱼香、茄汁、橙汁、炼乳、果酱等。

(一)干炸

1.干炸的概念

是指把切配好的原料经腌渍入味后,再拍干淀粉或挂糊,然后投入油锅里用旺火炸制成外干香内酥脆的一种烹调方法。干炸并不是不放油,而是少黏面糊或干淀粉。被炸的食品是湿的,在上面扑上干面粉或淀粉放在油里炸,炸出来的效果一样,好处是油不会四溅,而且里嫩外焦。

适于干炸的原料比较广泛,新鲜的肉类、无腥味的鱼虾类均是干炸类菜肴的首选。带骨头的原料如鸡块、排骨等也可用作干炸菜,干炸的基本味是丰富多变的,其色泽基本是同一的;用于拍粉的种类有淀粉、面粉、玉米粉、小米粉等,其效果各有特色。

2.工艺流程

选择原料→加工切配→挂糊或拍粉→初炸成型→重炸上色冲一下→装盘点缀,带围碟上桌。

3.干炸操作的关键

(1)要选用新鲜易熟的原料,多加工成丁、条、片、块或蓉泥挤成球状;

(2)原料要事先腌制,以保证原料入味,可根据不同口味要求,采用相应的调料,腌制不同的口味;

(3)粉糊要调制均匀,干炸是挂糊炸中最基本最常用的技法,用于干炸的糊统称为"硬糊",这也是干炸与软炸的主要区别之一;

(4)在调制"硬糊"时,要让淀粉、面粉充分溶解,糊中杜绝有干面球,以防入油中炸飞伤人;

(5)准确掌握好火候和油温,干炸类菜肴也是入油锅两次,俗称"炸两次",与清炸相比,其油温低一些;

(6)干炸后的菜肴可以直接食用,也可以附带调料蘸食。

4.干炸的特点

外酥香、内鲜嫩,色泽金黄。

5.实例

干炸里脊

(1)原料

主料:猪里脊150克。

调料:精盐1克、味精1克、酱油5克、黄酒5克、花椒盐3克、葱、姜各10克。

辅助料：色拉油 1000 克（耗约 75 克）、淀粉 50 克。

(2) 初加工

①葱姜去皮洗净；

②猪里脊洗干净。

(3) 切配

①葱切段、姜切片；

②把猪里脊改成 6cm×3cm×0.3cm 的长方形片，用精盐 1 克、味精 1 克、黄酒 5 克、酱油 5 克腌制 10 分钟；

③用淀粉加水调成糊备用；

④将花椒盐 3 克装入味碟备用。

(4) 烹调

①锅上火，加入色拉油 1000 克，烧热约五成时把腌制好的猪里脊片放入糊中挂糊后逐片放入油中，炸至断生捞出。

②将油温继续加热约七成时，再放入里脊，炸成金黄色捞出沥油装盘。

(5) 操作关键

①里脊块改制要均匀；

②控制炸制的油温；

③控制炸制时色泽变化。

(6) 菜品特点

色泽金黄、咸鲜干香。

(二) 清炸

1. 清炸的概念

清炸是指主料用调味品腌渍、不拍干淀粉或挂糊、直接用旺火热油炸制的一种烹调方法。清炸是一个古老传统的炸法，成菜除有外焦里嫩的共同特色外，还具有耐嚼有咬劲的独特质感。越嚼越香是清炸独有的特色。原料在旺火热油中骤然受热，表层蛋白质会变性凝固收缩，并产生焦糖化反应，呈现出色泽金黄、质感香脆的效果；原料内部由生变熟并脱水，因而原料既细嫩，又有韧性。一般来说，清炸所用的主料都是以富含鲜味物质的动物性原料为主，如仔鸡、鸡脯肉、猪里脊、猪肝等，能充分体现原料的鲜香美味。

清炸的调味分为炸前调味和炸后调味，一般以炸前调味为主，炸后调味为辅。所以，炸前的腌渍成为清炸滋味效果的关键。炸前调味的主要任务是确定基本味，通常是咸味。这种滋味大多用盐、酱油、料酒、胡椒粉、味精、糖、葱姜末等调料调制，关键在于用量的多少和腌渍时间的长短。一般来说，调料的用量要根据原料的性质而定,并考虑炸制时间的因素,以宜淡不宜咸的原则掌握,经油炸后,失去部分水分,滋味就会适中。特别是腌渍的时间不宜过长,长了味重,炸后更重。腌渍一般不超过1小时,大多在30分钟左右,且现腌现炸。对调料中的酱油更宜慎重,用量宜少或不用,以防炸时颜色过深发黑。炸后的调料,是食用时另跟的辅助补味汁。这是因为炸前所定的主味比较单一。另跟的调味料大都是花椒盐、甜面酱、辣椒油、酸甜汁等味料小碟,可弥补滋味单一的不足。

清炸大都采取间隔复炸法,即一次炸成菜改为两次炸。即第一次采用较低油温炸(六成热左右),炸的时间较长,一般为3～5分钟,以炸熟为主,然后捞出控油;第二次采用高油温炸(八成热左右),但炸的时间很短,一般不超过10秒,在沸油中一过,见外表金黄起酥变脆即可出锅。也有的厨师采用离火浸炸的方法调节火候。即在旺火沸油时下锅略炸,在离火浸炸至接近成熟,然后再回到旺火顶炸一下即成。

2.工艺流程

选择原料→处理加工→腌渍入味→炸制→装盘→上桌即食。

3.清炸操作的关键

(1)选用新鲜易熟的原料。原料多选用新鲜易熟、质地细嫩的小雏鸡、猪里脊肉、猪肝、猪腰、猪肚仁、鸡鸭肝等。

(2)炸前要腌制入味。原料腌制时间不要过长,一般现用现加入调味料,保证原料不会因失水过多而失去质感。

(3)掌握好炸制的油温。如果原料质老、形大,则要低油温长时间操作;原料细嫩、形小,则高油温短时间操作。火力旺时,油温宜低;火力不够旺时,油温宜高。

(4)原料加工要符合要求,形状应均匀。原料的形状要求切丁、条、片、小块且整齐划一,有一些原料须剞花刀;一般来说,清炸的原料都要加工成小块料。在这种小块料中,又有稍大,较小之分。例如炸八块,是把一只仔鸡切成八块,其块形就要大一些;而炸肫肝,其块形就比炸八块小得多。

(5)严格控制火候,掌握炸制的时间。清炸一次成菜,欠火则生熟不一,过火就外焦里生,一旦出现问题便没有挽救的余地。所以在炸的过程中,必须严格控制好火候。一般来说,要根据原料性质、形体、火力、油温和炸制时间等作调节。有些清炸制品在腌渍后拍上一层干淀粉(或水粉糊),再投入油锅去炸,炸好的成品风味质感上与清炸不同,色泽较深呈焦黄色,干爽性较好,干香味浓,松脆度也较好。

4.清炸的特点

口感清爽、外酥香醇。外焦脆,内鲜嫩,清香扑鼻。

5.实例

清炸里脊

(1)原料

主料:猪里脊肉 300 克。

调料:精盐 2 克、味精 1 克、酱油 3 克、黄酒 10 克、花椒盐 5 克、葱、姜各 10 克。

辅助料:色拉油 1000 克(约耗 75 克)。

(2)初加工

①葱姜去皮洗净;

②猪里脊洗干净。

(3)切配

①葱切段、姜切片;

②把猪里脊肉片成柳叶片,用葱段、姜片、精盐 2 克、味精 1 克、酱油 3 克、黄酒 10 克腌制 10 分钟;

③将花椒盐装入味碟备用。

(4)烹调

①锅上火,加入色拉油 1000 克,烧热约五成时,逐片放入里脊片,炸至断生捞出;

②将油温继续加热约七成熟时,再放入里脊炸制松脆,捞出装盘,随花椒味碟一同上桌。

(5)操作关键

①里脊片要片大小厚薄均匀;

②注意炸制的油温;

③控制炸制的时间;

④注意原料的质感。

(6)菜品特点

口感咸鲜、清香可口。

(三)酥炸

1.酥炸的概念

酥炸是把加工好的烹饪原料在调味煮熟或腌制入味蒸熟处理后,挂糊或拍粉,下入油锅炸透成菜的一种烹调方法。适合酥炸的原料非常广泛,有动物性原料家禽、家畜、鱼、虾等;有植物性原料,如各种山菌、蘑菇等。用于酥炸的原料块大,带骨头,一般不需要挂糊,拍粉或不拍粉,块小、不带骨头的原料一般挂酥糊。

这种技法是清炸的新发展。由于原料挂糊,炸时形成酥脆薄膜,包封住原料内部水分,保持了菜肴的鲜美滋味,成为炸法中最具代表性的技法。特别是菜肴质感,较其他炸法酥松得多,故名酥炸。它虽来自清炸,但与清炸有明显的区别:一是使用带有滋味的熟料,二是大多挂糊。这种技法的主要目的,不在于让原料通过加热由生变熟,而在于获得原料表面的酥脆效果。用预制熟料炸,口味比生料丰富,并能获得生料炸达不到的菜肴内部酥烂的效果。但是不挂糊也会有酥脆的效果,因为有些原料富含脂肪和蛋白质,在油的高温条件下,产生焦糖化反应而使菜肴表面质感酥脆。

为了取得酥炸的理想效果,应掌握以下几个环节

(1)原料的调味

酥炸的作用虽是有滋味的熟料,但它的调味有的是在预熟以前用生料腌渍的,有的则是在预熟加热中调味的,也有的是在挂糊中调味的,还有不少品种的成菜都另跟作料食用。一般来说,生料腌渍是最常用的,即将洗净的原料用盐、酱油、料酒等调味汁涂抹全身,搓擦均匀,然后腌渍一定的时间。腌渍时间是入不入味的关键,时间过短则入味不透,时间过长则咸味过重。所以,具体腌渍时间必须依据原料条件而定,一般以 1 小时为宜。在预熟加热过程中进行调味的,大都依加热方法而定,如水煮方法预熟的,就将调料和原料一起入锅煮制,旺火烧开,改小火慢煮收汁直至滋味全部渗入原料,汁干料熟即成,类似酱、卤的做法。如采用汽蒸方法预熟的,则须将调料擦遍原料或直接放入原料盘内,蒸至熟透入味为止。在挂糊中调味的,主要是一些蓉泥原料,必须将调料或淀粉,鸡蛋等糊料拌匀,边挂糊边调味。如四川风味菜"白酥鸡"就是采用这种方法,将鸡肉取下剁泥加调料,淀粉等拌匀,蒸熟,油炸。

(2)原料的预熟

酥炸的原料都必须是事先预制好的熟品,最常采用的预熟方法就是水煮和汽蒸,也有少数品种是用烤、烧、焖等方法。由于原料老嫩不一,形体大小不同,用煮还是蒸,也应按照原料的实际情况而定。一般来说,用蒸的方法优点较多,前面我们已经做了较充分的介绍,如温度高,原料易熟,又能保持原形等。

(3)原料的挂糊

酥炸的特色主要是挂糊。其要领为:一是原料带骨都要拆去骨头,但又不能损坏形体,要保持原料形体的完整。原料无骨的,也要修理整齐。二是所用糊料要选用涨发性大的,常用的是全蛋糊(又叫蛋粉糊)、蛋清糊、水粉糊和脆浆糊等。其中以蛋清糊的涨发性最好,炸后色泽鲜亮,口感好,并富有营养。三是挂糊的厚度要根据原料的特点和菜肴的要求而定,糊,分为薄糊,厚糊两种,一般来说,厚糊在 0.3cm 左右,业内称为"满糊"。少数不挂糊的原料大多是蒸煮成熟的带皮带骨原料,其外皮含有较多的脂肪,在油温作用下也能产生松脆,但酥脆程度远不如挂

蛋糊。

(4)原料的油炸

这是酥炸制品的第二次加热,也是最后成菜的一道工序。这道环节的关键:一是由于预制的原料表面和内部所含水分较大,因此挂糊和油炸前都必须控干水分,否则糊不易挂上,挂匀,油炸时也容易脱糊,发生水、油剧烈爆炸。二是大都采用复炸法,初炸的目的是挥发水汽,炸熟原料,凝结外壳,初步上色;复炸则是把黏附原料表面和渗入原料内部的水分逼出,达到酥松发脆,色泽金黄的烹饪要求。但必须控制两次油炸的油温。一般来说,第一次油温以六成为宜,过低会引起原料脱糊变烂,过高会发生炸油和外表焦黑发苦等问题,特别是细嫩的原料可用四五成温油炸。炸制时间要适当,一般在1分钟以内。第二次炸开始用五成熟的油温,下料后边炸边翻拨。使均匀受热,炸3~5分钟,见外表色泽转金黄色时,再用旺火把油温升高七八成热,以最快的速度逼净原料的油分,取得色泽金黄,松软酥烂的效果。凡大件酥炸制品炸好后,刀切装盘时一定要讲究刀口整齐,切后按原形码放盘内,上桌另跟作料。

酥炸技法,各地叫法不同,形成多种名称,如锅烧、裹烧、香炸、板炸、吉列炸、面包渣炸等。其中,所谓"锅烧"或"裹烧"都是一个意思。因为这些地区炸,烧不分,炸可以说成烧,烧也可以说成炸,把挂糊说成"裹糊",才出现这些不同叫法。所谓"香炸"等名称,是以挂糊后添加一些辅料而言。香炸,也是原料挂糊后,再黏上一层芝麻,炸制后具有浓厚的芝麻香味;"面包渣炸"也是在原料挂糊后,再黏上一层渣炸制而成;"板炸"则是以面包渣炸所用原料为片状而言;"吉列炸"就是面包渣炸用西餐音译。也就是说,这些技法大多是在挂糊后添加一些辅料而已,并不是什么新的技法,应属酥炸的范围。

2.工艺流程

选料→熟处理→改刀→挂糊、拍粉→炸制→改刀→装盘→上桌。

3.酥炸操作的关键

(1)多选用细嫩新鲜的原料,经腌制入味后,要经过蒸、煮等熟处理;

(2)原料加工成丁、条、片、块等形状,要大小、厚薄一致,熟处理后,成熟度要一致;

(3)要根据原料性质,挂糊或不挂糊,挂糊大多为拆骨原料,不挂糊多为带骨原料;

(4)要根据原料大小,掌握炸制的火候和油温,要炸至原料表面酥松;

(5)炸制过程中要注意菜品的色泽变化,要炸至外表金黄色即可;

(6)酥炸菜肴一般不进行复炸。

4.酥炸的特点

外酥里嫩、色泽金黄。

5.实例

香酥鸭

(1)原料

主料:光鸭1只(约1500克)。

调料:精盐15克、花椒盐15克、黄酒10克、葱20克、花椒5克、姜20克、香料50克。

辅助料:色拉油2500克(约耗150克)。

(2)初加工

①光鸭清洗干净;

②葱、姜分别去皮洗干净。

(3)切配

①葱切丝、姜切片;

②将光鸭用精盐、黄酒、葱、花椒、姜、香料腌制1小时;

③将花椒盐15克装入味碟备用。

(4)烹调

①蒸锅上火,将腌制的光鸭入笼锅用旺火蒸制酥烂,取出凉凉。

②另取一锅上火,加入色拉油2500克,烧热约六成时,放鸭子炸至金黄色、外皮酥脆捞出沥油,将鸭子改成条装入点缀盘中、外带花椒盐味碟上桌。

(5)操作关键

①光鸭腌制要入味;

②鸭子蒸制要酥烂;

③注意炸制的油温;

④炸制时应成金黄色、外酥脆。

(6)菜品特点

色泽金黄、鸭皮酥香可口。

(四)松炸

1.松炸的概念

松炸又称雪衣炸,是选用软嫩无骨或将去骨的原料加工成片、条或块状,经调味并均匀蘸挂上蛋泡糊、用中小火温油炸至熟透的炸法。要求原料要新鲜、味醇、无骨、小型,蛋清一定要新鲜,以保证蛋泡糊效果。松炸是较为特殊的炸制方法,根据原料的选择在口味上有很大不同,一般可分为鲜咸和绵甜两大类。动物性原料通常为鲜咸口味,鲜果及甜味蓉状原料均为绵甜口味。松炸操作严谨细致,要把握好制糊、挂糊、油温、火候、下料定型等多方面环节,灵活运用操作技巧和烹调工具,使菜肴成型均匀一致,达到相应的规定色泽。

松炸的代表菜例有高丽大虾、雪衣苹果、高丽豆沙、高丽银鱼等。

2.工艺流程

选料→加工入味→调制蛋泡糊→原料均匀拍一层干淀粉或面粉→蘸挂蛋泡糊→炸制→沥油→装盘。

3.松炸的操作关键

(1)选用质地新鲜、细嫩的动物性原料,或水果类及入味熟制的蓉状原料。动物性原料经加工成小型形状或用自然形体的原料并进行调味;水果类原料利用本味。原料以片、条、块、球等形状,均匀拍一层干淀粉或面粉。

(2)调制蛋泡糊要松软均匀;调制蛋泡糊的原料有蛋清、淀粉、面粉,按1∶0.5∶0.5的比例比较理想,否则会出现不够饱满或干瘪现象。必须取用新鲜的鸡蛋清置器皿内,用打蛋器顺向搅打起泡呈稠黏状的蛋泡,以能立住筷子为宜,再加干淀粉、少量面粉顺向搅拌均匀,即成蛋泡糊。制糊是松炸成菜的关键环节,要掌握好制糊用料的比例,挂糊要均匀。

(3)掌握好下料的油温,把握好加热的火候。松炸必须采用净油而且油面要宽,原料下锅不拥挤。中小火加热油温至约二成热时,将原料逐个蘸挂蛋泡糊下入油锅内定型,轻轻翻动使原料糊层受热均匀,定型牢固,随即转旺火或中火加热,轻轻翻动使原料均匀受热成熟,待油温升高,糊的色泽呈鹅黄色即可捞出。特别注意:原料下锅不可粘连,保持膨松、美观饱满的形态,掌握好油温和加热的火候。

(4)成菜后捞出沥油装盘,上席随带调味料,或将调味料直接撒在菜肴上。例如甜菜,可用白糖直接撒上即成。

(5)蛋泡糊现用现制,不宜提前加工。

4.松炸的特点

色泽洁白饱满,质松软嫩,鲜香味美。

5.实例

松炸银鱼

(1)原料

主料:银鱼150克。

调料:精盐2克、味精2克、黄酒10克、葱、姜各10克、花椒盐5克。

辅助料:色拉油1000克(约耗75克)、蛋清4只、干淀粉100克。

(2)初加工

①葱姜去皮洗净；

②银鱼洗干净。

(3)切配

①葱切段、姜切片；

②将银鱼加入葱段、姜片、精盐 2 克、味精 2 克、黄酒 10 克腌制 10 分钟；

③用鸡蛋清 4 只、干淀粉 100 克调成蛋泡糊；

④花椒盐装入味碟备用。

(4)烹调

①锅上火，加入色拉油 1000 克，待油温约三成熟时，将银鱼挂蛋泡糊逐个入油锅炸至断生捞出。

②将油温加热约四成时，再放入银鱼炸至洁白色，捞出沥油，装盘，上桌时配花椒盐味碟。

(5)操作关键

①银鱼沾糊应均匀；

②油温不可过高；

③火候应为中小火；

④注意此菜的色泽。

(6)菜品特点

色泽洁白、外松里嫩。

(五)纸包炸

1.纸包炸的概念

纸包炸是将经过刀功处理成片、丝、条、粒形及泥蓉状的鲜嫩无骨原料，放入调味品腌渍入味，用食用玻璃纸或糯米纸包成一定的形状，下入温油锅中炸至纸包浮起、原料成熟的方法，这种方法能够保持美味和柔嫩。适合纸包炸的原料主要有鱼、虾、鸡、鸭肉、猪肉、冬笋、蘑菇等。包卷的皮料可分为两部分，可食用的皮料有鸡蛋皮、猪网油、腐皮、面皮、鸭皮、肉片、糯米纸；不可食用的皮料有桑皮纸、玻璃纸等。炸时一定要用强火，油加热至 100℃ 以上时再将材料放入锅中，纸包浮起变成金黄色时才算完成。这种技法所用主料都是易熟的鲜嫩原料，如鸡脯肉，猪里脊肉，猪肝，猪腰，以及鱼、虾等。所用的原料都不能带骨头，如有骨头就必须剔除。同时，根据炸的需要都要加工成小块、小片、细条，细丝或剁成泥状馅料，而且加工的刀口宜薄、宜细、宜小、宜碎。加工成型后都用调料腌渍入味。卷、包用的外皮也大致相同，如油皮，摊鸡蛋皮，猪网油，百叶(薄豆腐片)，糯米纸(又叫威化纸)，无毒玻璃纸等。此外还可以采用片至细薄的肉片,鸡肉片,鱼肉片和大白菜叶等作卷包的皮。其他方面,诸如加工过程、成熟机理、质感效果几乎是相同的。它们唯一的区别就是加工后形状不同,凡用外皮包裹成为卷筒形的称之为"卷",包裹成长方形,方形,三角形,或像花生形(如包成鸡腿形)就叫"包"。把用糯米纸或玻璃纸包裹的称为"纸包"。卷包炸法的具体方法十分细腻,要求也极为严格。

一般地说,卷和包的技术难度不大,但要做好也不容易。首先,每个卷、包内所放入的馅料要匀称,形体大小要大致相等。其次,必须包严卷实,凡挂糊的也要挂匀挂牢,紧紧地卷,包住原料,要经得住热油浸炸,能保持原形而不散开。有的还有一些特殊要求,比如用无毒玻璃纸包料的,只要用筷子"掖角"一抖,包就会开。

卷包炸也是用大油量,由于使用原料和外皮的性质的不同,必须控制好火力的大小和油温的高低,大多在四五成熟至六七成熟之间调节。卷、包用皮的耐热性能与油温有着密切的关系,所以,控制油温也要根据用皮耐热的程度而定。目前,大致有三种油温的炸法:一种是"先低后高"炸法,即下料时油温低,然后逐渐升高油温把原料炸熟出锅。它适用于油皮、蛋皮。这是由于油皮、蛋皮耐热程度低,遇到高油温即会焦糊。但卷、包内的馅料又要求炸的细嫩刚熟。所以油温只能在四五成热,在中等火力上浸炸3～5分钟。当油温升至七成热时,原料内部的馅料炸至嫩熟,外皮上色、松脆并浮出油面时,即可捞出控油。这种"先低后高"的炸法即适应了外皮的耐热性能,又使内部的馅料成熟。但挂糊炸时,油温则要稍高一些。另一种叫"先高后低"炸法,它主要适合于耐热性能较好的外皮,如以猪网油做皮,以及有挂上糊料保护层的卷炸或包炸。油温一般在六七成熟左右,但炸的时间短,主要目的是使卷、包的表面定型、发挺,初步上色,然后立即转为小火,油温降至五成熟,继续浸炸5分钟,直至原料外酥里嫩时出锅。这种炸法,除了适应外皮的耐热性能特点外,还能够取得外皮网油色黄,松脆,肥香,以及馅料鲜美细嫩的独特效果。还有一种近似"先低后高"的炸法,但有不同,即在油温的升高上有严格的限制。自始至终都是在低温的条件下完成的。主要适用于纸包炸制品。对纸包品有一个特殊要求,就是炸好以后不变色,不能泛黄。因而,油温必须定在不能使纸上色的原料,按下去浸没在油中受热以加快成熟,还要不断翻身,使之受热均匀。炸好之后,取出盛盘,拆开纸包,原料保持本色,原汁原味,鲜香扑鼻,质感软嫩。

2.工艺流程

选料→刀功处理→调味→准备皮料→卷包成型→炸制→装盘。

3.纸包炸操作的关键

(1)必须选用鲜嫩无骨的原料,并加工成片、条、丁等小形状;

(2)包入原料时要整齐一致,结实不散乱,炸制要轻轻翻动,也可炸制前扎小

洞,防止炸时爆裂;

(3)小纸包用四五成热油温慢慢炸至成熟,大纸包的油温要更低一些,时间要长一些,如油温过高,原料下锅容易炸飞,如油温过低,原料容易吸收过多的油,口感油腻;

(4)原料与调料的搭配要适度,稠稀度适中,有些包卷的菜肴在入锅前需要挂糊,糊要稀薄,以挂匀原料为准。

4.纸包炸的特点

造型美观、外表酥脆、滋味鲜醇,原汁原味,质地鲜嫩,色泽美观。

5.实例

纸包鱼

(1)原料

主料:鲜草鱼1条(约1500克)。

调料:精盐3克、味精1克、白糖3克、黄酒2克、葱、姜各5克。

辅助料:色拉油1000克(耗约75克)、糯米纸12张。

(2)初加工

①将草鱼去鳞、鳃、内脏清洗干净;

②葱、姜分别去皮洗净。

(3)切配

①葱、姜分别拍松,加水调成葱姜水备用;

②将草鱼去头、脊骨、腹刺及皮,取净肉排成蓉,用精盐3克、味精1克、白糖3克、黄酒2克、葱、姜水调制;

③用糯米纸将鱼馅包成6cm×4cm×1cm的长方形,用竹扦扎几个小洞,防止炸制过程中爆裂。

(4)烹调

锅上火,加入色拉油1000克,烧热约四成熟时放入包好鱼卷炸制浅黄色炸熟,捞出沥油。

(5)操作关键

①包鱼时动作应轻些;

②鱼卷成卷后、须在纸上扎几个小洞、防止炸制时爆裂;

③炸制时油温不可过高;

④此菜的质感应酥脆。

(6)菜品特点

表皮松脆、鲜嫩可口。

六）油浸炸

1. 油浸炸的概念

将加工过的鲜嫩易熟原料、入温油中慢慢加热至熟，然后撒上调配料，用适量热油浇在原料上成菜的一种烹调方法。这种技法是原料在热油锅中最初表面受到油温的高温急速加热，形成薄膜，随后逐渐降低油温缓慢受热，把原料中水分、鲜味的流失控制在最小范围内，是炸法中的精细炸法。这种炸法，有的地区叫油氽或油浸。炸制成熟后，需要再加热的原料，弥补原料色泽等。

具体操作有以下几种情况

第一种是中小火，低油温（四五成熟，尽可能控制在100～130℃）。

自始至终都把油锅放在小火上，保持恒定温度，使热量慢慢渗入原料内部，产生变性，脱水，由生变熟的反应，直到原料内部的水分慢慢析出，质感酥脆时，即可捞出。这种炸法，主要适合于细嫩的鱼虾肉泥丸类和果仁类原料，如油炸虾球，油炸花生米，油炸腰果等。用油量相当于原料的三四倍，在下料后用手勺不停地搅动，防止原料沉底不动，炸焦炸糊。

第二种是用旺火力，把锅内的大量油烧至很高温度，烧至八成热时即将加工处理好的原料放入锅内，稍炸片刻即端过离火浸炸。

这时，由于油锅离火，油温随着下降，直至油锅凉时，原料也已充分吸收热能由生变熟，质感外表略脆，而内部十分鲜嫩，这种技法适宜于仔鸡，乳鸽等。效果与沸水浸烫的白斩鸡基本相同。但油浸的鸡比水浸的白切鸡更能保持原料的鲜美口味，且原料色泽光亮鲜艳。

第三种是先用旺火，把油温烧至七成热，下入加工处理好的原料，随即端锅离火，油温降至七成热以下时，再把锅端回旺火，当油温再升至七成热时，继续端锅离火。如此多次反复，直到原料成熟，质感滑嫩时取出。这种浸炸法多用于鱼类，以广东菜最为擅长，使用也较广泛。

2. 工艺流程

选料→腌制→温油油侵→成菜。

3. 油浸炸操作的关键

(1) 原料应选鲜嫩的为宜；

(2) 油温不可过高；

(3) 油浸的火力不可过大，油量要充足；

(4) 注意原料的鲜嫩度。

4. 油浸炸的特点

操作简便，质地细嫩、口味鲜美。

5.实例

油浸鱼

(1)原料

主料:鲜草鱼1条(约750克)。

调料:精盐3克、味精2克、黄酒5克、白胡椒粉3克、葱5克、姜3克、白糖3克、香菜10克、香油10克。

辅助料:色拉油1500克(约耗75克)。

(2)初加工

①鲜草鱼去鳞、鳃、内脏洗干净;

②葱、姜分别去皮洗干净;香菜择洗干净。

(3)切配

①葱姜切丝,香菜切段;

②在草鱼两面分别剞网眼刀;

③取碗分别放精盐3克、味精2克、黄酒5克、白胡椒粉3克、白糖3克、香油10克兑成调味汁。

(4)烹调

锅上火,加入色拉油1500克,将油烧热约四成时,将剞刀的鱼入油内、慢慢加热至熟捞出,装入盘中,浇上调料汁,再撒上葱丝、姜丝、香菜段即可。

(5)操作关键

①鱼肉不可过厚,以鲜嫩为宜;

②油温不可过高;

③鱼肉应剞刀、便于成熟;

④油量要充足;

⑤火力不可过大。

(6)菜品特点

色泽艳丽、鱼肉细嫩、口味鲜美。

(七)油淋

1.油淋的概念

油淋也叫炸,就是将主料先用调味品腌渍后、再将主料置于漏勺上用手勺反复淋入热油、使之成熟,保持原料内部鲜美,并取得质感酥脆、酥嫩的效果的一种烹调方法。泼炸和浸炸是炸法中的两种特殊技法,两者有较多的共同点,如所用主料大多为细嫩原料,特别适用体小稚嫩的禽类原料。所用导热介质也都是大油量的高温热油。制品的质感,口味特点也大体相同。但是,它们的具体操作方法又有较大的区别,油温火候把握也不一样。

　　这种炸法一般均用细嫩鲜料,如鸡、鱼、虾等,特别适宜选用稚嫩体小的仔鸡、乳鸽、雏鸭、鹌鹑等,也可用一些时鲜蔬菜,所用主料除稚嫩体小的自然体态外,其余都加工成细薄的小料。如果是生料,洗净后要用调料腌渍入味,定下基本味;如果是熟料,既可在预制成熟过程中调味,也可在预制成熟后再用调料腌渍入味。油炸时所要注意的事项:首先是油量充足,约相当于原料重量的三四倍;其次是旺火热油,在炸制过程中,始终保持七成以上的油温;再就是对生料、熟料的加热时间要正确掌握,熟料炸的较短,以外皮略脆并上色为度,而用生料炸,既要炸脆、上色,也要内外成熟,泼浇的次数要多一些,加热时间要相对长一些。

　　泼浇手法正确最为关键。这种手法必须根据具体情况来定。如浇泼吊挂的整料,除从上向下泼浇外,还要从不同的角度浇遍全身,保证原料的各个部位都能均匀受热,成熟一致。这类原料炸前都要在某些厚实的部位剞上适当的刀纹,但又不能多,以便使泼浇的热油渗入促使成熟。对放入漏勺的小型料则要边浇泼热油,边转动漏勺,使原料在转动移位中均匀受热,成熟一致,防止炸后生熟不一,老嫩参差的现象。但无论何种泼浇,在原料成熟前泼浇都不能停顿,不能时浇时停,而要一气呵成,至其成熟度、质感、色泽都符合标准为止。业内习惯上把吊挂原料的浇油称为淋油,而把漏勺中原料的浇油,叫作泼油,有些地区往往淋、泼不分,统称为淋油。

　　2.工艺流程

　　选料→腌制→油泼→成菜。

　　3.油淋操作的关键

　　(1)选用质地鲜嫩、形体较小的原料,便于成熟,形态较小的禽类,多带皮制作,制作前也可进行熟处理,表皮抹饴糖,形成皮脆里嫩的质感;

　　(2)油淋的油温不可过低或过高,过低不容易使原料成熟,时间长,过高容易外焦里不熟;

　　(3)用热油淋浇时要将原料浇制均匀,整只的原料,可里外用油浇制;

　　(4)注意原料内外成熟一致,肉厚的地方,多用油淋浇多次;

　　(5)油量要充足,浇油时要注意手法,不可放入油锅炸制;

　　(6)保持一定的油温,注意原料表皮的色泽。

　　4.油淋的特点

　　外皮脆香、色泽红亮。

　　5.实例

油淋鸡

　　(1)原料

　　主料:光鸡1只(750克)。

调料:精盐 3 克、味精 1 克、姜 15 克、黄酒 20 克、葱 15 克、酱油 30 克、香油 15 克、白糖 15 克、花椒 5 克。

辅助料:色拉油 1000 克(约耗 150 克)。

(2)初加工

①光鸡清洗干净;

②葱、姜分别去皮洗干净。

(3)切配

①葱、姜分别切丝;

②将光鸡用精盐 3 克、味精 1 克、姜 15 克、黄酒 20 克、葱 15 克、酱油 30 克、白糖 15 克、花椒 5 克腌制 1 小时。

(4)烹调

①锅上火,加入色拉油 1000 克,将油加热约七成时改用小火,将鸡放入漏罩中用手勺反复淋油;

②待油凉时继续加热,淋至鸡肉成熟、色泽红亮时,捞出沥油,改刀装盘。

(5)操作关键

①注意光鸡的腌制时间;

②油淋时油温不可过低;

③注意菜品的色泽;

④注意菜品的成熟度。

(6)菜品特点

表皮脆香、肉质香嫩、色泽红亮。

(八)脆炸

1.脆炸的概念

脆炸是将刀功处理的原料抹上饴糖等晾干后,放入热油锅炸熟的一种炸制方法。在餐饮业中,脆炸的技法是多义性的,有些与其他技法近似,如用熟料挂糊炸同酥炸相同;用生料挂蛋泡糊,又与软炸相似。因而许多采用脆皮名称的菜肴,往往就是酥炸或软炸,都以外表松脆为特征而相互混用。脆炸与脆皮炸是两种不同的烹调技法,脆炸无须挂糊或拍粉。适合此技法的原料须带外皮且形整,如整鸡、整鸭等。

带皮的原料抹上糖浆,经热油炸制,产生焦糖化反应,使菜肴外皮增加了比一般"外焦里嫩"更为突出的粉脆性,形成独有的特色。如果不抹糖浆或改用其他涂料炸,其脆性则大为逊色。广东菜厨师用脆炸法炸制成的"脆皮鸡"即为典型名菜。时下广东的"脆皮鸡"被誉为脆炸法中的极品,被视为正宗的脆炸技法。据有关厨师介绍,广东菜最早的脆皮鸡炸法,效果不理想后改用上汤(鲜汤)浸熟涂上酱油炸,也没有取得外皮松脆内质鲜嫩的效果。最后改为现在的制法,才成为色、香、味俱佳的完美菜肴。广东菜"脆皮鸡"的炸法,实际上是一种"淋炸"法,只因炸后的鸡皮特别松脆而归为"脆炸法"。

2.工艺流程

选料→调味→抹饴糖→晾干→炸熟→改刀→配制味碟→成菜。

3.脆炸操作的关键

(1)所用主料若使用糖浆,必须经过沸水焯烫,一般烫至外皮收缩紧绷,毛孔露出为止,有的可以焯至断生。这一道工序的目的是为外皮涂匀糖浆(或其他涂料)创造条件,否则糖浆刷不上、涂不匀。

(2)糖浆必须使用饴糖加适量的淀粉、醋等调成的稀稠适度的浆料。

(3)原料挂糖浆的厚薄程度要适当,一般在0.2cm~0.3cm容易黏附,下锅后又不脱浆。除糖浆外,如果用其他糊料,如蛋黄糊、发粉糊、脆浆糊等,其厚薄程度以能沾在原料外皮上面而又能缓慢向下滑动为宜。

(4)脆炸所用的原料需选用含水分较多、质地细嫩的,以及所含鲜味物质较多的原料。同时,也要注意季节性的品种,并要选用优良品种。

(5)在加热过程中要适时翻动原料,使其受热一致、外皮不会有焦煳现象。

4.脆炸的特点

色泽金黄、表面光滑、外皮香脆,肉质鲜美、质地松脆、酥香可口。

5.实例

脆皮大肠

(1)原料

主料:熟猪大肠(500克)。

调料:甜面酱10克、花椒盐10克。

辅助料:色拉油1000克(约耗50克)、饴糖100克、香菜50克。

(2)初加工

香菜摘洗干净。

(3)切配

①将大肠切成15cm的段,在大肠的外表抹上饴糖,晾干;

②甜面酱、花椒盐分装味碟备用。

(4)烹调

锅上火,加入色拉油1000克,将油加热七成熟时,将大肠放入炸制金黄色、皮脆捞出沥油。

(5)操作关键

①大肠应选用卤熟的为宜;

②油温不可过低;

③大肠外部应酥脆;

④注意大肠的色泽。

(6)菜品特点

外皮酥脆、肥香不腻。

(九)香炸

1.香炸的概念

香炸是将加工过的原料用调味品腌渍、拖糊后再蘸上一些增香原料、用旺火热油炸制成熟的一种烹调方法。炸类菜肴适于大批量的制作,在保证菜肴质量的前提下,其存放的时间相对较长,香炸菜肴要求有造型,选用的原料宜于改刀成型。其基本口味趋于西式化,蘸酱多是番茄沙司、蛋黄酱等。增香的原料主要有面包糠、芝麻、花仁、面包丁、松子、瓜子等。

可以将原料片成大薄片,表面多剞十字形花刀,刀纹深浅要一致,保证原料入味均匀且形状平整,不卷曲;也可以将原料加工成小片、块、条等形状。

根据原料的质地决定是否拍粉,纤维粗大质地老的不需要拍粉,脆嫩易碎的原料必须拍粉,以保证菜品的形状完整,水分不流失。

2.工艺流程

选料→腌渍→拍粉挂糊→炸制成型→改刀装盘→带酱上桌。

3.香炸操作的关键

(1)选用质地鲜嫩、形体较小的原料,较大的原料,要经过刀功处理成丁、条、块等形状,便于成熟;

(2)调制的糊不可太稠或太稀,太稀不易蘸料,太稠容易挂糊太厚;

(3)原料挂糊要均匀,蘸料不可太多,要蘸均匀;

(4)炸制时,要掌握好油温,油温不可过高或过低,过低原料容易吸油,过高容易外焦里不熟;

(5)炸制时,要控制好颜色,炸制金黄色最佳;

(6)炸好后要控净油分。

4.香炸的特点

色泽金黄、外酥内嫩、松香可口。

5.实例

面包猪排

(1)原料

主料:猪里脊 300 克。

调料:精盐 2 克、花椒盐 5 克、白糖 2 克、黄酒 5 克、葱、姜各 10 克。

辅助料:色拉油 1000 克(约耗 75 克)、面包屑 200 克、淀粉 150 克、鸡蛋 2 只。

(2)初加工

猪里脊洗干净;葱、姜分别去皮洗干净。

(3)切配

①葱、姜切丝;

②将猪里脊切成 12cm×8cm×0.5cm 的大片,用精盐 2 克、白糖 2 克、黄酒 5 克、葱 10 克、姜 10 克调料腌渍 10 分钟;

③用鸡蛋 2 只、干淀粉 150 克调成蛋液糊备用,将花椒盐 5 克装入味碟备用。

(4)烹调

①锅上火,加入色拉油 1000 克,加热约五成时,将猪里脊从蛋液糊中拖过,粘上面包屑,用双手轻轻按压,入油锅内炸熟捞出;

②将油温继续加热约七成时,再入猪里脊复炸呈金黄色,捞出沥油,改刀装盘

(5)操作关键

①调制的糊液应适中;

②注意炸制的油温;

③粘面包屑要均匀;

④用双手轻轻按压猪里脊,防止面包屑脱落。

(6)菜品特点

色泽金黄、外酥香、内鲜嫩。

(十)软炸

1.软炸的概念

软炸又称软余,先是将质嫩而形状较小的原料用调味料腌渍后,挂上用蛋液淀粉等制成的软糊,用中火炸制后复炸的一种烹调方法。软炸菜品特别适宜老年人及幼儿食用。在不同地区,软炸技法在操作程序上存在差异。软炸不会破坏食材的外表,而且可保持食材的柔软质地。软炸后的成品外表香松绵软,内部鲜嫩。软炸和酥炸的区别在于酥炸需要经过高温加热,软炸无高温加热的过程。软炸的油温不宜过低,否则会让外层粉浆剥落,但也不宜太高,油温 150℃ 上下最合适。软炸的糊浆一般采用鸡蛋清液或全蛋液,加淀粉、适量面粉与水调制而成。挂糊后

下料的油温约五成热，在较短时间内加热过程中，蛋液糊凝固、定型成熟，质地较软。软炸的方法较容易掌握，制糊、挂糊、下料、火候的掌握是难点。软炸的代表菜例有：软炸里脊、软炸虾仁、软炸口蘑、软炸雀脯等。

由于主料细嫩，加工的块形又小，而且糊料在油炸中形成了保护层，所以形成了外松软里软嫩的特色。外层的口感主要是由所使用糊料的性质决定的。

制作适合的糊料。软炸所用的糊料业内称为"软糊"。从原料来看，大体可分为三类：第一类是以蛋为主加淀粉调制的糊，具体品种分为蛋清糊，蛋黄糊，全蛋糊，蛋泡糊四种。第二类是以淀粉加水调制的糊，通称为水粉糊，又叫"干浆糊"，业内又叫"硬糊"。第三类是多种料调制的糊，主要有发粉糊，脆浆糊等，前者是用发酵粉、面粉加水调制的，后者是用酵种（面肥）、面粉、淀粉、马蹄粉（荸荠粉）、盐、油和水调制的，但是它们的口味质量和营养价值远较蛋泡糊逊色。

要有精细的挂糊方法。软炸糊有两种方法：一种方法是先腌渍，后挂糊。就是临炸前再挂糊。如果挂糊过早，炸时容易"掉糊"；还要根据原料含水分的多少调节糊的浓度；所用糊料也要事先调制，充分调搅均匀，并静放一定时间使粉粒溶化无渣，否则挂不匀，炸时容易"掉糊"；挂糊时，糊料绝不能发散，若散了就要重新调制。挂糊后要迅速下锅，以防止糊内的面筋质起劲，在油炸中包不住原料；原料块最好分别挂糊，分散下锅，下锅后立即划开以免粘连。另一种方法是调味和挂糊同时进行，即调味料溶于糊内，然后放入原料挂糊，边挂糊边吸进味，至炸前，糊已挂匀，味也渗入，即可下锅炸制。这种挂糊的糊料多数是全蛋糊（蛋粉糊）、蛋清糊。应注意的问题是要控制好调味品中盐的用量，如用量不当，盐的渗透压会把原料中的水分挤出，使糊料变稀，黏性变差，油炸时容易脱糊。

精确地把握火候。要把火力的旺、中、小，油温的温、热、沸等火候调节的所有措施全都用上。多数软炸是旺火热油下锅，稍炸片刻，一般为20～30秒，根据原料性质掌握，主要目的是使原料内部受热成熟并保持细嫩。在原料熟制后即可加大火力，提高油温（七八成熟），短时间速炸，见原料浮出油面即成，主要目的是使表面脆酥，色泽金黄。但是，也有挂蛋泡糊的制品，质感与其他制品都不同。它在炸的全过程中，都是使用中小火力，中等油温（约五成熟，有的为四成熟），这类制品具有外松软，内软嫩，色泽乳白，形体丰满的特色。

2.工艺流程

选料加工→入味→挂糊→初炸→复炸上色→成品→装盘。

3.软炸操作的关键

(1)选用质地新鲜、细嫩、无异味的动植物性原料，加工成条、块、段、片等小型形状，或用自然形体的小型原料，如虾仁、里脊、雀脯肉、净鱼肉、口蘑等。软炸的原料需要去骨，除去筋膜，是为了使菜肴具有易熟和细嫩的质感。在原料上剞一定深度的刀口，再根据菜肴的要求改为小块、小条等，增加原料受热面积，使其受热均匀，便于菜肴火候掌握。

(2)原料需经腌渍入味：一般采用料酒、葱、姜、盐、味精、香油腌渍入味，口味不宜过重。软炸码味常用的调味品有精盐、胡椒粉、料酒、姜葱，这些调味品不但除异效果好，而且不影响成菜后的颜色。着味时咸味基本达到成菜咸味的标准，同时应掌握蘸以椒盐或甜面酱等复合味调味品时，应在不觉味咸的幅度内。

(3)挂糊的厚薄以油炸中能控制原料水分，保证细嫩，使成菜达到外酥内嫩，具有原料本身鲜味的口感为准。糊制好后可加适量油脂拌匀再放入原料。"软糊"是指由蛋清、淀粉、面粉调制成的糊，多用于软炸类菜肴。蛋清糊、全蛋糊是软炸所挂的主要糊。

(4)控制好油温，掌握好加热的火候。软炸的油温不宜过高或过低，以防止炸焦或脱糊，入锅时应分散投料，防止粘连在一起；油温达五成热时下料。下料时要使原料均匀裹糊(裹附的糊厚度适中、均匀一致)。原料要逐块裹糊下入油锅内，逐块定型，防止粘连。原料用热油定型后转小火加热至断生成熟，再用较热的油温复炸。软炸以复油为主，第一次用中火，将原料分散放入四五成油温的锅中，炸至断生呈浅黄色捞出；第二次用旺火，待油温回升至六成热，炸至刚熟呈金黄色，沥去炸油，浇上香油，颠匀即可。

(5)成菜装盘时：根据菜肴原料的性能和筵席的需要，选择组合需要的各种形式。同时可配生菜或椒盐末、葱、酱等形式，以突出原料的性能和食用效果。

4.软炸的特点

外表香软、内嫩味鲜、色泽浅黄。

5.实例

软炸虾仁

(1)原料

主料：鲜虾仁(150克)。

调料：葱姜各5克、精盐5克、味精2克、黄酒10克。

辅助料：色拉油1000克(约耗75克)、蛋清50克、干淀粉150克。

(2)初加工

将虾清除虾肠并洗净；葱、姜分别去皮洗净。

(3)切配

①葱、姜切丝；

②将虾仁用精盐5克、味精2克、黄酒10克、葱丝5克、姜丝5克腌制10分钟，用蛋清50克、淀粉150克调蛋清糊备用。

(4)烹调

①锅上火,入色拉油 1000 克,将油加热约三成熟时,将虾仁挂上蛋清糊、入锅炸制,成熟捞出;

②将油温加热约四成时,再放入虾仁复炸至洁白色捞出。

(5)操作关键

①虾仁以鲜嫩为宜,要事先腌制;

②蛋清糊调制均匀;

③油温不可过高;

④注意此菜的色泽。

(6)菜品特点

色泽浅黄、香鲜软嫩。

练 习 实 践

1. 什么是干炸?干炸有什么特点和具体要求?
2. 请写出干炸里脊的全过程。
3. 请设计一道干炸菜肴,并写出步骤。
4. 什么是清炸?清炸有什么特点和具体要求?
5. 请写出清炸里脊的全过程。
6. 请设计一道清炸菜肴,并写出步骤。
7. 什么是酥炸?酥炸有什么特点和具体要求?
8. 请写出香酥鸭的全过程。
9. 请设计一道酥炸菜肴,并写出步骤。
10. 什么是松炸?松炸有什么特点和具体要求?
11. 请写出松炸银鱼的全过程。
12. 请设计一道松炸菜肴,并写出步骤。
13. 什么是纸包炸?纸包炸有什么特点和具体要求?
14. 请写出纸包鱼的全过程。
15. 请设计一道纸包炸菜肴,并写出步骤。
16. 什么是油浸?油浸有什么特点和具体要求?
17. 请写出油浸鱼的全过程。
18. 请设计一道油浸菜肴,并写出步骤。

19. 什么是油淋？油淋适合于哪些原料？

20. 油淋有什么特点和具体要求？

21. 请写出油淋鸡的全过程。

22. 什么是脆炸？脆炸有什么特点和具体要求？

23. 请写出脆炸大肠的全过程。

24. 请设计一道脆炸菜肴，并写出步骤。

25. 什么是香炸？香炸有什么特点和具体要求？

26. 请写出面包猪排的全过程。

27. 什么是软炸？软炸有什么特点和具体要求？

28. 请写出软炸虾仁的全过程。

29. 请设计一道软炸菜肴，并写出步骤。

四、熘

熘是指根据菜肴的要求选择不同的加热方法使其烹饪原料成熟，然后把调制成的卤汁浇淋于原料上或将原料投入卤汁中搅拌的一种烹调方法。由于采用的成熟方法不同，使原料形成了酥脆、滑嫩或软嫩等不同质感。调制的卤汁数量较多且色泽明亮。根据熟料和调味特色可以把熘分为脆熘、滑熘、软熘、糟熘、糖熘、醋熘等数种。

熘的技法，初始于南北朝时期，那时"臆鱼"法和"白菹"法，即是熘法的胚胎。宋代以后，出现了"醋鱼"等菜肴，即鱼（或其他原料）加热成熟后，浇淋上预制好的芡汁（如今杭州的"西湖醋鱼"一菜，仍采用此古法）。明清以后，"熘"的名词正式在食书上出现，如清代童岳荐所著《调鼎集》一书中，就有"醋熘鱼"一菜。那时，"熘"的调味品多以醋、酱、盐、糖、香糟、酒等为主，口味上有酸咸、酸甜、糟香等分别。近代菜肴中的醋熘海参、糖醋熘排骨、糟熘鱼片等，即是这些古法的延续和发扬。

熘，在全国各地都有应用，是比较重要的一种技法。菜肴在操作过程中，先用炸或滑油蒸煮的方法，使其加热成熟，然后调制芡汁，使芡汁与原料包裹而成。它是典型的烹和调相结合的一种方法。

熘的菜肴用料较广，一般多用质地细嫩、新鲜无异味的生料，如新鲜的鸡肉、鱼肉、虾肉、里脊肉，以及皮蛋和各种青蔬的茎部等。这些原料一般得切成丝、丁、片、细条、小块等形状；整只的鱼较多。

熘类菜肴按颜色划分，又有白熘、红熘和黄熘之分，白熘的菜肴以精盐、白糖、白汤、味精、白醋等为主要调味品，成菜色泽洁白；红熘的菜肴以生抽、红糟、茄汁等为主要调味品,成菜鲜红、大红、老红不等;黄熘的菜肴以果汁、橙汁、吉士粉、料酒等为主要调味品。

熘类菜肴按口味分:果汁味(果汁豆腐)、醋香型(醋熘白菜)、鱼香型(鱼香肉丝)、咸香型(滑熘里脊)、糟香型(糟熘鱼片)、糖醋味(糖醋鱼)、荔枝味型(荔枝肉片)、茄汁味(茄汁虾仁)、甜香味(蜜汁红果)等分别不同味型。

根据原料的初步热处理的传热媒介不同,上浆、上粉、芡汁及成菜口感的不同,以及调味方法不同可分为焦熘、滑熘、软熘、水熘、糟熘、糖熘、醋熘等。

熘菜的关键是熘汁,熘汁能否成功,直接关系到菜肴的质量。熘汁一般都是用淀粉、调味品和高汤勾兑而成。在熘菜将熟时,用兑好的卤汁泼入勺内,翻炒均匀。熘汁的多少与主料的数量多少有关。如果汁少料多,会使菜肴变得腻腻糊糊,汁交包裹不均。熘菜讲究汁卤,而且做法也不相同,具体有浇汁、卧汁、走马汁等。

熘的菜肴在烹调过程中一般要经过三个步骤,先使原料用油或水、蒸汽加热成熟,然后调剂或制作芡汁,最后使原料与芡汁混合在一起。在原料与芡汁的混合上,又有三种方法

(1)兑汁法。即是原料再加热过程中,根据菜肴口味要求,将所需调味品调和在一起,成为碗汁。当原料加热成熟后,将原料放入加了底油的锅中翻炒,泼入兑好的芡汁,使其成熟并均匀挂在原料表面上。

(2)浇汁法。即是原料加热成熟后,盛至餐具中,再将烹制好的芡汁浇淋在原料的上面。如西湖醋鱼、珊瑚鳜鱼等菜,整条鱼经水煮、过油调味后,盛在鱼盘中,再将烹调好的醋汁(食为酸甜味或果汁)浇淋在鱼身上。

(3)卧汁法。即是原料加热成熟后,先用漏勺捞起,沥净油分或水分,然后在锅中调制芡汁,芡汁浓稠成熟后(有黏性),再放入原料,迅速翻炒均匀。采用卧汁法多为焦熘小型主料的菜肴,因为焦熘的菜肴要保持成菜的焦脆特点,如采用兑汁法,芡汁过早泼入,会使原料"回软",采用卧汁法即可避免原料"回软"。糖醋型的菜肴也是一样,芡汁中的糖要溶解,需要一段过程,卧汁法即是使糖充分溶解、稠化的过程;当糖醋汁充分溶解、稠化后,再下入原料,迅速翻拌均匀成菜。锅包肉、糖醋鱼丁,即是采用卧汁法。

熘类菜肴芡汁可分为以下几种。

包芡:也称抱芡、抱汁芡、吸汁、立芡。一般指菜肴的汤汁较少,勾芡后大部分甚至全部黏附于菜肴原料表面的一种厚芡。包芡要求菜肴原料与汤汁的比例要恰当,尤其是汤汁不宜过多,否则就难以成为包芡;还要求芡汁浓稠度要适中,过大时菜肴原料表面芡汁无法沾裹均匀,过少时又缺乏黏附力,芡汁在菜肴原料表面无法达到一定的厚度。多用于体性较小的焦熘类菜肴,比如:糖醋里脊、茄汁鱼丁、果汁山药。

糊芡：指菜肴汤汁较多，勾芡后成糊状的一种厚芡。它以菜肴汤汁宽而浓度大为基本特征，多用于焦熘类整形菜肴，不适宜在汤中翻拌，是将芡汁浇淋于原料上。比如糖醋黄河鲤鱼、菊花全鱼、松鼠鳜鱼。

流芡：又称奶油芡，流漓芡，是薄芡的一种。其特点类似于糊芡，但浓度要小一些。流芡就是因其在盘中可以流动而得名，常用于滑熘、软熘、糟熘菜肴。

就熘菜的形状来讲，可根据制品的要求，加工成丝、丁、片、条，也可斩成泥蓉等。这些都是靠刀功来体现的。但有时也要靠火工，人为地控制火力，来完成对形状的要求。如北方的浇汁鱼，南方称之为糖醋脆皮鱼，刀功改成金蝉脱壳刀。（就是从鱼鳃处开始，每隔一寸横着斜坡刀，片至鱼脊骨止），挂好糊，提起鱼尾使其翻卷自如，这便是达到了刀功的要求。为此，必须放到高温的油内，使其迅速收缩成型。如果在加热时油的温度不够，鱼入锅后，不能翻卷成型，即使刀功再好也难成型。所以刀功与火候必须紧密配合。

工艺流程

原料→改刀→腌制（一次入味）→上浆、挂糊、拍粉→滑油、蒸、氽水（热处理）→浇淋或入原料裹包汤汁→成品。

（一）滑熘

1.滑熘的概念

滑熘就是将主料加工成丁、条、片、丝、粒、卷及剞花刀等处理后上浆挂糊，滑油后再用适量的芡汁熘制的一种烹调方法。烹制时将原料先用调味品拌腌后，再用蛋清、团粉上浆，投入五成热的油锅中，将原料滑散，用旺火将温油烧热时取出。如较大的块不易熟，可将锅离火等一会再滑熘一次。同时将卤汁都均匀地黏在原料上。这种制法的口味滑嫩鲜香。另一种做法，是先把兑好的汁勾成卤，然后把滑好的肉片放入锅内搅匀，出勺时淋少许油。滑熘与脆熘在质感上有本质的不同，一个是要滑润，一个是外焦里嫩；它与软熘也小有差别，主要表现在滑熘的预热方法很窄，一般都采用温油滑，用水作为加热的媒介很少使用。滑熘多用于质地细嫩松软的动物性原料，经切制入味后，多用蛋清淀粉上浆。烹制时用热锅凉油，油量要略大，温油滑开，同时将芡汁兑好，炝锅后倒入滑好的原料，泼入芡汁颠翻均匀。

2.工艺流程

原料→改刀→腌制（一次入味）→上浆、挂糊、拍粉→滑油→浇淋或入原料裹包汤汁→成品。

3.滑熘操作的关键

(1)选用质地细嫩、新鲜，无异味的动物性原料为主料，如鱼肉、里脊肉、鸡脯肉、猪肝等无骨类原料，加工要大小一致。

（2）主料要加工片、丝、条状，厚薄一致，规格统一，互不粘连，再上浆、滑油处理。

（3）主料上浆前要用调料腌制入味，无异味的原料，如鱼肉、里脊肉、鸡脯肉等，需要加盐、白糖（少许）、料酒、葱姜汁即可；对于猪腰、猪肝等异味较重的原料需加白醋、花椒水去除异味，再进行腌制。

（4）原料上浆要均匀适度，体积饱满，要浆匀、浆住。原料上浆后，不宜马上烹调，要静置30分钟以上；在静置的过程中，原料和浆汁会互相吸收、黏结，滑油时才会松发饱满。

（5）油温不可过高，油量要大；原料宜在三成热的油温中滑熟（原料数量多，油温可高些），但火力要大些。如油温过低、火力又小，原料下油后，粉浆容易脱落；如油温过高、火力又猛，原料下油后会打团，不易滑散。原料滑油时，同时将卤汁兑好。

（6）调制芡汁除口味准确外，水淀粉的投放比例也要适当，如过少，芡汁包裹不住原料，如过多，芡汁会浓稠，原料会黏糊糊的，达不到质量要求。此菜的汁芡应宽些。

（7）兑制芡汁时要掌握好芡汁的浓稠度和数量，要做到明油亮芡。

4.滑熘的特点

色泽洁白、口感滑嫩、汁宽味浓。

5 实例

滑熘里脊片

（1）原料

主料：猪里脊肉150克。

配料：冬笋50克。

调料：精盐3克、味精2克、黄酒5克、葱姜各5克。

辅助料：色拉油750克（约耗50克）、蛋清30克、湿淀粉15克、清汤20克。

（2）初加工

猪里脊洗干净；冬笋洗净；葱、姜分别去皮洗净。

（3）切配

①将里脊肉切成柳叶片，用精盐1克、味精1克、黄酒2克、蛋清30克、湿淀粉10克上浆；

②葱、姜切末；冬笋切柳叶片。

（4）烹调

①锅上火，加入色拉油750克烧至三成熟时，将上好浆的里脊片入锅内滑油，用筷子轻轻滑散，再倒入笋片加热后捞出；

②锅内留15克油，烧热放入葱、姜末炸香，放入滑油的里脊片、冬笋翻匀，依次加入精盐2克、味精1克、黄酒3克、清汤20克、湿淀粉5克勾芡，淋油，装盘。

(5)操作关键

①里脊片应均匀、片不可过厚；

②上浆要均匀适度；

③滑油时要掌握好油温(不可过高)；

④烹调要迅速、出锅要及时、汁芡要适当。

(6)菜品特点

色泽洁白、肉片滑嫩。

(二)软熘

1.软熘的概念

软熘就是采用质地软嫩或流体原料，先经蒸、氽或煮熟、再将制成的卤汁，淋在原料上。首先将原料加热至熟，加热方法多种多样，或蒸或煮或者用水氽熟、油氽熟，或者是填酿等。但淋时必须注意原料从蒸笼或水锅取出后，要去净水分。做这类卤汁时，油要少，如果卤汁内油分过多，就会影响入味。成品的质地必须软嫩，而不是焦脆。软熘是较为复杂，且又变化较多的一种技法。

软熘菜在选料上比较严格。必须选择柔嫩的软性新鲜的原料，不新鲜的或经过冷冻的，就是选用了也会直接影响质量。在形状上变化较大，除用整料外，改刀的形状宜小不宜大，但经常采用的还是处理成泥蓉状，或加工成流体状的原料，或者是采用酿填手法成形的原料。

在火候上油氽的要用温油，水氽的要用旺火速成，蒸煮的要采用中小火，以断生为好，欠火则不熟，过火则失去软嫩的特点。从成菜的颜色和口味上来讲，都不是单一的，既可以是红色的，也可以是白色的；既有咸鲜味的，也有咸鲜微酸的，还有咸、甜、酸、辣兼备的，例如西湖醋鱼。

软熘勾芡是为了保证成菜达到晶莹光洁、透明滑润的效果，芡汁的色泽、口味、浓度、数量要适中、准确、适当，如果芡汁过浓，则无法将原料沾裹均匀；过稀，则缺乏黏附力，无法在原料的表面达到一定的厚度。软熘的芡汁要求一部分挂在菜肴上，一部分呈玻璃状流入盘子，食用完菜肴后，盘内只剩下少部分芡汁为标准。

2.工艺流程

原料→改刀→腌制入味→汽蒸或焯水熟处理→另取锅调味汁→浇淋或入原料裹包汤汁→成品。

3.软熘操作的关键

(1)原料熘制前须经熟处理，不同的菜肴，熟处理的方法不一，有的汽蒸，有的汆水，要视具体菜肴而定；

（2）应选新鲜易熟、无异味的原料，既可以是整只，也可以加工成其他形状；

（3）掌握好原料的加热时间，火候要按具体菜肴和成熟方法灵活掌握；

（4）熘制的卤汁应宽些，不可过浓或过稀。

4.软熘的特点

鲜嫩滑软、汁多味美。

5.实例

五柳鱼

（1）原料

主料：新鲜鲤鱼1条（约750克）。

调料：精盐5克、味精2克、黄酒10克、醋5克、酱油10克、葱、姜各10克、白糖5克。

辅助料：色拉油50克、鲜汤100克、湿淀粉10克、冬笋50克、水发香菇20克、熟火腿20克、鲜青椒20克、鲜红椒20克。

（2）初加工

①鲤鱼刮鳞、去鳃、去内脏清洗干净；

②葱、姜分别去皮洗净；

③冬笋、水发香菇、鲜红青椒分别洗干净。

（3）切配

①将鲤鱼两面分别剞斜一字刀，刀距1cm；

②葱、姜分别切细丝；冬笋、水发香菇、熟火腿、鲜青椒、鲜红椒均切丝。

（4）烹调

①锅上火加水烧沸，将鱼入内焯水捞出；

②将鱼放入盘中，加精盐2克、味精1克、黄酒5克、酱油5克腌制5分钟；

③将腌好的鱼入蒸锅，用旺火蒸3分钟至熟取出；

④锅上火加油15克烧热，入葱姜丝各3克炸香，后入黄酒5克、酱油5克、白糖10克、鲜汤100克、冬笋丝、水发香菇丝、红椒丝、青椒丝、熟火腿用大火烧开，加入精盐3克、醋5克、味精1克调味，用湿淀粉10克勾芡，淋油兑成卤汁，浇在鱼身上，然后将剩余葱姜丝撒在鱼身上即可。

（5）操作关键

①鲤鱼应选新鲜的为宜；

②鲤鱼剞刀后应腌制；

③注意蒸制的时间；

④卤汁调味应准确；

⑤注意菜品的鲜嫩度。

(6)菜品特点

口味咸鲜、质地滑嫩、形态美观、营养丰富。

(三)脆熘

1.脆熘的概念

脆熘又称炸熘、焦熘,是先将主料经过刀功处理或整形原料剞刀处理,调料腌制入味,通过拍粉、挂糊过油炸制成酥脆程度,再用兑好的芡汁,投入炸好的主料翻拌均匀或芡汁浇淋在原料上熘制成菜的方法。炸制时,需用大油锅,油量要多,旺火热油,炸到深黄色发硬时取出。然后另起小油锅,油量根据需要卤汁多少而定,油热时先放入葱姜,再放酒、糖、盐,另加湿淀粉勾芡,最后加上麻油、蒜泥及醋做成卤汁,将卤汁浇淋在原料上。

这种卤汁,基本上是油质的,起油锅与做卤汁的两个过程,必须结合进行,即原料还在油锅内炸时,就要在同时做卤汁,待原料出锅时,卤汁也做好,这时乘原料沸热浇上卤汁,更能入味,这种做法的口味是外酥脆、里香嫩。

2.工艺流程

原料→改刀→腌制入味→拍粉或挂糊→炸制→另取锅调味汁→浇淋或入原料裹包汤汁→成品。

3.脆熘操作的关键

(1)选用新鲜原料。鲤鱼、草鱼、鳜鱼、黄鱼等梭形鱼类最适宜于脆熘,对虾、猪肉、排骨等也可以烹制脆熘菜肴。刀功成型以中型块、片、条为主,刀功美化则可以剞成松鼠、棒子、龙鳞、百叶、菊花、麦穗等花刀。

(2)腌料时要少加咸味,略有底味即可。脆熘菜品的滋味重在调汁成味,腌料宜轻不宜重,加少量精盐、料酒和油脂等拌匀即可。

(3)需要挂糊者,一般都采用水粉糊,粉糊调制要均匀;因为水粉糊能使原料干酥香脆,脆熘的美感主要体现在裹汁入味后仍保持酥脆,这就要求粉糊炸脆后不易吸水变软,在众多粉糊中,用淀粉为主调制的水淀粉最适用于脆熘。

(4)需要拍粉者应拍匀、抖净、及时下锅炸制。拍粉的妙处在于既能保护原料,又能充分展现花刀形状,但是如果操作不当,就可能使干粉吸潮变黏,破坏菜品外观美感。

(5)下锅炸制时要注意菜品造型。刀功美化和拍粉是菜品造型的前提条件,能否实现造型,关键在于下锅炸制。油量要充足,油温要适当,手法要灵活,三者缺一不可。

(6)卤汁味浓、明亮,浓度适当。脆熘卤汁口味浓郁,酸甜味较重,使用糖、醋、果汁、油脂等调味品较多，勾芡后还需要浇入热油烘汁，使卤汁沸腾，称为"活汁"。卤汁要浇匀或裹匀，卤汁定味、增色，其数量多少和能否浇裹均匀对菜品成败影响很大。如北方的浇汁鱼，鱼炸好出锅时，糖醋汁也要同时做好，装到碗内，与炸好的鱼同时端到桌面，汁往鱼身上一浇，嗞嗞作响，香味四溢。

（7）控制好油温。焦熘的炸是比较重要的一个环节。炸时都要采用旺火宽热油，待原料下锅后，油温应保持在七成热左右，而且要复炸二至三次。这样的炸制品才能外酥里嫩。时间的长短应视原料的形状而定，如整条的鱼、鸡炸的时间就要长，不能总在高温中加热，以防外焦里不熟。要适当地调解火力进行缓炸，这样原料才能熟透。改成条、段的原料，炸的时间要相应短些。

4.脆熘的特点

色泽金黄、外酥内嫩、味浓汁宽。

5.实例

菊花里脊

（1）原料

主料：猪里脊肉 600 克。

调料：番茄酱 100 克、白糖 50 克、白醋 10 克、黄酒 10 克、葱、姜、蒜各 3 克、精盐 1 克。

辅助料：色拉油 1500 克（约耗 150 克）、干淀粉 150 克、湿淀粉 15 克、鲜汤 150 克。

（2）初加工

猪里脊肉洗净；葱姜蒜分别去皮洗净。

（3）切配

①分别将葱、姜切丝，蒜拍松切末；

②将里脊肉先斜剞后直剞呈菊花形状，用黄酒 10 克、精盐 2 克、葱、姜丝各 5 克腌制 5 分钟；

③将腌好的菊花里脊生坯拍上干淀粉。

（4）烹调

①上火加色拉油加热至六成熟时，将拍粉的菊花里脊生坯放入锅内炸至定型、酥脆时捞出；

②油温继续加热，待油温约七成熟时入菊花里脊复炸至金黄色捞出装盘；

③另起锅上火加入 15 克油烧热，入蒜末 5 克炸香，加入番茄酱 100 克、白糖 50 克、白醋 10 克熬制，用湿淀粉勾芡成番茄汁。

（5）操作关键

①里脊应选厚薄一致为宜；

②里脊剞刀时刀距要均匀,深度要一致;

③菊花里脊拍粉应均匀;

④蒜末炸香即可,不可炸老,芡汁不可过浓或过稀。

(6)菜品特点

形似菊花、色泽红亮、外酥内嫩、酸甜可口。

(四)糟熘

1.糟熘的概念

糟溜就是把原料用滑油或蒸、煮方法加热成熟,再用香糟卤调制卤汁入味成菜的一种熘法。此法与滑熘和软熘基本相同,区别在于突出香糟的浓香。菜品的质量标准是卤汁淡黄色,糟香浓郁,质地软嫩。原料经加工后上浆处理,植物类原料不上浆、不挂糊,温油滑至断生捞出。锅中加香糟卤调料和适量汤汁,中火烧沸下料,加热入味、勾芡稠汁成菜。

糟熘的关键在于香糟的选用和香糟卤汁的提取,以及正确使用。在调味过程中,菜肴应保持淡黄色泽,所以不使用深色调味。一般以姜汁、白糖、盐和少许味精,加入香糟卤,正确调味、适当把握投放汤汁。

原料经熟处理至断生为度,大片状原料要过油保持完整排列整齐。

2.工艺流程

原料→改刀→腌制入味→滑油、汽蒸或焯水等熟处理→另取锅调味汁→浇淋或入原料裹包汤汁→成品。

3.糟熘操作的关键

(1)选用新鲜细嫩的原料。净鱼肉、鸡肉、芦笋、茭白、冬笋等动植物原料都可用于糟溜。原料可加工成较厚大的片或条状,动物性原料需上浆。

(2)正确掌握成熟办法。原料无论是汽蒸还是滑油,要保持形状完整。糟熘菜品原料成型较大,如鱼片、鱼卷、鱼饺等,油温太低容易破碎,因此,可以用较高的油温滑油,时间略长一点,只求软嫩不求洁白。

(3)调味应准确,应突出香糟味,糟卤必须浓香清亮,香糟卤中咸味很淡,比较容易变质产生酸味,并且浑浊,因此糟卤是否浓香清亮是烹调成败的关键。

(4)卤汁要适量,滋味要浓厚。糟卤的卤汁以香糟卤为主,添加少量鲜汤、料酒、姜汁、白糖、盐等调料,其总量以勾芡后裹满原料表面,且有少量余汁分布盘底为度,少则味不浓,多则不美观。

4.糟熘的特点

糟香醇厚、滑嫩鲜美。

5.实例

糟香鱼片

(1)原料

主料:新鲜净黑鱼肉 250 克。

调料:黄酒 10 克、精盐 3 克、味精 2 克、香糟卤 50 克、葱 5 克、姜 5 克。

辅料:色拉油 750 克(约耗 75 克)、蛋清 1 只、湿淀粉 10 克、清汤 100 克。

(2)初加工

将鱼肉洗干净;葱、姜分别去皮洗干净。

(3)切配

①葱姜切末;

②将鱼肉片成 5cm×3cm×0.8cm 的片,用黄酒 5 克、精盐 1 克、味精 1 克、蛋清 1 只、湿淀粉 5 克上浆。

(4)烹调

①锅上火,放入色拉油,加热约四成时,放入上浆鱼片,用筷子轻轻滑散至断生捞出沥油;

②锅中留油 15 克,烧热入葱姜末炸香,入香糟卤 50 克及黄酒 5 克、精盐 2 克、味精 1 克、清汤 100 克烧开,用湿淀粉 5 克勾芡,淋油,放入鱼片翻拌均匀即可。

(5)操作关键

①鱼片厚薄均匀;

②上浆应均匀;

③此菜油温不应过高;

④鱼片应鲜嫩;

⑤应突出糟香味为宜。

(6)菜品特点

鱼片鲜嫩、糟香味浓。

练 习 实 践

1.什么是滑熘?滑熘有什么特点和具体要求?

2.请写出滑熘里脊的全过程。

3.请设计一道滑熘菜肴,并写出步骤。

4.什么是软熘?软熘有什么特点和具体要求?

5. 请写出五柳鱼的全过程。
6. 请设计一道软熘菜肴，并写出步骤。
7. 什么是脆熘？脆熘有什么特点和具体要求？
8. 请写出菊花里脊的全过程。
9. 请设计一道脆熘菜肴，并写出步骤。
10. 什么是糟熘？糟熘有什么特点和具体要求？
11. 请写出糟熘鱼片的全过程。
12. 请设计一道糟熘菜肴，并写出步骤

五、煎

煎是指以少量油加入锅内，放入加工处理成泥、粒状的饼状或挂糊的片形等半成品原料，用小火煎熟并两面至酥脆呈金黄色成菜的烹调方法。原料一般为一种主料，多选用质地细腻、鲜嫩的肉类、水产等，并加工成厚片或块状，也可加工成泥。

煎时先把锅烧热，再以凉油涮锅，留少量底油，放入原料，先煎一面上色，再煎另一面。煎时要不停地晃动锅，以使原料受热均匀，色泽一致。煎的种类很多，有干煎、煎烹、煎蒸、煎焖、煎烩、煎烧、糟煎、汤煎等。

煎法起源于北魏时期《齐民要术》，煎是以小火将锅烧热后，下入布满锅底适宜的油，烧热，将经加工处理好的原料下入，慢慢加热，成熟的烹调技法。制作时先煎好一面，再煎另一面，也可以两面反复交替煎，油量以不浸没原料为宜，煎时要不断晃锅或用手铲翻动，使其受热均匀两面一致，多呈金黄色或表皮酥脆。

将经糊浆处理的扁平状原料平铺入锅，加少量油用中小火加热，使原料表面呈金黄色而成菜的技法。

工艺流程

选料→刀功处理→调配味料→用中火烧热加热介质（锅）→放入底油→将原料下入加热介质中→用中火或小火煎至两面金黄至成熟→加味料或汤水→勾芡→装盘。

煎制菜肴腌制入味这一环节很重要，不能过咸或过淡；煎制菜肴的上粉或挂浆不能过厚；煎制的时间不能过短、不热。成品色泽金黄、香脆酥松、软香嫩滑、原汁原味、油而不腻、诱人食欲。煎菜味型有咸鲜、麻辣、咖喱、鱼香、香辣、酸辣、薄荷、鲍汁、黑椒、柠檬、沙嗲、沙茶、酱香、糖醋等。

煎制菜肴的平底锅，煎制前必须先炙锅，否则原料入锅后糊会粘锅底，容易将其煎煳；煎制时应用中小火，如火大，原料会煎的外焦内不熟；如火小，原料表面不易煎成金黄色，还可能因加热时间过长而使原料失水过多，以致成菜失去软嫩的特点。

煎制的用油量必须适量。油太少，锅不滑，原料难以在锅中滑动，影响原料在锅内的火候调节，致使原料局部煎黑；油太多，则不是煎制而成为炸制菜，无煎菜的特色。准确的加油量以锅底始终有一层薄油为宜，边煎边加油来控制。

煎制时间要控制好，如是易熟的原料，煎制时间可短一些，较难熟的原料，时间可相应长一点。

煎制的菜有的需要最后淋入清汁，可用清水、淡汤，也可根据成菜的味道淋一些果汁。淋清汁的目的是，清汁与油融合，可降低油温，并产生蒸汽，从而使原料外表油润金黄且容易成熟。但须注意：淋入的清汁不要太多，否则会使表面的蛋糊变得稀软，甚至脱落。

煎往往有其他烹调方法一起结合制作菜肴。具体有

酥煎：将原料腌制入味后，挂酥皮糊后再入存底油锅中煎制成熟的烹调方法。适宜于鲜嫩的肉类原料。

湿煎：通过把原料进行初步刀功处理成型，加入调料底味用生粉上浆或拍上干生粉，用中火定型再用小火煎熟，以适合的调汁收汁入味的烹调方法。适宜于软小无骨动物性、植物性原料。

煎炒：将原料初加工后，腌制入味上浆或拍粉。用小火或中火进行煎制后再炒至调味成熟的烹调方法。适宜于肉类、海鲜原料制成饼丸。

香煎：将原料改刀成型后腌制入味煎熟成菜，香煎起锅前淋入洋酒。例：干红白兰地等成菜香气四溢。适宜于高档海鲜，如石斑鱼、鲥鱼等。

煎封：将加工腌味的原料，用半煎半炸的方法加热成熟，再用料和调味汁加盖封熟成菜的烹调方法。粤菜中常见，适宜于鱼类、肉类。

煎炸：将原料先进行煎制后、再用大油量进行炸制的一种特殊的烹调方法。适宜于蓉泥类。

煎焖：将主料改刀成型，腌制入味，放入底油中煎制成熟再加入调料，清水，或汤汁，盖锅盖，用微火焖熟至酥的一种烹调方法。汤水与主料相平。适宜于动物性。

半煎：将原料选取好后，进行初步加工去腥去异味通过刀功处理，腌制底味，上粉浆，或者不用上粉浆，运用小火在锅中进行煎制成菜的烹调技法。适宜于豆制品、菌类蔬菜、软嫩易熟动物性原料。

生煎：将原料经过刀功处理后，入底味（直接把味下足，不用二次味）（再上粉或上浆后直接煎制成菜的一种烹调方法。动植物性均可，必须生料）。

煎酿：将原料用嵌入或夹入的方法。把制好的胶泥、糊等辅助原料酿入馅料，

经慢文煎熟,再用汤汁煨透,或浇淋成菜的方法。

煎蒸:把初步加工处理后的原料先煎,定型后再加调料,上笼屉蒸熟的烹调技法。适宜于软小无骨肉类海鲜、植物性原料。

煎扒:将原料初加工去腥,去异味后,在原料的表面剞上花刀,使其便于入味成熟(形状薄,小的原料不用剞上花刀)腌制好底味,上入薄粉浆用小火煎至两面金黄色取出,再用扒汁进行扒至收汁即成的烹调方法。适宜于鱼类,牛排,猪排等肉排原料。

煎炖:把原料经过初加工,清洗干净后,再用刀斩成核桃大小的块,用小火煎至成型后,用中火加汤炖制的烹调方法。适宜于禽类为主。

煎熘:两法之合用,烹制时将主料挂糊或拍松入锅煎熟后用芡汁熘制,加调料而成菜的烹调技法。

煎烧:将主料经煎制后,再加调料,清汤或汤汁烧煮成菜的烹调技法。也叫南煎。适宜于带骨不易熟的原料。

煎焗:将原料初步选料,加工处理后,加入料酒、姜汁初步去腥味,加入味料入底味,上浆后(也有不上浆)上火煎制两面金黄色时取出,再用焗法,烹制成熟的烹调方法。适宜于动植物原料,以动物性原料为主。

(一)干煎

1.干煎的概念

干煎就是把扁平状的原料腌渍入味后,拍粉托蛋液放入少量油锅中用小火加热至表面金黄酥脆的一种煎法。或者将原料切成段或扁平的片后,油炸至八成熟或断生定型,再在煎锅中加入调好的水淀粉芡汁,煎至芡汁收干、原料入味。

2.工艺流程

选料→刀功处理→腌制→拍粉托蛋液→放入底油→将原料下入中→用中火或小火煎至两面金黄至成熟→装盘。

3.干煎操作的关键

(1)煎制菜肴原料多选用质地细嫩,无异味的原料;

(2)原料加工呈片状,厚度 0.5~1cm,便于煎制成熟;

(3)原料腌制要恰当,入味即可;

(4)拍粉要少而匀,蛋液要托均匀;

(5)煎时火力不宜过大,以免发生外焦糊,内不熟;

(6)煎制时,要勤晃锅、翻动,使两面煎制均匀;

(7)大块或大片的煎制,出锅后要改刀装盘。

4.干煎的特点

外香酥，内软嫩，无汁无芡，色泽金黄。

5.实例

干煎牛排

(1)原料

主料：牛外脊肉 600 克。

配料：洋葱 200 克。

调料：精盐 3 克、味精 2 克、白胡椒粉 2 克、葱、姜各 5 克、辣椒粉 10 克、花椒盐 10 克、甜面酱 10 克、红油 10 克、黄酒 5 克。

辅助料：色拉油 250 克（实耗 100 克）、湿淀粉 20 克。

(2)初加工

牛肉用温水洗净，剔除筋膜；洋葱、葱、姜分别去皮洗净。

(3)切配

①洋葱切片、葱切段、姜切片；

②牛肉切 6cm×3cm×0.7cm 的大片，用精盐 2 克、黄酒 5 克、白胡椒粉 2 克、葱段、姜片腌渍 2 小时；

③将辣椒粉 10 克、花椒盐 10 克、甜面酱 10 克、红油 10 克，分别装 5 个不同的味碟中备用。

(4)烹调

①炒锅上火，烧热滑油后，留余油 15 克，下洋葱、精盐 1 克煸炒至熟，倒于盘中铺平；

②平锅上火，加热滑锅后，留余油 85 克，烧至五成热时，将牛肉拣弃葱姜，用湿淀粉 20 克上浆，逐片平摊于锅内，以小火加热，煎至断生且两面呈浅金黄色时，用锅铲铲出，改成条状，置于盘内洋葱之上，随五味碟上桌。

(5)操作关键

①原料应选用无筋质嫩部位；

②煎时火力不宜过大；

③煎制时，要将半锅润滑好，用火要均匀。

(6)菜品特点

风味别致，外干香，内鲜嫩。

(二)软煎

1.软煎的概念

软煎属"半煎炸法"，就是将经过刀功处理、腌制入味的较大的鲜嫩、松软的生肉料拌上"蛋粉浆"或拍上薄干粉,或将原料经蒸制或煮制成熟后塌成细泥状,再将原料调味后加工成一定形状利用中慢火先煎后炸的手法,使肉料表面呈金黄色致熟,然后切件淋上酱汁的烹调方法。

由于软煎原料表面有鸡蛋液,在加热煎制时可保持原料内部的较多水分,使成菜具有色泽金黄、柔软香嫩、咸鲜味美、油润浓郁的特点。代表菜肴有软煎鸡脯、软煎嫩鸭、软煎香菇、软煎蹄筋等。制作软煎菜看似容易,其实也有一定的难度,需正确掌握操作要领,才能煎制出符合质量要求的菜品来。

适宜软煎法成菜的主料,可用质地鲜嫩的肌肉原料,如鸡脯肉、猪里脊肉、虾仁、鸽脯肉、鱼肉等,且要求原料新鲜、柔嫩、血污少、无异味。也可选用一些蔬菜、菌类原料,如西红柿、茄子、土豆等茎块类的时蔬和香菇、平菇等扁平状的菌类原料。对时蔬原料均要求新鲜、皮薄,菌类要求个大、肉厚、味正。另外,还可选用一些动物性熟料作为软煎主料,如排骨、鸡中翅等,对这些原料要求制熟程度适中,不能过烂失形。部分水发类制品也可用于软煎,如水发鱼肚、水发蹄筋、水发海参等,但要求这些原料涨发适度,松软且富有弹性。

原料的刀功处理,通常都是将其改刀成扁形或厚片形,所改原料形状必须大小相同,厚薄一致,以使原料受热一致,同时成熟,成菜后形态美观,口感良好。制作软煎菜,有些原料在刀功时还需作特殊处理,如大虾肉,应先用刀尖在虾身上面划几刀,再改刀,以使虾肉片在受热时不卷曲变形。又如猪里脊片,切好后应用刀面将其拍几下,以使其肌纤维分离和肌肉组织变得疏松,更容易成熟和入味。形态较小的原料,则不需要刀功处理,直接使用。

软煎类菜肴一般不用蘸料,直接上席食用(有特殊要求的除外),所以,原料在煎制前的调味处理显得尤其重要。软煎类菜肴的调味方法有两种,一是将原料焯水后,放入已调好味的鲜汤中煮入味,一般都是用精盐、味精、料酒、葱、姜、胡椒粉等调成咸鲜味型,捞出沥干水分即可,适宜此种方法的原料有水油发原料和菌类原料。二是将改刀后的原料,加入各种调味料,拌匀腌渍 5～10 分钟入味。这种方法适宜肌肉类、熟料类和时蔬类原料,可在咸鲜味的基础上加入辣椒面、孜然粉、沙茶酱、海鲜酱等调味料,调成麻辣味、孜然味、海鲜味等味型。

应用于软煎法的蛋糊不应调得太稠,否则蛋糊会挂得太厚,最终影响成菜口感。调制蛋糊的用料量,通常是 1 个鸡蛋调入 35 克面粉。调制时,若将面粉直接放进蛋液里搅和,极易出现蛋液包裹面粉的小团很不容易搅开,故面粉应先用少许清水浸湿,再放入蛋液中和匀。

原料挂糊前,应将腌制入味的原料,拍匀一层面粉,并抖掉余粉,然后再挂匀蛋糊为好。为什么要先拍干面粉而不直接挂糊呢?一是因原料调味后,表面或多或少含有一些水分,若直接挂糊,则不容易挂匀,如拍上一层干面粉后,面粉会吸收一部分水分,并使原料表面变得相对粗糙一些,容易挂匀蛋糊;二是在加热煎制时,面粉会产生一定黏性,从而会将原料与蛋糊牢牢地黏结在一起,可避免蛋糊在煎制时脱落。但所拍干面粉不要太厚,以免影响成菜的软嫩质感,通常是在拍上干面粉后,能隐约看见原料表面为好。

2.工艺流程

选料→刀功处理→腌制→挂蛋液→放入底油→将原料下入中→用中火或小火煎至两面金黄至成熟→装盘。

3.软煎操作的关键

(1)煎制菜肴原料多选用质地细嫩,无异味的原料;

(2)煎制时注意铁锅受热均匀,以保证成品色泽均匀;

(3)注意火力不要太旺,以免影响色泽;

(4)锅要洗净,油要适量。

4.软煎的特点

色泽黄红,外香酥,内软糯。

5.实例

软煎山药饼

(1)原料

主料:山药500克。

配料:核桃仁20克、瓜子仁20克、松子仁20克、杏仁20克、花生仁20克、豆沙50克。

调料:绵白糖200克、桂花酱5克。

辅助料:色拉油100克、湿淀粉5克、青红丝20克、干淀粉35克、面粉75克。

(2)初加工

山药去皮洗净,入水浸泡;将核桃仁、瓜子仁、松子仁、杏仁、花生仁五种配料分别炒熟。

(3)切配

①山药切5cm长段,上笼蒸制酥烂取出,塌成细泥,放入盆中,加绵白糖100克、干淀粉35克、面粉75克和成团;

②把五种配料均碾成米状,加豆沙拌成馅料;

③将山药泥分成12份,分别包入五仁馅料,团成圆球,并压成圆饼状。

(4)烹调

①平锅上火烧热滑锅放入色拉油100克,分别整齐排入12只山药饼,以小火煎至两面呈淡金黄,出锅码入盘中;

②锅中加少许清水,加入绵白糖100克、桂花酱5克烧沸,用湿淀粉5克勾玻

璃芡，起锅浇在山药饼上，撒上青红丝即成。

（5）操作关键

①山药泥一定要塌得细腻；

②五仁要用黏性馅料相拌，否则易散；

③煎制时，要将平锅润滑好，用火要均匀。

（6）菜品特点

色泽淡黄，外酥香、内软糯。

（三）南煎

1. 南煎的概念

南煎，也叫煎烧，是南方做菜的方法之一，也有人说是鲁菜的烹调技法。是将原料制成细蓉做成厚饼状，然后煎制两面金黄，再烧制调味勾芡出锅成菜的一种方法。南煎类的菜肴可分为荤菜、素菜或清真菜三种，成菜味道都比较鲜美可口。

2. 工艺流程

选料→刀功成蓉→调味→做成厚饼状→放入底油→将原料下入中→用中火或小火煎至两面金黄至成熟→烧制→装盘。

3. 南煎操作的关键

（1）煎制时，要将炒锅润滑好，用火要均匀；

（2）煎时火力不宜过大，制馅要细腻；

（3）锅要洗干净，油要适量。

4. 南煎的特点

色泽金红，香醇鲜嫩。

5. 实例

南煎丸子

（1）原料

主料：猪肉300克。

配料：荸荠20克、菜心50克、木耳10克。

调料：黄酒10克、精盐2克、酱油10克、绵白糖20克、味精3克、葱、姜各8克。

辅助料：色拉油500克（实耗70克）、鸡蛋30克、鲜汤250克、湿淀粉10克。

（2）初加工

猪肉洗净；葱姜去皮洗净；菜心洗净；木耳去根洗净；荸荠去皮洗净。

（3）切配

①将猪肉剁成细蓉状；

②荸荠切成小粒,掺入肉馅中,加酱油3克、绵白糖2克、鸡蛋30克、精盐1克、鲜汤30克搅拌上劲;葱、姜切末。

(4)烹调

①锅均匀受热,加色拉油50克,将搅拌好的肉馅挤成直径为2cm的丸子入油锅,用慢火煎制。在煎的过程中,用手勺将丸子压成扁圆形,一面煎呈金黄色,再煎另一面,等待色黄时倒入漏勺。

②锅中留底油20克,下葱姜末、菜心、木耳同炒,烹入黄酒10克、加酱油7克、精盐1克、绵白糖18克、味精3克、鲜汤220克,下入煎好的肉饼,用小火烧透入味后,用湿淀粉勾芡,淋明油,大翻勺装盘即可。

(5)操作关键

①制丸子的肉馅应剁细;

②煎制丸子时,要将炒锅润滑好,用火要均匀;

③丸子扁圆,形整不散,大小均匀。

(6)菜品特点

色泽金红,鲜嫩香醇。

练 习 实 践

1.什么是干煎?干煎有哪些方法?

2.干煎有什么特点和具体要求?

3.请写出干煎牛排全过程。

4.请设计干煎菜肴,并写出步骤。

5.什么是软煎?软煎有哪些方法?

6.软煎有什么特点和具体要求?

7.请写出软煎山药全过程。

8.什么是南煎?南煎有哪些方法?

9.南煎有什么特点和具体要求?

10.请写出南煎丸子全过程。

六、贴

1.贴的概念

贴是指用两种以上原料黏合在一起,成饼状或厚片状,放在有少量油的锅中煎,使贴锅的一面酥脆,另一面软嫩的烹调方法。

贴是煎法的具体延伸,既有不同原料相贴叠合成型的意思,也有紧贴锅底成熟的意思。通常是两种以上原料,一种用作贴底,另一种黏在贴底料上面,贴底料一般用猪肥膘,含油脂较多,不易煎糊,还会产生香酥的质感。

所用的主配料一般都加工成片状,便于叠合时保持整齐,一般片形大小为长5cm、宽2.5cm、厚度为0.4cm,也可以将一种原料加工成夹刀片,中间夹酿原料。

加热过程中,只煎一面,因此餐饮业中有"一面为贴,两面为煎"的说法,贴制时油量要多一些,到达原料厚度的一半,但不能淹没原料。

贴菜的调味因菜而异,有些原料要先腌制,加热中不添加调味;有的原料事先未经腌制,加热中可以适当烹入一些调味汁。

2.工艺流程

选料→刀功成片→调味→叠合→放入底油→将原料下入中→用中火或小火煎至一面金黄至成熟→装盘。

3.贴操作的关键

(1)要选用鲜嫩易于成熟的原料,多选用细嫩的动物性原料较多;

(2)所用主辅料均加工成片状,厚薄一致,也可加工成蓉状,涂抹在片状的原料上(多用肥膘);

(3)肥膘煮制断生即可,不可煮制过老,片片要厚薄均匀;

(4)贴制过程中动作要轻,下锅时,轻轻摆入,不要将原料碰碎;

(5)煎制时,油量要多一点,达到原料厚度一半,但不能淹没原料;

(6)正确掌握好贴制时的火候和油温,多用中小火,煎制的一面要酥脆、金黄色;

(7)在加热快成熟时可以烹入适量鲜汤或水,盖紧锅盖稍焖一下,液汁的汽化将原料焖熟使滋味浸入原料内部。

(8)贴制菜肴一面金黄,一面本色。一面酥脆,一面软嫩。一面油润,一面清鲜。

4.贴的特点

形状美观,一面香酥,一面软嫩,鲜香味美,风味独特。

5.实例

锅贴鱼片

(1)原料

主料:新鲜草鱼1条(1200克)。

配料:熟肥膘250克。

调料:精盐6克、味精2克、胡椒粉2克、黄酒15克、香油10克。

辅助料:色拉油100克(实耗100克)、干淀粉50克、蛋清1只。

(2)初加工

草鱼刮鳞、去鳃、剖腹去内脏洗净。

(3)切配

①草鱼去头、尾、骨、腹刺、取净肉,片成 5cm×3.5cm×0.3cm 的片,加入黄酒 10 克、精盐 3 克、味精 1 克、胡椒粉 1 克拌匀入味;

②熟肥膘片成和鱼片相同大小的片,用刀尖戳多下;

③干淀粉 30 克加蛋清 1 只,调成蛋清糊。

(4)烹调

①熟肥膘撒上少许干淀粉,将鱼片上抹上少许淀粉放在熟肥膘片上,成锅贴鱼片生坯。

②将洗净的煎锅放置在火上,用中火加热,将色拉油烧至五成热,将锅贴鱼片生坯蘸蛋清糊后逐一放入锅中,并不时将锅转动,使鱼片受热均匀,煎至底面酥黄,鱼肉成熟时,滗去余油,淋入香油,整齐地摆放在盘中即可。

(5)操作关键

①要选用新鲜的草鱼制作锅贴鱼片;

②注意在贴制过程中不要将锅贴鱼片的鱼肉碰碎;

③贴制时间以鱼肉成熟为准。

(6)菜品特点

形状美观,外酥里嫩,鲜香味美,风味独特。

练 习 实 践

1.什么是贴?贴有哪些方法?

2.贴有什么特点和具体要求?

3.请写出锅贴鱼片全过程。

4.此菜制作你出现错误的地方在哪儿,如何纠正?通过此菜你还会做哪些菜?

5.请设计一道相关菜肴,并写出步骤。

七、烹

烹是将加工条、块、段的的小型原料稍加腌渍直接拍粉或挂浆糊,放入油锅中炸制(或用少油量煎制)后,再入锅烹入调味汁,用高温加热,快速翻拌,使原料迅速吸收味汁成菜的烹调方法。"逢烹必炸",烹是炸的继续和延伸,炸是一次加热成菜,烹是先炸后烹两次加热成菜。

烹所用的主料必须是新鲜细嫩的原料,常用鱼、虾、仔鸡及畜类的细嫩部位,加工成段、块、条等小型料。一般是把挂糊的或不挂糊的片、丝、块、段用旺火油先炸一遍,锅中留少许底油置于旺火上,将炸好的主料放入,然后加入单一的调味品(不用淀粉),或加入多种调味品兑成的芡汁(用淀粉),快速翻炒即成。以蔬菜为主料的烹,可把主料直接用来烹炒,也可把主料用开水烫后再烹炒。

烹所用的味汁多是"清汁"。清汁是在调制的味汁中用调味品和少许汤汁,不加淀粉之类粉料,加淀粉叫"混汁"或"芡汁"。烹"清汁"方法不是一次倒入,而先烹入一半,另一半汁放在勺里,边翻勺边淋汁,使全部原料都有能从各个角度迅速吸收,叫"抱汁"。

使用"烹"制作的菜肴汁清不加芡粉呈隐红色,配料一般用葱姜丝、蒜片、香菜段,口味特点是吃口咸鲜,吃口微带酸甜。

烹,可分为三种具体方法,一是"炸烹",二是"煎烹",三是炒烹。

一、炸烹

1.炸烹的概念

炸烹是将加工成片、段、条、块等形状的原料,挂糊或不挂糊,用旺火热油中炸熟取出,用葱姜炝锅,烹上清汁入味成菜的一种方法。

炸烹味型主要可分为酸甜味型、咸鲜味型,烹入的汁量要适度,以裹满原料为宜。

2.工艺流程

选料→刀功处理→挂糊或不挂糊→炸制→烹汁→成品→装盘。

3.炸烹操作的关键

(1)多选用质地细腻的原料,刀功处理要大小一致;

(2)炸制时油量要多,要全部淹没主料,最好使用清油;

(3)炸制时要注意火候,旺火热油,快速炸制,原料要炸透,油温应掌握在八成熟以上,油温低了,不但炸不酥透,也会影响锅内烹汁的吸收,不能保证风味质量;

(4)要采用两次复炸法,第一次下锅炸3~4分钟,视原料浮出油面,用漏勺捞出,当油温再升高至七、八成热时,再次下锅,炸至外皮呈金黄色,原料既酥脆,又炸出了部分水分,有利于吸收调味汁;

(5)烹汁时火力要旺,做到旺火速成,卤汁多少要与主料相适宜。

4.炸烹的特点

外香里嫩,略带汤汁,爽口不腻。

5.实例

炸烹基围虾

(1)原料

主料:基围虾 450 克。

调料:黄酒 15 克、酱油 10 克、精盐 1 克、绵白糖 15 克、醋 10 克、葱 5 克、姜 5 克、蒜 5 克。

辅助料:色拉油 1000 克(实耗 75 克)。

(2)初加工

①将基围虾剪去虾枪、虾须、虾脚、去虾筋洗净;

②将葱、姜、蒜分别去皮洗净。

(3)切配

①将基围虾从虾背片开取出虾线;

②用精盐 1 克、绵白糖 15 克、黄酒 10 克、醋 10 克、酱油 10 克调制成卤汁;

③葱、姜分别切丝,蒜切蓉。

(4)烹调

①炒锅放置火上,放入色拉油,烧至七成热时,放入基围虾,炸熟捞出,沥尽油;

②锅中留 20 克底油,放入葱、姜丝煸炒出香味后放入基围虾;

③烹入卤汁,放入蒜蓉,快速翻拌数次出锅装盘即可。

(5)操作关键

①一般选用质地脆嫩,粗纤维较少的动植物原料为主,加工时形状不宜过大;

②炸制基围虾断生即可;

③烹汁时火力要旺,卤汁多少要与主料相适宜。

(6)菜品特点

外香里嫩,带略汤汁,爽口不腻。

(二)煎烹

1.煎烹的概念

煎烹是原料经过煎熟后,再用调味汁急速入味的一种烹调方法。

一般是将主料先经刀功处理后,腌渍入味,挂糊,拍粉或托蛋液煎熟,再入旺火热锅中用调味清汁烹制成菜。

2.工艺流程

选料→刀功处理→挂糊或不挂糊→煎制→烹汁→成品→装盘。

3.煎烹操作的关键

(1)煎制主料用锅,以平底为好,锅底要光滑,因煎烹菜肴的原料多数质地软嫩,易散碎,所以应先用中小火将锅烧热,加油晃均匀,再将原料下锅,这样可保证原料形状完整。煎制要求两面呈金黄色。

(2)煎制时要用中小火力,注意油温变化,以免焦煳;要注意随时加油,煎主料的用油量不可淹没主料,油少可随时加入,并随时晃动煎锅,这样不仅可防止巴锅,而且可防止上色不匀。

(3)烹汁时火力要旺,做到旺火速成。

(4)卤汁多少要与主料相适宜。

4.煎烹的特点

色泽金黄、略带汤汁、爽口不腻。

5.实例

煎烹带鱼

(1)原料

主料:带鱼 600 克。

调料:黄酒 15 克、酱油 15 克、精盐 2 克、绵白糖 10 克、醋 5 克、葱、姜各 5 克。

辅助料:色拉油 100 克(实耗 50 克)。

(2)初加工

将带鱼剪去背鳍和头尾,剖腹去内脏洗净;葱、姜分别去皮洗净。

(3)切配

①葱姜分别切丝;

②将带鱼切成约 4cm 的长方块,用黄酒 5 克、精盐 1 克腌制 30 分钟入味;

③用精盐 1 克、黄酒 10 克、绵白糖 10 克、醋 5 克、酱油 15 克调制成卤汁。

(4)烹调

①炒锅放置火上,放入色拉油,烧至油温三成熟时,放入带鱼,两面煎黄,沥尽油捞出;

②锅中留 20 克底油,放入葱、姜丝,煸出香味后放入带鱼,烹入卤汁,快速翻拌数次出锅装盘即可。

(5)操作关键

①切配加工时主料形状不宜过大;

②主料以煎至断生即可;

③烹汁时火力要旺,卤汁多少要与主料相适宜。

(6)菜品特点

色泽金黄、外脆酥香鱼肉鲜嫩，口味鲜美。

(三)炒烹

1.概念

炒烹是将脆嫩的蔬菜改刀成较小的丝、细条状，放在有热底油的锅中用旺火煸炒至断生，然后烹入清汁成菜的一种烹法。

适宜炒烹的原料多为植物性的。如叶类蔬菜的洋白菜、紫甘蓝、韭菜、油菜等；根类蔬菜的红萝卜、白萝卜、莲藕等；果类蔬菜的茄子、青椒、冬瓜、黄瓜等；茎类蔬菜的土豆、洋葱、莴笋等；菌类的香菇、木耳、银耳、茶树菇等。上述原料不论是何种，都要求新鲜、质地细嫩。此外，鸡蛋、绿豆芽也是炒烹菜的常用原料。另外，各种调料如醋、生抽、食油等也要选上等品质的。

在正式炒制前应兑好汁，用鲜汤放在小碗内，依次加入适量精盐、味精、胡椒粉、香醋等调匀兑汁即可。兑汁时，所用鲜汤量要掌握好，过多或过少，均达不到炒烹菜的质量要求。一般是以食后盘底有少许清汁为度；各种调味的量也要控制好。因主料不经腌渍入味，故加盐量应做到心中有数，以透出咸味为好。若像炸烹法所用汤汁一样，成菜味道肯定过淡；炒烹菜的味型多调成咸鲜味，也可根据原料的特点，加大醋的量，做成咸酸味，或加大白糖和醋的量，调成酸甜味，制成风味各异的炒烹菜品。所用味汁为无色清汁，不加酱油和水淀粉，以体现炒烹菜清鲜爽口的特点。

下锅原料数量的多少与锅中油的温度有很大关系。如将很多原料一次下锅，必然会降低锅内油的温度。因此，一次下锅原料较多，那么油的温度也会略高。

原料下锅前必须沥尽水分。单一原料的可一次下锅；多种原料的应先将质老的下锅，后下质嫩的。原料下锅之后，需反复翻炒，使其在短时间内均匀受热。原料下锅后应先加少许醋，这样可保持蔬菜内部水分不外溢，以减少营养素的流失，保证成菜脆嫩的口感。如要突出辣味，可在炝锅时加入一些辣椒丝。

炒制时，必须用旺火炒制。这样锅内不会有汤，且有干燥现象，待加入清汁烹炒，具有油润明亮的效果。如果炒时火小，原料会渗出一些水分，再加上烹入的清汁，则可使成菜后会有汤汁，达不到炒烹菜的质量要求。

炒制的时间要控制好。如青椒要求色泽鲜艳，若烹制时间过长，色泽就会变黄，口感也变得绵软；反之，则原料不熟，无法食用。一般的经验为：若是蔬菜，下锅后会发出响声，待响声停止后，就说明已基本成熟，要求脆嫩的应马上烹入清汁起锅，要求软嫩的则稍迟一会儿烹入清汁起锅。

2.工艺流程

选料→切配→炒制→烹汁、调味→装盘。

3.操作要求

(1)原料多选用质脆的植物性原料。

(2)原料的刀功处理多是较小形状的丝、细条。要求粗细均匀,长短一致,互不粘连。如切得太粗,不能在很短时间内吸收味汁的鲜美味道;若切得一头粗一头细,则会影响成菜的形态美观。

(3)炒烹菜的原料一般不用腌渍,不用挂糊。

(4)炒制原料的过程中,锅内要始终保持高温,旺火热油、快速制作,以保证原料脆嫩滑爽的特色。

(5)有的原料在炒制前须经初步焯水,但宜沸水下锅,快速起锅,且要保证火力旺盛。

4.特点

质感爽脆、口味多端、风味独特。

5 实例

泡椒烹豆芽

(1)原料

主料:绿豆芽400克。

调料:泡野山椒25克、泡野山椒汁25克、泡红椒2个、葱花、蒜片各3克、精盐2克、味精2克、花椒油25克。

(2)初加工

绿豆芽洗净,控净水分;泡野山椒去蒂切节;泡红椒去蒂,切圈;用鲜汤、精盐和味精放在碗中兑成清汁。

(3)烹调

锅置火上,倒入花椒油烧热,下葱花和蒜片炸香,投入泡红辣椒圈和泡野山椒略炒,倒入绿豆芽炒制断生,烹入清汁,快速翻炒均匀入味,出锅装盘即可。

(4)操作关键

①兑汁要注意口味的调制;

②炒制时,火力要旺,大火快速炒制,绿豆芽断生即可。

(5)成品特点

色泽鲜亮、清脆爽口、味道酸辣。

练习实践

1. 烹的概念是什么？烹有什么特点和具体要求？
2. 请写出炸烹基围虾全过程。
3. 什么是煎烹？煎烹有哪些方法？
4. 煎烹有什么特点和具体要求？
5. 请写出煎烹带鱼全过程。
6. 请设计一道相关菜肴，并写出步骤。

八、拔丝

拔丝是中国甜菜制作的基本之一，指将糖熬成能拔出丝来的糖液，包裹于炸好的食物上的成菜方法，又称拉丝。可分为油拔、水拔、油水混合拔等。它的制作关键是制糖浆，食之夹食满桌出丝，全席生辉。拔丝菜用料广泛，制作精细，成菜很有特点。

拔丝又称糖熘、拉丝。从古代熬糖法演变而来。明朝《易牙遗意》一书中记载元代"麻糖"制法时说："凡熬糖……有牵丝方好。"。清代始出现拔丝菜肴的名称，如拔丝山药。拔丝菜肴最初流行在中国北方，京、鲁、徐州（婚宴必吃）一带较为流行。现在全国各地均有拔丝技法。

制作拔丝菜的主料，可选动物性肉类原料，如猪肥膘肉、猪里脊肉、鸡脯肉、净鱼肉等。还可选新鲜水果、干果和部分类植物性原料，如莲子、桂圆、苹果、梨、桃、荔枝、土豆、山药、马蹄、藕等。此外，像豆腐、鸡蛋、锅巴、豆沙等，也是制作拔丝菜的常用原料。

制作拔丝菜时，小型原料可保持原有形状，不作刀功处理；大型原料则需做改刀处理。通常将原料切成四方块、骨牌块、滚刀块、梳背块，或是切成段、条，或修切成圆球形。不管将原料切成何种形状，均要求切的大小均匀、长短一致，还不能有连刀。有些拔丝菜还需用卷、包、酿等不同的手法，先将原料生坯做成圆筒状、佛手状、葫芦状、春蚕形等，这就需要把原料切成薄片或剁成泥，这里的片要求大小厚薄一致，蓉泥也要细腻，包制成型后，大小也要差不多。

另外，对于一些刀功处理后容易发生酶促褐变的原料（如土豆、茄子、藕），需要先用清水或柠檬水泡好，以保证其鲜艳的色彩。

拔丝菜的原料是否要挂糊，要根据原料质地来决定。如苹果、梨、橘子等水果，含水分较大，在下锅炸时，一定要用蛋清和淀粉挂糊，将原料裹住，否则原料内部出水后，会黏在一起；土豆、山芋、元宵等原料，含淀粉较多，下锅炸时，可不必挂糊，原料要炸至金黄色。

白糖有绵白糖和白砂糖两种，而制作拔丝菜，最好选用绵白糖。这是因为绵白糖中含有20%的转化糖，而转化糖能抑止糖浆熬制过程中的晶体形成（影响到糖浆在形成无定型玻璃体时的亮度和脆度），最终影响到拔丝菜的出丝效果。

选用油脂，应以色淡清澈、气味醇正的色拉油或化猪油为宜。

炸制拔丝菜原料，一定要掌握好油温。不挂糊的干果类原料，只需用三四成热的油温浸炸；而根茎类原料，则以五成热油温为宜。对于挂糊的原料，一般都会分两次油炸，第一次应以六成热油温将原料炸至九成熟，第二次炸制的油温则在七八成热之间。

炸制时，挂糊的原料应分散下锅，以防原料黏结到一块，待原料表面结壳发硬时再翻动，以免脱糊。炸制时还须密切注意火候，待原料的色泽和成熟度达到要求时，应迅速捞出，以免炸煳。

炒糖时，锅内要放干净底油，中火加热，加入白糖，用勺不断搅动，使糖受热均匀，炒至糖呈浅黄色时，由于水分蒸发冒出气泡，待泡沫多且大时，将锅端离火口，使泡沫变小，颜色加深。用勺舀起糖汁往下倒，能成一条线状，说明糖已炒好。这时迅速将原料下锅翻动，使糖汁裹匀原料。糖量与原料的体积比例为1∶3，挂糊的比不挂糊的用量要多些。熬糖的方法有5种，即油熬糖、水熬糖、油水熬糖、干锅熬糖、油底熬糖。

不管采用那种熬糖法，炒糖的锅必须干净，还要防止煳锅；炒制前，应先将净锅烧热，用油炙过锅以后再按各种炒糖浆方法的投料比例放料下糖和水油。炒糖时，手勺要不停地搅动，以便糖浆受热均匀。正确掌握炒制糖浆的火候，特别是在燃气炉具上炒制时，可让炒勺离火，或半离火炒制。另外，还要注意糖浆的色泽和稀稠变化，色泽过深，糖浆已变焦发苦不能出丝；糖浆太嫩，稀而不黏也不能出丝。

糖汁炒好后，要趁热倒入炸好沥油的原料，以便其均匀地裹上糖浆。如果原料不热，会使糖汁变凉，就拔不出丝来。为此，做拔丝菜时，应用两个炒锅，一个炒糖，一个炒主料。这样易保存主料温度，以挂匀糖浆。做拔丝菜不可用急火，以免糖浆过火，碳化发苦。如在糖浆中加少许蜂蜜，则风味尤佳。

翻拌时动作要轻，动作要快，这样不仅可以避免黏结成团，还可以避免挂糊的原料回软，失去酥脆的特点，翻拌的时间不可太长，以糖浆裹匀原料表面即好。

当原料裹匀糖浆后，应快速装入事先抹过油的盘子里，随一碗冷开水上桌蘸食。这样做的目的，是为了让食者夹起原料用凉开水一激，这样不仅吃起来更香脆，还可以避免菜肴烫嘴。

拔丝的操作要领

（1）炒糖的锅必须干净，还要防止糊锅。炒制前，应先将净锅烧热，用油炙过锅以后才下糖和水油。

（2）原料炸制后，要尽量缩短与拔丝的间隔时间。如果原料炸后的温度降低，拔丝时糖浆不易沾裹原料，会影响拔丝的效果。

（3）当出现糖浆不易沾裹原料的现象时，要少淋些许清水，会促进糖浆与原料的结合。

（4）糖浆炒制过程中，可加微量的食醋，这对增加出糖丝长度、预防"翻砂"等有明显效果。熬糖浆时，如出现"翻砂"现象时，应适当加高火力，继续搅动，糖会逐渐溶化。出现"翻砂"的现象是锅下火力不够。

（5）要控制好火力，正确使用中小火。如火力过小，在加热时，糖结晶不能完全转化成液体，就会出现翻砂现象；入锅火力较大，就会出现糖焦化现象使糖变苦，甚至拔不出丝来，导致失败。

（6）要正确掌握炒制糖浆的火候，特别是在燃气炉具上炒制时，可让炒勺离火，或半离火炒制。另外，还要注意糖浆的色泽和稀稠变化，色泽过深，糖浆已变焦发苦不能出丝；糖浆太嫩，稀而不黏也不能出丝。

（7）要掌握白糖对拔丝原料的数量比例。如糖多，成菜的底部会堆积糖浆；如糖少，原料表面挂浆不匀，这都会影响成菜质量的。

（8）油炸和熬糖要同步进行，拔丝的原料在复炸时要尽可能与熬糖同步进行，如果事先将原料炸好，糖热而原料凉，会使糖液迅速凝结而影响拔丝的效果；如果后炸主料，炒好的糖在锅中就会受到锅的余热影响而加深糖的颜色，使糖过火变苦，甚至拔不出丝来。

（9）油炸好的主料在入锅前必须沥净油分，否则会使糖液难以均匀地裹在原料上。熬糖浆使用油时，要严格控制，不宜过多，尤其采用熬油浆法时，更要注意这一点，因油分超量，糖浆沾裹不住原料。

（10）如出现糖浆超量的现象，不可将成菜一股脑地全部盛在盘中，而是要舀出挂浆的菜肴，多余的糖浆不要盛到盘子里。

（11）盛菜之前，盘中要抹一层食油（或抹一层净水），以防菜肴盛入黏上盘底。同时，还要备冷开水一小碗（或冷橘汁），供食者夹菜拔丝后蘸一下，以利于快速降温，避免烫口，也可使菜肴表面的糖衣变脆而不黏牙。

（一）油拔

1.油拔的概念

油拔是将经过油炸的小型原料，挂上用油和糖熬出的糖浆的一种烹调方法。

这种技法用得较少。原因是它不易于掌握，故一般只是有经验的厨师才用它。

优点是炒糖速度快,能缩短炒制时间,上菜快,延长拔丝时间,出丝绵长,丝油亮,且糖浆不易沾在炒勺上。但由于油脂本身有色泽,加上糖液受热后易上色,故如果火力过大,油温过高,那糖浆很快会变成褐红色焦糖,影响成菜的色和味。油炒法技术难度较大,不易掌握,火力小易结块,火力大则易焦苦。需要凭手感和看颜色,而且判断要准确。

2.工艺流程

选料→刀功处理→挂糊或不挂糊→炸制→熬糖→翻拌→装盘。

3.油拔操作的关键

(1)炒糖的锅必须干净,还要防止煳锅;

(2)炒制前,应先将净锅烧热,用油炙过锅以后才下糖和水油;

(3)炒糖时,手勺要不停地搅动,以便糖浆受热均匀;

(4)要正确掌握炒制糖浆的火候,特别是在燃气炉具上炒制时,可让炒勺离火,或半离火炒制。另外,还要注意糖浆的色泽和稀稠变化,色泽过深,糖浆已变焦发苦不能出丝;糖浆太嫩,稀而不黏也不能出丝;

(5)所炒糖浆的量应与主料量相匹配,因为糖浆少了,会使原料挂浆不匀,沾裹不均;糖浆多了,多余的糖浆会流到盘底,与盘子黏在一起;

(6)炒制糖浆应与炸制主料同时进行。

4.油拔的特点

外脆里嫩,香甜可口。

5.实例

拔丝香蕉(油拔)

(1)原料

主料:香蕉 350 克。

调料:绵白糖 150 克。

辅助料:色拉油 1000 克(实耗 100 克)、香油 10 克、淀粉 150 克、面粉 50 克、水 40 克。

(2)初加工

将香蕉去皮。

(3)切配

①将香蕉切成滚刀块,用面粉 10 克撒匀在香蕉的外表上备用;

②用淀粉 150 克、面粉 40 克、水 40 克调成水粉糊待用。

(4)烹调

①炒锅放色拉油 1000 克,烧至四成热,将香蕉块逐一挂糊入油锅,炸制表面结壳捞出,待油温升至六成热时进行复炸,香蕉块呈金黄色用漏勺捞出沥油;

②锅置于小火上,留余油 10 克,放入绵白糖,用手勺不停地搅拌,直至绵白

糖完全溶化，呈米黄色的糖浆，微有黏性并起丝时倒入炸好的香蕉，用手勺轻轻向前推，翻锅，使糖浆均匀裹在香蕉上，出锅装在抹好香油的平盘中。

(5)操作关键

①香蕉块不宜切得过大或过小；

②炒糖时，火力不可过大，要勤观察锅内糖浆的变化；

③装盘时，盘底抹上一层香油，防止糖浆沾盘。

(6)菜品特点

外脆里嫩，香甜可口。

(二)水拔

1.水拔的概念

水拔是将经过油炸的小型原料，挂上用水和糖熬出糖浆的一种烹调方法。由于水的沸点为100℃，糖液不易上色，因此，水拔出来的糖液颜色较浅，挂糖后的菜肴成品显得晶莹透亮，丝长且脆。这种技法在拔丝中用得较多。

用水拔法花费的时间长，但是容易掌握。能有效地减缓糖浆的焦化速度，使所出糖丝色泽较浅，晶莹透亮，丝细而长，甜味醇正，无油腻味。但是熬制时间长，故糖浆容易沾锅，火力不足时糖易翻砂，或者糖丝出现浑浊状，入盘易凝固最终影响"拔丝"的效果。

2.工艺流程

选料→刀功处理→挂糊或不挂糊→炸制→熬糖→翻拌→装盘。

3.水拔操作的关键

(1)炒糖的锅必须干净，还要防止煳锅。

(2)炒糖时，手勺要不停地搅动，以便糖浆受热均匀。

(3)要注意熬糖的火候，水分挥发完后要注意糖浆的色泽和稀稠变化，色泽过深，糖浆已变焦发苦不能出丝；糖浆太嫩，稀而不黏也不能出丝。

(4)所炒糖浆的量应与主料量相匹配，因为糖浆少了，会使原料挂浆不匀，沾裹不均；糖浆多了，多余的糖浆会流到盘底，与盘子沾在一起。

(5)炒制糖浆应与炸制主料同时进行。

4.水拔的特点

外脆里嫩，香甜可口。

5 实例

拔丝土豆(水拔)

(1)原料

主料：土豆400克。

调料：绵白糖 150 克。

辅助料：色拉油 1000 克（实耗 100 克）、香油 10 克、清水 100 克、淀粉 150 克、面粉 50 克。

（2）初加工

将土豆洗净去皮。

（3）切配

①将土豆切成一指条状，用面粉 10 克撒匀在土豆条的外表上备用；

②淀粉 150 克、面粉 40 克、水 40 克调制成糊待用。

（4）烹调

①炒锅里放油 1000 克，烧至四成热时，将土豆条逐一挂上糊入油锅炸至表面结壳后捞出，待油温升至六成热时复炸土豆条呈金黄色，用漏勺捞出沥油；

②炒锅刷洗干净加入清水 50 克、绵白糖 150 克，用小火熬至浓稠待糖变色出丝时，倒入炸好的土豆条，离火颠翻炒锅使糖液完全沾裹在土豆条上，装在抹好香油的平盘内即可。

（5）操作关键

①土豆条不宜切得过大或过小；

②熬糖时，火力不可过大，要勤观察锅内糖浆的变化；

③装盘时，盘底抹上一层芝香油，防止糖浆沾盘。

（6）菜品特点

外脆里嫩，香甜可口。

（三）混合拔

1. 混合拔的概念

混合拔是将经过油炸的小型原料，挂上用水、油和糖熬出的糖浆的一种烹调方法。它比水拔法快，但比油拔法慢，也是比较容易掌握的一种技法。这种拔法的优点是糖丝明光油亮，口感酥脆。油水混合拔水起到溶解糖的作用，油起到保温和光泽的作用。可避免水炒法和油炒法的某些缺陷，是拔丝常用的一种炒糖浆方法。但是水量不足易出现浑浊，糖浆起鱼眼泡至颜色变金黄时间短，易错过最佳时机。

2. 工艺流程

选料→刀功处理→挂糊或不挂糊→炸制→熬糖→翻拌→装盘。

3. 混合拔操作的关键

（1）炒糖的锅必须干净，还要防止煳锅，炒制前，应先将净锅烧热，用油炙过锅以后才下糖和水油；

(2)炒糖时，手勺要不停地搅动，以便糖浆受热均匀；

(3)要注意熬糖的火候，水分挥发完后要注意糖浆的色泽和稀稠变化，色泽过深，糖浆已变焦发苦不能出丝，糖浆太嫩，稀而不黏也不能出丝；

(4)所炒糖浆的量应与主料量相匹配，因为糖浆少了，会使原料挂浆不匀，沾裹不均，糖浆多了，多余的糖浆会流到盘底，与盘子黏在一起；

(5)炒制糖浆应与炸制主料同时进行。

4.混合拔的特点

外脆里嫩，香甜可口。

5.实例

拔丝西瓜(混合拔)

(1)原料

主料：西瓜500克。

调料：绵白糖150克。

辅助料：色拉油1000克(实耗100克)、香油10克、淀粉150克、面粉50克、水80克。

(2)初加工

将西瓜洗净去皮取瓤。

(3)切配

①将西瓜切成4cm长、2cm宽的方块，用面粉10克撒匀在西瓜块的外表上备用；

②用淀粉150克、面粉40克和水40克调制成糊待用。

(4)烹调

①炒锅里放油1000克烧至四成热时，将西瓜块逐一挂糊入油锅炸制表面结壳捞出，待油温升至六成热时，复炸西瓜块呈金黄色，用漏勺捞出沥油；

②炒锅洗净上火加水40克、绵白糖150克熬制糖溶化成浆糊状时淋入色拉油10克，再用小火熬至浓稠待糖变色出丝时，放入炸好的西瓜翻匀，盛入抹有芝香油的盘子中即可。

(5)装盘、装饰点缀

将拔丝西瓜装入盘中，用玫瑰花和西兰花围边，形状美观大方。

(6)操作关键

①炒糖时要掌握好火候与锅中糖汁的变化情况，防止炒出苦味；

②西瓜块不宜切得过大或过小；

③装盘时盘底抹上一层香油，防止糖浆沾盘。

(7)菜品特点

外脆里嫩，香甜可口。

练 习 实 践

1. 什么是拔丝？有哪些方法？有什么特点？
2. 油拔有什么特点和具体要求？
3. 请写出拔丝香蕉全过程。
4. 水拔有什么特点和具体要求？
5. 请写出拔丝土豆全过程。
6. 请设计一道相关菜肴，并写出步骤。

九、㸆

1. 㸆的概念

㸆是将一些不挂糊的主料经过油炸或煸炒后，用葱、姜块炝锅，加入配料、调料和汤，盖上锅盖，使汤汁㸆浓，依附在主料上的一种烹调方法。㸆是鲁菜中常用的烹调技法，也是较为复杂的一种。

㸆，现在通常分为油㸆和水㸆两种：油㸆是将经炸等熟处理的主料用炝汤的方法小火收浓汤汁；水㸆是把主料水煮（或氽）之后，进行油煎（或煸）和炝汤再㸆制，最后勾芡成菜。

在烧煮的基础上将汤直接提浓或收干而成菜的烹调方法。多用于较大型的动物性原料，如整只的鸡、鸭、鱼，以及大块或大片的肉类；也可用于蔬菜。凡是飞禽走兽、野味家畜、干菜鱼虾等，都可以作为㸆菜的原料，既可以整只整条地㸆，又可以斩块切段，但由于原料性质不同，口感差异也很大，原料的预热过程也因料而异。比如㸆鸡腿，用酱油腌渍，入八成熟油中二次复炸至金黄色时，捞出沥干油分待用；另起锅加盐、鸡精、高汤烧开，小火煨㸆，待汤汁浓稠，出锅，浇在鸡腿上即可。

制作时主料不上浆、不挂糊，经煸炒或煎炸等初步熟处理后，另起锅，加葱、姜炝锅（有的可加甜面酱），原料下锅后加汤水及调味品，旺火烧沸，微火烧至烂熟，有时再用旺火提浓或收干汤汁，使味道渗透主料、汤汁裹附主料。此法常用于少味或无味的原料，如海参、鱼翅、鳖裙等，有时配瘦猪肉、鸡等同㸆。成菜汤汁少而浓或无汁，主料酥烂或软嫩，汤少汁浓，色泽深黄或酱红，滋味香浓醇厚。

由于㸆制的方法和所用调味料的不同，又有不同的称呼，如干㸆，即是把主料两面煎黄(或煸黄),用配料炝香汤汁后㸆干,再淋入香油,如北京的干㸆鸭子、谭家菜的干㸆鲫鱼等。葱㸆、酱㸆、腐乳㸆,即把主料炸或煎成柿红色,分别加葱段、甜面酱(或黄酱)、腐乳等㸆制成菜,如江苏的葱㸆牛方、山东的酱㸆鱼、北京的南乳㸆肉等。奶㸆,即把主料经温油滑透再㸆制,最后勾入芡汁,倒入牛奶,淋上鸡油,一般适用于蔬菜原料,如北京的奶油㸆菜心等。

收汁技术在㸆的烹调方法中运用得也较多。如㸆大虾,基本上不用淀粉拢芡,而以大火收汁使之稠浓,作料多用糖,糖汁溶解后能增加汁芡的浓度,相应地也起到了拢芡的作用。㸆大虾在煎的过程中要用中火,加入底油(底油适量,以免收汁时起滑性)、作料烧开,转小火煨㸆,使滋味渗透到原料内部,虾肉的胶原蛋白溢出,溶于卤汁中,使其互相影响,增加卤汁的浓度。

2.㸆的工艺流程

选料→刀功处理→过油→炝锅→调味→㸆制→成品。

3.㸆的操作关键

(1)原料加工要大小均匀,制作时主料不上浆、不挂糊;

(2)㸆制后,汁要浓稠,保持色泽;

(3)往卤汁里加油的多少也是炒汁的关键。油多了会使卤汁澥掉,油少了没有亮度,油加早了会使卤汁里含有水分,行业上称之为澥芡,但炒汁时间过长,会使卤汁打团。加油的目的是油被卤汁吸收后产生光泽亮度,可增加香味。但有一点要注意,不能加入猪油,因猪油遇热生光,遇冷凝固,尤其是在寒冷的冬天。

4.㸆的特点

汤汁少而浓或无汁,主料酥烂或软嫩,汤少汁浓,色泽深黄或酱红,滋味香浓醇厚。

5.实例

㸆麸

(1)原料

主料:生面筋500克。

配料:水发香菇100克、冬笋100克。

调料:酱油15克、黄酒20克、精盐3克、味精2克、绵白糖25克、香油20克、葱、姜各5克。

辅助料:色拉油1000克(实耗50克)、鲜汤100克。

(2)初加工

将面筋沥干水分;水发香菇和冬笋分别洗净。

(3)切配

①将面筋入热水蒸锅蒸至 15 分钟取出,晾凉,然后顺丝切成 6cm 长的片,再入沸水煮 5 分钟,捞出洗净,挤去水分;

②葱切段、姜切片拍松;香菇切片;冬笋切成柳叶片。

(4)烹调

①炒锅置火上烧热加油,待油六成熟时,投入面筋片,炸至表面发硬,捞出沥油,并用温水洗去油质;

②另起锅置于火上,放油 25 克烧热下葱段、姜片炸出香味后,加鲜汤、面筋片、冬笋、香菇、黄酒 20 克、精盐 3 克、酱油 15 克、绵白糖 25 克,烧沸后转入小火焖 30 分钟,转晃锅,旺火收汁,再加入味精 2 克、香油 20 克,翻锅后装盘。

(5)操作关键

①面筋炸后一定要洗去油质;

②要掌握好㸆的火候;

③㸆制时要用小火,汤汁浓稠即可。

(6)菜品特点

外脆里嫩,香甜可口。

练 习 实 践

1.什么是㸆有什么特点和具体要求?

2.请写出㸆麸全过程。

3.此菜制作你出现错误的地方在哪儿,如何纠正?通过此菜你还会做哪些菜?

4.请设计一道相关菜肴,并写出步骤。

第二节　以水为传热介质

以水作为导热介质，是对预制过的原料进行第二次加热成菜，由此形成一系列富有特色的水烹技法。在中国烹饪技法中，水媒介和油媒介一样起着重大的作用，一直被认为是并立的两大主要导热介质。

一、水媒的导热机制

(1)水和油一样都能蓄纳温度，传热性能也好，可以使原料在水温中均匀受热，这一作用与油相似。由水蓄纳温度虽然不如油高，但足以使原料受热成熟。一般来讲，烹饪原料加热到85℃左右时，即能起变形、分解、成熟的物化反应。所以，加工成细薄的小型原料在沸水中短时间加热，就能取得口感脆嫩、柔嫩等成熟效果，而大块质老的坚韧原料，则通过小火微沸和长时间的加热方法，使其成熟并取得酥糯、软烂的效果。

(2)水是良好的溶剂，具有很强的溶解力。在烹调加工过程中，水和原料混合在一起，由于大多数原料和水都有亲和力，水分子就包围了原料，并缓慢地渗入原料内部，同时也带进了热能，使原料的组织溶解、变软、变松，成为熟的菜肴。也有部分溶解到水中，形成味道鲜美的汤汁，整个菜肴也变得滋润柔滑，清爽利口。

(3)水还具有油不能替代的特征，有些原料不耐油媒的高温，有些菜肴有不需要油媒的那种干爽性。用这类原料制作的菜肴，大多数要求滋润柔滑、菜鲜汁美。这些是油媒所不能解决的，只有用水来加热才能取得良好的效果。这说明在烹饪中，水媒是其他加热媒介不能代替的。水媒，也正是在其他加热媒体不能适应多种菜肴烹调要求的情况下产生并不断发展的。

(4)水是安全的加热媒介。由于水的组成比较单一，加热时不会产生某些有害物质及有害气体。所以，既对操作人员无害，也不污染环境，用水加热是相对安全可靠的。

二、水媒技法的特点

一般来说，水媒技法比其他导热媒介的技法多，从多数地区通用技法名称看，大致分热菜类的烧、炖、煨、烩、扒、汆、涮、煮、水爆等和冷菜的卤、酱、白煮、浸等十多种基本技法。还有个别地区不通用的名称，而另起了方言的名称，如烫、灼、滚、泡、炆等。由此可见，这类技法的复杂情况。水媒技法加热的操作方法，也比其他媒介加热的操作方法复杂，即大部分菜肴都要经过两种或两种以上的加热方法才能完成成品的制作。除涮、氽外，一般认为水媒的主体技法是以两次加热操作方法为主的，水媒的火候，比其他加热媒体的火候，特别是油媒的火候较为容易掌握，虽有一定变化但变化不大，除少数用旺火短时间加热外，基本上是用中小火较长时间加热，餐饮业称为"火功"菜。大体上来说，水媒火候以柔见长，油媒火候以刚著称，可谓各有千秋。水媒技法尽管复杂，但都具有以下几种特点。

（1）水媒技法制品都带有一定量的鲜美汤汁和卤汁。菜肴带汁，是水媒和油媒、火媒菜肴的明显区别，也是这类技法内容的一大特点。凡是用水媒加热的，原料受热后，所含的可溶性物质如脂肪、蛋白质、维生素等，随加热温度高低和时间长短，都会部分或全部融化而直接转移到汤水中，使汤水变色、增加浓度、产生滋味。汤汁不仅有多少之别，性质也多种多样。如有的汤汁宽稀，有的浓稠汁紧，有的菜多汁少，有的半汤半菜，汤汁的性质分为清汤、白汤、色汤、浓汤、清汁、芡汁、油汁、水汁等，就形成了水媒不同技法的特色，无论用何种水媒加热技法，加入的汤水量都必须适合。用水媒技法加热，受水温不如油温高的限制，加热时间必然比用油加热时间长。决定用水量时，必须把这一因素考虑进去，以备有一部分水在加热过程中会蒸发掉。一般来说，大多以火候的长短，原料的老嫩和大小，以及菜肴的质感要求与成菜所需要的卤汁，汤水等来确定加水量，比如用旺火的水宜多，反之宜少，原料是整体大料的水量宜多，反之宜少，成菜需要汁多汤宽的水宜多，反之宜少。某些菜肴的用水，还要一次加足，中间不宜添加，以防冲淡汤汁滋味，并避免水温的过大变化等。

（2）水媒技法制品大都是经过两道加热程序。第一道加热，通常称为预制加热。第二道加热，必须以水作为导热介质，否则，就不能叫水媒技法。水媒技法的预制方法很多，例如，"烧法"的预制方法，是以炸、煎、炒为主；"炖法"的预制方法比较简单，大多用开水短时间焯烫一下，也可用开水多煮一下，进行紧缩、去除异味，"焖法"的预制方法是以油炸为多比较简单，也可用煎、炒和水煮方法，"煨法"的预制方法，是以水煮为主，行业内称为"预煮"，其主要目的除紧缩原料去除异味外，还应达到一定的成熟度，以缩短煨的加热时间。"烩法"的预制方法，分别预制成半成品，然后合并进入烩的最后工序。"扒法"的预制方法最为复杂，有的要经过涨发，有的要经过焯烫、水煮、气蒸等，甚至和烧法、蒸法、焖法、炒法、炸法、煎法、煨法、烩法结合起来加热，而煮、酱的预制方法最为简单，大都是开始焯烫一下，紧缩即可。不过，无论用何种预制加热方法，最后一道工序都要经过用水加热成菜。两次加热成菜是水媒技法的又一特点。

（3）水媒技法制品质感、口味多样化。这类制品的质感和口味在热菜中变化最多，也是最丰富的，形成了与其他技法的鲜美对比。一般来说，水媒技法制品的质感包括嫩、酥、软、糯、烂、脆、柔、清、爽等,在口味上,又囊括了酸、甜、苦、鲜、咸、香以及数不胜数的复合味型。所以,这类技法的制品,充分体现了中国烹调技术的卓越性和烹饪艺术境界,一般常把众多的质感口味归为三大类型:一是细嫩、清醇、清香,二是酥嫩、味浓、香浓,三是软烂、肥浓、醇香。这就大体上概括了这类技法制品的主要特色。不过,有些质感口味的说法,从感受上讲是可以理解的,而从科学表述上讲还不那么确切,如"脆"的说法就存在这个问题,在我们专业语言的表述中,还不能准确地将油媒制法产生的"脆",与水媒制法产生的"脆"相区别。实际上这两种"脆"的口感是完全不同的,产生的机制也是不一样的。油媒的"脆"是在高温、无水分的条件下,原料脱水以及焦糖化反应而形成的,而水媒中所说的"脆",又是另外一种机制。又如说"脆嫩",一般都是与"软嫩"相对而言的,并不是说真的有油炸、炉烤那么脆。"酥"的表述也是同样道理。

总体来说,水媒技法是制作热菜的大类系列技法,受到各大菜系的重视,并在使用中做出许多脍炙人口的名菜,其中尤以广东菜最为擅长,按照当地的语言习惯给这类技法起了很多方言名称,并强调这是广东菜中独树一帜,别具一格的技法,以突出广东菜的鲜明地方性。

一、烧

烧是将加工整理、改刀成型的原料经煸炒、油炸或焯水等初步熟处理后,加上适量的汤汁和调味品,用旺火烧开,转中小火烧透入味,再用旺火收浓卤汁或用淀粉勾芡的一种烹调方法,是以水为主要的传热介质。

原料的前期熟处理多为炸、煎或水煮等,少数原料也可以直接采用新鲜的原料,加入适量的汤汁和调料,汤汁一般为原料的1/4左右,先用大火烧开,调基本色和基本味,所用的火力以中小火为主,再改小中火慢慢加热,加热时间的长短根据原料的老嫩和大小而不同,成熟时定色,定味后旺火收汁或是勾芡汁,成菜饱满光亮,入口软糯,味道浓郁。

烧的方法很多,按颜色可分为红烧、白烧等;按主要调料和配料可分为葱烧、蒜烧等;按主要调料可分为辣烧、酱烧等;按加热方法可分为干烧、锅烧、酿烧等。

红烧:一般烧制成深红、浅红、酱红、枣红、金黄等暖色。调味品多选上色调料,多用海鲜酱油。代表菜有红烧肉、红烧鱼、红烧排骨等。

白烧:一般烧制加入白色或者无色调味品,保持原料的本色或是奶白色的烹调方法。代表菜有浓汤鱼肚、鸡汁鲜鱿鱼、白汁酿鱼等。

干烧:与红烧相似,但是干烧不用水淀粉收汁,是在烧制中用中火将汤汁基本收汁,使滋味渗入原料的内部或是黏附在原料表面上成菜的方法。菜肴要求干香酥嫩，色泽美观，入味时间较长，所以味道醇厚浓郁。成菜可撒上少许的点缀原料，如小香葱、香菜等。干烧讲究见油不见汁或少汁。代表菜有干烧鱼、干烧冬笋、干烧鲳鱼、干烧牛脯等。

锅烧：是古代对炸菜的一种称谓，现在很多炸菜还叫锅烧，锅烧菜是先经过初步热处理达到一定熟度以后，入味，挂糊再入油炸制成菜的方法，可以带上辅助调味。必须去骨，无骨原料。糊用蛋黄糊、蛋清糊、全蛋糊、水粉糊、脆皮糊等，此法制作菜肴色泽金黄，口感酥香，味道浓郁。代表菜有锅烧肘子、锅烧鸡等。

酿烧：烧制的原料经过刀功处理后酿入馅料，经过初步熟处理后再进行烧制的烹调方法。原料改好刀以后酿入馅料时接触面要均匀地涂上一层干面粉或淀粉。这样可以增加粘连度。代表菜有酿烧刺参、煎酿豆腐、烧汁茄子等。

蒜烧：以蒜子为主要的调料兼配料烧制成菜的烹饪方法。掌握好蒜子的火候炸成金黄色蒜香浓郁为佳。代表菜有蒜仔烧肚条、蒜仔烧鱼等。

葱烧：以葱为主要的调料兼配料的烧制方法。葱烧多选用葱白。葱烧的菜肴色泽多为酱红色，葱的使用可以煸炒成黄色，也可以将葱作为配料炒至断生呈白色，类似葱爆菜。代表菜有葱烧蹄筋、葱烧肥肠等。

酱烧：和红烧基本相同，着重于酱品的使用，常用黄酱、甜面酱、腐乳酱、海鲜酱、排骨酱等，炒酱的火候很重要，要炒出香味，不要欠火候和过火。代表菜有酱汁鱼、桂候酱烧鸭、腐乳烧肉、酱烧鸡等。

辣烧：以辣味调料（主要是辣椒酱，干辣椒）为主烧制菜肴的烹调方法。带有辣味的调味品很多，常用郫县豆瓣酱、泡辣椒、蒜蓉辣酱、泰国辣酱、干辣椒、辣椒粉等。代表菜有家常豆腐、辣子鸡、香辣鱼头、泡椒鸡柳等。

（一）红烧

1. 红烧的概念

红烧是将经过初步熟处理的原料，加汤和酱油等有色调味品烧开后，用中火或慢火烧透入味，然后用旺火收汁勾芡成菜的烹调方法。

红烧是烹调中最基本的一种技法，应用范围很广，成品多为深红、浅红或枣红色，它的色泽红润，味道鲜咸微甜，酥烂适口，汁红浓香。

红烧菜对原料适应性较强，但原料质地对成菜影响较大，故选好料仍是做好菜的前提。如红烧肉宜用五花肘肉，红烧肘子宜用前肘，红烧鸡宜用隔年大公鸡，红烧鱼宜选用1000克左右的黄河鲤鱼等。原料应保持新鲜、无变质、无异味。加工时应根据原料特点，可以整只，也可切片（如红烧肉）、切块（红烧鱼块）、切段（红烧海参）、切茸（红烧丸子），但一般不宜切得过小、过薄，否则因长时间加热，原料易碎。总的要求是整齐划一、大小一致、长短相等、厚薄均匀，便于烹调入味。

第三章 热菜烹调技法

红烧属混合熟,一般都要经过初步热处理和正式烹调两个阶段。对原料初步热处理可根据原料不同采取不同方法,红烧鱼、红烧茄子采用油炸方法;红烧肉采用煮熟的方法;烧面筋玉兰片采用煸炒的方法。一般火候不要太足,以七八成熟为宜,过火将会给下步加工造成困难。主料经过初步热处理,改刀后即可进行正式烹调。做法是锅内放油,烧热放入料酒及其他调料,加清水或鲜汤,下主料用急火烧开,撇净浮沫,调好口味,继续烧至原料酥烂,使味汁渗入原料内部,用急火收浓汤汁即成。两头用旺火,中间用中小火,这是红烧成菜的关键。汤烧开后,只有用慢火才能使热量缓缓进入原料内部,使原料成熟入味,否则会造成外酥里生或外咸里淡的情况,影响菜肴质量。

行话说"肉要煸透,鱼要煎香"。所谓煸透,就是指将锅内所有的肉块煸炒变色,肥肉冒油,见有亮光。一般市场上买的肉,最好先用水焯一下,再煸炒。焯的意义在于去除肉中的残血和腥味,煸炒时不要放太多油,煸炒完后,可以滗掉一些炒出的猪油,才能做到肥而不腻。如果做红烧鱼,一定要新鲜鱼,等煎至两面金黄,表面有一层薄薄的硬皮时方可出锅待烧。这一步是红烧菜形成光泽的关键,否则成菜暗淡无光,支离破碎。

当原料煸炒或煎好后,另起净锅,锅内放油,烧热应先倒入绍酒、酱油等作料。等酱油的颜色附着在原料上后,再加鲜汤或水(汤水一次放足,中途不要续水,一定记住还要盖上锅盖),下主料用急火烧开,撇净浮沫,调好口味,中火慢慢焖煮,烧至原料酥烂,使味汁渗入原料内部,用急火收浓汤汁即成。只有用慢火才能使热量缓缓进入原料内部,使原料成熟入味。两头用旺火,中间用中小火,这是红烧成菜的关键。如果不等原料上色就放水,调料被水稀释,成菜就会灰白无光。汤一次要放足,烧肉最好淹过原料,烧鱼可以少一些。如果汤多,难以收浓卤汁,汤少,中途加水会影响菜肴的口味和颜色。

红烧菜的初步上色,是与烹调加工同时达到的。红烧鱼过油时即炸成浅红色,在正式烹调时上色需借助糖色、酱油、料酒、葡萄酒等提色。但注意不要上色过重,以免影响色泽。

红烧菜口味以咸鲜为主,略带甜味,主要是用酱油调味,糖的用量要适度,宜少不宜多。

红烧菜讲究原汁原味,因此下汤要适当,汤多则味淡,汤少则主料不易烧透,一般说下汤以原料的2倍左右为宜,当烧至占原料的1/4时起锅。收汁不要过紧,过紧汤汁浓稠,会失去红烧菜的特色。勾芡也不要过浓,勾少许水淀粉,使汁明芡亮,主料突出。

调色与调味,两者是不可分割的。调色时有调味的作用,调味时也有调色的作用。这就要求在菜肴成菜阶段,下酱油、糖色时不宜过多,以免汤汁过深,影响口味和色泽。原则是宜浅不宜深。

2.工艺流程

选择原料→初步加工→切配→初步熟处理→调味(上色)烧制→收汁→装盘成菜。

3.红烧操作的关键

(1)要正确掌握火候和烧制的时间；两头用旺火，中间用中小火，这是红烧成菜的关键。汤烧开后，只有用慢火才能使热量缓缓进入原料内部，使原料成熟入味，否则会造成外酥里生或外咸里淡的情况，影响菜肴质量。

(2)正确把握好菜品的口味，红烧菜口味以咸鲜为主，略带甜味，主要是用酱油调味，糖的用量要适度，宜少不宜多。

(3)红烧菜讲究原汁原味，因此下汤要适当，汤多则味淡，汤少则主料不易烧透，一般来说下汤以原料的2倍左右为宜，当烧至占原料的1/4时起锅。收汁不要过紧，过紧汤汁浓稠，会失去红烧菜的特色。勾芡也不要过浓，勾少许水淀粉，使汁明芡亮，主料突出。

(4)当原料接近酥烂时，要立即转入大火收浓汤汁。此时，应及时调整菜肴口味，确保菜肴成熟时口味准确，色泽红亮，汤汁浓稠。

4.红烧的特点

色泽红亮，酥烂味厚，咸鲜适中。

5.实例

红烧肉

(1)原料

主料：带皮五花肉750克。

调料：精盐5克、黄酒20克、酱油20克、绵白糖20克、芫荽2个、葱、姜各25克、味精3克。

辅助料：鲜汤1000克、色拉油50克、糖色5克。

(2)初加工

①将五花肉用刀刮去表皮毛渣和污物，用温水洗净；

②葱、姜去皮洗净。

(3)切配

①将五花肉切成2cm见方的块；

②葱切段、姜切片。

(4)烹调

①锅置旺火上，加色拉油50克，烧至六成热时，下葱段、姜片、芫荽炸香，放入肉块先煸炒几下，再加黄酒20克、精盐5克、酱油20克、绵白糖20克、糖色5克

焖至透；

②注入鲜汤烧沸，撇去浮沫，转小火慢烧 1 小时，等待肉酥烂入味时，转入大火，加入味精 3 克收浓汤汁即可。

(5)操作关键

①应洗干净肉上污垢，切块大小均匀；

②正确掌握火候；

③烧制时间根据肉的老嫩而定。

(6)菜品特点

色泽红亮，皮软肉烂，肥而不腻。

(二)白烧

1.白烧的概念

白烧是将经过初步熟处理的原料，加汤和精盐等无色调味品进行烧制的方法。

白烧同红烧的方法基本相同，只是颜色略有不同。白烧就是将经过焯水、油炸，或者蒸制(蟹黄、虾子等)后的原料用淡白色的汤和调味品在锅中经中小火加热成熟的方法。

2.工艺流程

选择原料→初步加工→切配→初步熟处理→调味(白色)烧制→收汁→装盘成菜。

3.白烧操作的关键

(1)原料多为高档原料，用高汤烧制，口味多为清淡咸鲜；

(2)熟处理的方法很多，可煸炒、煎、炸、煮、氽等，视具体要求而定；

(3)汤汁要没过原料，不能太少；

(4)白烧不加酱油等上色原料，保证菜肴白色；

(5)要正确掌握火候，大火烧开，小火烧制；

(6)要正确掌握勾芡的浓度。

4.白烧的特点

色彩协调、汤汁醇厚。

5.实例

白汁鱼肚

(1)原料

主料：水发鱼肚 650 克。

配料：熟火腿 30 克、水发冬菇 30 克、菜心 100 克。

调料：黄酒 15 克、精盐 6 克、味精 5 克、胡椒粉 5 克、葱 5 克、姜 5 克。

辅助料:鲜汤 500 克、熟猪油 30 克、熟鸡油 10 克、湿淀粉 15 克。

(2)初加工

①把水发鱼肚洗净,挤干水分;

②冬菇去蒂洗净;菜心修形后洗净;

③葱、姜分别去皮洗净。

(3)切配

①将鱼肚片成 5cm×3cm×0.5cm 的厚片;

②熟火腿、冬菇切长方片;

③葱、姜分别切成细丝。

(4)烹调

①炒锅上火加熟猪油 30 克烧热,放葱丝、姜丝炸出香味,加鲜汤煮沸后捞出葱、姜丝;

②锅中加入黄酒 15 克、精盐 6 克、冬菇、火腿、鱼肚、菜心烧开后转小火烧透加味精 5 克、胡椒粉 5 克,用湿淀粉 15 克勾芡,淋上熟鸡油 10 克即可。

(5)操作关键

①选用形态饱满的鱼肚;

②正确掌握火候;

③用湿淀粉勾芡要注意汤汁的浓稠。

(6)菜品特点

色泽素白,咸鲜可口。

(三)干烧

1.干烧的概念

干烧可以戏称为烧干,就是干烧,是川菜特有的一种烹调方法,它是将经过初步熟处理的原料,放入兑好味的汤汁中,旺火烧沸,再改中小火慢烧,直至烧到原料入味,汤汁浓稠时,最后用旺火收干汤汁的烹调方法。在烧制过程中,加入的汤汁较少,烧制后期将汤汁基本收干,只留油汁,核心之处是成菜时因汁烧干,所以烹制过程中所添加的调料和食物原料渗出的风味物质,因无水而只能被原料吸入内部或吸附在外表,形成原料外表色红味浓,内部鲜嫩入味,油汁较多,油味香浓,有良好浓醇的成菜风味。

干烧是烧法的一种,适用于质老筋多、鲜味不足或质地鲜嫩的食材。将主料经小火烧制,使汤汁浸入主料内或蒸发,成品菜肴中只见亮油而不见汤汁的烹调方法,一般都加辣酱、肉末。又因此类烧法均采用自然收汁,不勾芡,而区别于其他烧制方法,干烧菜品色泽棕红,亮油无汁,醇厚鲜香,质感细糯,富有营养。

干烧技法较其他烧制方法最大的不同在于：烧制后期味汁是自然收浓于原料之中，而不是通过勾芡来浓稠味汁而沾裹于原料外表，就是一种入味至里，充分浓缩，醇香浓厚的风味效果，这种自然收汁而达到浓味效果的方法，具有独有的奇异的效果，似一种神奇的力量，使菜肴风味达到提升和精炼，这就是干烧的精髓。

干烧方法和干烧菜肴正因有如此的风味效果，在业内广泛应用，很多传统类烧制菜肴都与干烧菜肴相近，如家常带鱼，以前烧制后要勾芡浓汁，给人一种黏糊的感官效果，掩盖带鱼外观的鱼肉纹理，鱼刺容易被忽略，改用干烧方法，带鱼外观清爽，色黄味香，入口肉刺分离，食用方便，又如竹笋烧鸡，以前多用带汁烧制，虽不勾芡，但汤汁偏多，改用干烧方法，成菜有油无汁，竹笋充分吸附鸡肉芳香，味醇厚香浓，食后无余汁不浪费。干烧也被改进后用于更多的特色菜肴。现在很流行的干锅菜可以看成干烧菜的延伸。将干烧菜以小锅盛装，下面以小火煨着而食。锡纸包类菜品将制好的干烧菜装入锡纸中，而将锡纸四周折叠包裹，装盘后在锡纸四周淋上高度白酒，并点燃明火；或者埋入炒热的粗盐中密闭加热。最后撕开锡纸包裹，可见火中或热盐中的菜肴。

烧制后期味汁是自然收浓于原料之中，而不是通过勾芡来浓稠味汁而沾裹于原料外表，就有一种入味至里，充分浓缩，醇香浓厚的风味效果。这种自然收汁而达到浓味效果的方法，具有独有的效果。

2.工艺流程

选择原料→初步加工→切配→初步熟处理→调味烧制→收汁→装盘成菜。

3.干烧操作的关键

(1)干烧的原料多选择肥美多脂、柔嫩鲜美的动物性原料和淀粉含量重的植物性原料。如鸡、鸭、鱼、虾、鱼翅、猪肘、猪蹄、土豆、芋头、茄子、菌类、笋类、豆制品等都是常用原料。原料刀功多为成型较大的块条状，鱼虾也可整只形态。为使入味充分，往往需码味处理，使原料在烹制时迅速入味，并可达到除异增香之效果，为了保持成菜形态和风味需要，原料也需经油炸、煸炒或煨味、上色、增香、预热之功效。

(2)干烧菜的味型应根据食者的口味灵活掌握。干烧的口味有辣与不辣之分；其原料可分为有腥膻异味的和无特殊异味的。在烹调中，有腥膻异味的以鲜鱼类为代表的原料时，调料以豆瓣酱、泡辣椒酱、干辣椒为主，白糖、醋为辅，成菜味型多呈咸辣中带有甜味；无特殊异味的原料以素菜类为主，调料以酱油、精盐等为主，其成菜味型多呈咸鲜味。在收汁成菜时，若是咸鲜味，应加熟食用油和香油，若为咸辣味，最好加红油和香油，辣椒的使用量也要根据当地食者的口味而增减，一般川菜的干烧菜辣味较重。

(3)原料经熟处理过，烧制时多采用炒汁的方法来烧制。所谓炒汁可理解为事前通过炒制加热的方法准备好烧制的味汁，结合干烧菜肴最常用的几大风味，如家常、咸鲜、酱香、麻辣风味,往往烧制时均是锅内加入较多油,下酱料等调味品和香料炒香出色,注入汤汁和基础类调味品熬煮,为使成菜清爽无渣也可以滤去残渣,取汁,放入原料,用中小火缓慢加热,让原料慢慢吸汁入味,最后用调料调佐风味,改用中大火收汁,汤汁中的水分因热而挥发,汁会越来越浓,此时需注意原料受热均匀,汁将干时即可成菜,也可使用小火保温待装盘。

(4)干烧菜的配料应根据主料的不同而适应变化。如在烧制腥味较重的鱼类及海参时,一般要加入肥瘦肉粒、香菇粒、冬笋粒等,可使菜肴提味增鲜;对素材类原料,可加入肥瘦肉粒、榨菜粒,也可加海米粒、火腿粒等,用于改善成菜的风味,增加口感。

(5)干烧菜肴制作中的火候不可用大火急烧,需用中小火慢烧,并使其自然收汁。否则原料不易入味且极易焦糊。

(6)盘中不能有汤汁,但要有明油。在收汁成菜时,要根据原料的大小采取不同的方法。若原料形状较小(如干烧四季豆、干烧蹄筋),应一手端锅不停地晃动,使原料在锅中旋转,另一只手持手勺舀适量熟食油顺锅边淋入,待烧制味汁无水汽且全部沾在原料上时,即可装盘;若原料为体大形整的鱼类原料,应不时地用手勺舀汤汁浇淋在鱼身上,用小火慢慢收汁,待汤汁约剩原料的1/4时,将主料取出摆放于盘中,另在锅中的汤汁内加入适量熟食用油,用手勺不停地推炒,待炒制味汁无水汽且黏稠时,起锅浇于盘中主料上即可。

4.干烧的特点

色泽红亮,口味香辣微甜。

5.实例

干烧大明虾

(1)原料

主料:大明虾 1000 克。

配料:五花肉 50 克。

调料:豆瓣酱 20 克、精盐 2 克、黄酒 5 克、绵白糖 10 克、米醋 5 克、酱油 5 克、红油 5 克、葱、姜、蒜各 10 克。

辅助料:鲜汤 200 克、色拉油 1000 克(实耗 100 克)。

(2)初加工

①把大明虾剪去虾枪、虾须,摘去虾线洗净;

②葱、姜、蒜分别去皮洗净。

(3)切配

①大明虾改刀成 5cm 长段;

②将五花肉切成末;

③葱切花、姜切末、蒜切蓉;豆瓣酱剁细。

(4)烹调

①炒锅置火上烧热注入油至七成热时,加入大明虾炸制外壳起脆,捞起备用;

②锅内留底油放肉末炒至酥香,下豆瓣酱、葱、姜、蒜炒出香味和红油后加鲜汤烧开,放入虾段、黄酒5克、精盐2克、米醋5克、绵白糖10克,用中火烧10分钟,再转旺火收干汤汁,淋入红油5克即可。

(5)操作关键

①过油时间不可过长;

②正确掌握火候;

③大虾一定要摘出虾线,保证新鲜无异味。

(6)菜品特点

色泽红亮,口味咸鲜香微辣。

(四)葱烧

1.葱烧的概念

葱烧是将经过初步熟处理的原料,加葱段、汤和酱油等调味品烧开后,用中火或慢火烧透入味,然后用旺火收汁、勾芡成菜的烹调方法。

适应于葱烧的原料很多,最常见的有海参、蹄筋、豆腐、排骨等,原料再加工时,可以经过提前入味(以葱为主),这样在正式烧制前,葱香的味道会更加浓郁。葱烧的菜肴多选用葱白长、体形丰满、口感甜香的葱白进行烧制,保证菜肴葱香味浓。制作葱烧菜一般都是大火烧开,小火煨制、中火收汁,而后勾芡,淋油。

葱烧菜肴,熬制葱油很关键。将葱段切段,从中间剖开,热锅凉油,把葱段放进去,炸至金黄色,捞出备用即为葱油。

大葱是温通阳气的养生作料,作为调料品,葱的主要功能是去除荤、腥、膻等油腻厚味及菜肴中的异味,并产生特殊的香味,还有较强的杀菌作用。医学界认为,葱有降低胆固醇和预防呼吸道和肠道传染病的作用,经常吃葱还有一定的健脑作用。利用葱提炼出来的葱素,对心血管硬化有较好的疗效,还能增强纤维蛋白溶解性和降低血脂。

2.工艺流程

选择原料→初步加工→切配→初步熟处理→调味加葱烧制→大火收汁→装盘成菜。

3.葱烧操作的关键

(1)原料的形状不宜过大,否则不易入味;

(2)烧制时间不要过长,大火烧开,小火煨制、中火收汁,而后勾芡、淋油;

(3)大葱要选用葱白长、体形丰满、口感甜香的葱白,要炸出香味,也可以事先做些葱油,最后淋入。

4.葱烧的特点

菜色金红,鲜美爽脆,葱香浓郁。

5.实例

葱烧海蜇

(1)原料

主料:海蜇头 1000 克。

配料:大葱白 100 克。

调料:精盐 2 克、酱油 15 克、黄酒 15 克、绵白糖 5 克、味精 2 克、胡椒粉 8 克、香油 10 克。

辅助料:鲜汤 150 克、色拉油 35 克、湿淀粉 20 克。

(2)初加工

海蜇涨发洗净泥沙;大葱白去皮洗净。

(3)切配

将海蜇片成 5cm×3cm×0.3cm 大薄片,用 80℃热水烫一下,再用清水浸泡;葱白切 4cm 长段。

(4)烹调

①锅置火上,烧热放油,加入葱白段炸至金黄色;

②锅中加鲜汤 150 克,放入海蜇片、黄酒 15 克、精盐 2 克、酱油 15 克、绵白糖 5 克烧沸,放味精 2 克和胡椒粉 8 克,用湿淀粉勾芡,淋入香油 10 克即可。

(5)操作关键

①海蜇头一定要反复漂洗,去净盐分和沙泥;

②正确掌握火候;

③海蜇头烧制时间不宜过长。

(6)菜品特点

菜色金红,葱香浓郁,别具风味。

(五)酱烧

1.酱烧的概念

酱烧是一种传统的烹饪方法,在北方菜中运用较为广泛,它是先将甜面酱(或黄酱)下入锅中炒香,再加入调料和适量鲜汤炒匀,然后放入油炸(或焯水)过的原料,烧至甜面酱汁均匀地裹附于原料上而成。成菜要求见油不见汁,颜色深黄,质地软脆,且突出酱的甜咸香味。

和红烧的方法基本相同,着重于酱品的使用,常用的酱类调味品有黄酱、面酱、腐乳酱、海鲜酱、排骨酱等。炒酱的火候很重要,炒得欠火不出香味,炒得过火会产生苦味,色泽变黑。要想制作好酱烧的菜肴,必须要了解调料的性质,汤汁中由于加入了酱油和黄豆酱,这两样调料都有咸味的,最后是否放盐要根据具体菜肴而定灵活掌握。

酱类调味品的炒制方法为:勺中倒入底油,加酱类调味品,小火加热至油和酱类调味品混合后,再加热至油酱分离,此时火候最佳。酱烧的技术特点和要领选料以鱼类、肉禽类为主料,改刀为较大的块、条等形状或是整形不变,初步熟处理多采用过油。酱品必须要炒出香味来,掌握好火候,可以用芡汁处理。代表性菜品有:酱汁鱼、柱候酱烧鸭、腐乳烧肉、酱烧鸡等。

2.工艺流程

选择原料→初步加工→切配→初步熟处理→调味加酱烧制→大火收汁→装盘成菜。

3.酱烧操作的关键

(1)炒酱时要掌握好火候,否则易煳;

(2)注意酱和油的用量,要根据具体菜肴而定;

(3)过油的原料在过油时要正确掌握油的温度。

4.酱烧的特点

菜色棕红,鲜甜适口,酱香浓郁。

5.实例

酱烧排骨

(1)原料

主料:排骨750克。

调料:黄酒15克、精盐1克、绵白糖30克、味精3克、甜面酱30克、酱油10克、香油10克、葱、姜、蒜各10克。

辅助料:鲜汤150克、色拉油1000克(实耗55克)。

(2)初加工

①排骨用温水洗涤干净;

②葱、姜、蒜分别去皮洗净。

(3)切配

①排骨剁成3cm长方块;

②葱、姜、蒜分别切末,先用一半放入剁好的排骨中腌渍10分钟。

(4) 烹调

①锅置火上,加油 1000 克,烧至六成热时,将腌好的排骨投入锅中炸至断生捞起沥油;

②锅中留底油 10 克,烧至三成热时,放入另一半葱、姜、蒜末和甜面酱 30 克炒香,加入排骨、黄酒 15 克、酱油 10 克、绵白糖 30 克、精盐 1 克、鲜汤 150 克烧沸,转入小火慢烧 30 分钟至肉烂脱骨时放入味精 3 克,转中火收汁,淋入香油 10 克即可。

(5) 操作关键

①排骨在剁块时,要做到长短一致;

②正确掌握火候和火力的大小;

③炒甜面酱要掌握好火候,油温不宜过高。

(6) 菜品特点

菜色棕红,甜鲜适口,酱香浓郁。

练 习 实 践

1. 什么是烧?烧有哪些方法?
2. 什么是红烧?红烧有什么特点和具体要求?
3. 请写出红烧肉全过程。
4. 什么是白烧?白烧有什么特点和具体要求?
5. 请写出白汁鱼肚全过程。
6. 什么是干烧?干烧有什么特点和具体要求?
7. 请写出干烧大明虾全过程。
8. 什么是葱烧?葱烧有什么特点和具体要求?
9. 请写出葱烧海蜇全过程。
10. 什么是酱烧?酱烧有什么特点和具体要求?
11. 请写出酱烧排骨全过程。
12. 请设计一道相关菜肴,并写出步骤。

二、烩

1. 烩的概念

烩菜之法是由羹菜演进而来,烩是将经过刀功处理的鲜嫩柔软的小型原料,经初步熟处理后,放入锅内加辅料、调料、高汤,经旺火,中火较短时间加热成熟后,用水淀粉勾芡,使汤、料融合为一体的烹调烩制的方法。具体做法将原料投入锅中略炒或在滚油中过油或在沸水中略烫之后,放在锅内加水或浓肉汤,再加作料,用武火煮片刻,然后加入芡汁搅拌均匀至熟。这种方法多用于烹制鱼虾和肉丝、肉片,如烩鱼块、肉块、鸡丝、虾仁之类。

烩菜具有汤料各半、汤汁微调、料质脆嫩软滑、口味咸鲜清淡、保温性强的特点,主要突出主料的质感。

烩菜的选料多以质地细腻和柔软的动物类原料为主,以脆嫩柔软的植物类原料为辅。动物性原料:鸡、鸭、猪腰子、猪肚子、鸭舌、鸡血、虾仁、海参、干贝、乌鱼蛋等;植物性原料:豌豆、冬笋、冬菇、鲜口蘑、豆腐、腐竹等。多采用丝、丁、蓉泥等形状原料。

2.烩的分类

(1)以汤汁的色泽划分为

红烩:以有色调料酱汁,生蚝油等,烩制成菜,特点是汁稠色重、鲜香味厚。代表菜:鸭汁烩鱼唇,拆烩红鸭丝等。

白烩:以无色调味品调料精盐等与高级奶白汤烩制成菜。具有汤汁浓白、口味浓香等特点。代表菜有鸡丝烩鱼肚,烩蹄筋等。

清烩:将锅烧热加入底油,用葱、姜炝锅,加汤,但不加有色调料,用旺火使底油随汤滚开,随即将原料下锅,出锅前撇去浮沫,成菜不勾芡,即为清烩,特点:汤鲜味醇,汤汁清澈。代表菜有清烩虾仁,清烩海鲜等。

五彩烩:以五种(也可用多种,多色)原料本身的色彩加汤汁进行烩制成菜。特点是色彩丰富。代表菜有五彩银丝羹等。

金汤烩:以南瓜汁调色调味,多与质地细嫩软滑的原料细配,原料:嫩脂豆腐,黑珍珠等。特点是色泽金黄,香味浓郁。代表菜有珍珠金瓜羹等。

(2)以调料的区别划分

糟烩:以糟汁为主要调料,可与动物性原料或水果原料烩制成菜。特点是糟香浓郁。代表菜有糟烩鸡丝等。

酸辣烩:以醋、胡椒粉和辣椒为主料烩制成菜,突出酸辣味。特点:酸辣咸鲜。代表菜有酸辣烩肚丝等。

甜烩:以糖料烩制成菜,特点:甜香利口。原料:以冰糖、蔗糖、蜂蜜为主,根据风味不同可加入桂花酱、茄汁、橙汁等。代表菜有冰糖烩湘莲等。

麻辣烩:以辣椒和花椒为主料,具有汤汁麻而爽口辣不呛喉的特点。菜肴突出酸辣味。

腊味烩:运用腌制的腊味特色原料,烩制成菜肴,突出腊味特色。

鲍汁烩：以老鸭、火腿、干贝等原料制作而成的鲍鱼汁，加原料调料烩制而成。主要突出鲍鱼汁鲜香。

鸡汁烩：用鸡汤、鸡油、鸡丝与其他原料组配，烩制成菜肴，口味多以咸鲜为主。具有色泽微黄，鸡汁味浓香等特点。

3.工艺流程

选料→切配→初步处理→入底味熟处理→炝锅烩制→旺中火烧沸→调味→勾薄芡→出勺装汤盘或汤碗。

4.烩的操作要领

(1)烩菜对原料的要求比较高。多以质地细嫩柔软的动物性原料为主，以脆鲜嫩爽的植物性原料为辅，强调原料或鲜嫩或酥软，不能带骨屑，不能带腥异味，以熟料、半熟料或易熟料为主，要求加工得细小、薄、整齐、均匀、美观。

(2)烩菜原料均不宜在汤内久煮。多经焯水或过油（鲜嫩易熟的原料也可生用），有的原料还需上浆后再进行初步熟处理。一般以汤沸即勾芡为宜，以保证成菜的鲜嫩。

(3)烩菜的美味大半在汤。所用的汤有两种，即高级清汤和浓白汤。高级清汤用于求清淡口味、汤汁清白的烩菜。浓白汤用于求口感厚实、汤汁浓白或红色的菜。

(4)烩菜因汤、料各半，勾芡是重要的技术环节，芡要稠稀适度（略浓于"米汤"），芡过稀，原料浮不起来，芡过浓，黏稠糊嘴。勾芡时火力要旺，汤要沸，下芡后要迅速搅和，使汤菜通过芡的作用而融合。勾芡时还需注意水和淀粉溶解搅匀，以防勾芡时汤内出现疙瘩粉块。

(5)禽畜肉类的生料切制后，均宜上浆并经温油滑熟后再烩制，植物类的生料切制后，均宜滚水烫后再烩制，熟料经加工后，可直接烩制。

(6)为突出烩菜的风味特色，需要充分考虑好主辅料的色香味质感，荤素比例等的搭配。

(7)烩制的时间不要太长，一般在1～3分钟即可。

(8)有些菜肴需要大油量时，油要分几次下入，这样才能保证菜肴既不吐油又香。

5.烩的特点

汤宽汁浓、半汤半菜、滑爽鲜嫩、滋味鲜醇。

（一）白烩

1.白烩的概念

将经过刀功处理成丁、丝、条的小型鲜嫩原料，经预制成熟，放入无色或白色调料和汤,再放入主料烧沸,略煮一会儿定味出锅,下火后勾芡出锅的一种烹调方法。

2.工艺流程

选料→刀功处理→熟处理→加汤→调味→烧开→勾芡→装盘

3.操作要求

(1)必须使用鲜汤,保持菜肴的口味;

(2)不放有色调味品;

(3)汤汁要恰当,不宜过多或过少;

(4)勾芡要恰当,不宜过浓或过稀;

(5)不宜用旺火加热,中火烧制。

4.特点

汤水稍浓而白,质感熟烂,口味鲜醇。

5.实例

烩鸡丝

(1)原料

主料:生鸡脯肉 250 克。

配料:火腿 50 克、水发香菇 50 克、冬笋 50 克。

调料:精盐 5 克、味精 3 克、白胡椒粉 3 克、葱、姜各 5 克、香油 5 克。

辅助料:色拉油 500 克(实耗 50 克)、湿淀粉 20 克、鲜汤 1000 克、鸡蛋清 1 只。

(2)初加工

生鸡脯肉用温水洗净;葱姜去皮洗净。

(3)切配

①将生鸡脯肉片成薄片,顺肌肉纤维切成 4cm×0.2cm×0.2cm 细丝,放盆中,加入蛋清 1 只、精盐 1 克、湿淀粉 10 克上浆均匀;

②把火腿、香菇、冬笋切成 4cm×0.2cm×0.2cm 的丝;

③葱切段,姜切片拍松。

(4)烹调

①锅上火,烧热后加入色拉油 250 克,烧至三成热,将鸡肉放入抖散,断生后捞出沥油;

②锅上火烧热,炸葱姜炝锅,加入鲜汤烧沸,用漏勺捞出葱姜再依次放入鸡丝 250 克、火腿丝 50 克、笋丝 50 克、香菇丝 50 克,烧沸后,加入精盐 4 克、白胡椒粉 3 克、味精 3 克调味,用湿淀粉 10 克勾薄芡,淋入香油,装入事先准备好的玻璃器皿即成。

(5)操作关键

①最好选用嫩母鸡的脯肉,切丝要长短粗细一致;

②滑油要掌握好热锅温油下鸡丝滑散；

③用湿淀粉勾芡，不可过稠或过稀。

(6)成品特点

鲜香味美，食之爽口，为滋补上品。

(二)红烩

1.红烩的概念

红烩是将经过刀功处理成块、条、片的较大形状的原料，放入深色调味品和适量汤汁，中火烧透，调味、勾芡出锅的一种烹调方法。

2.工艺流程

选料→刀功处理→熟处理→加汤、有色调味品→调味→烧开→勾芡→装盘。

3.操作要求

(1)原料大都是熟料，形状较大，烩制时间略长；

(2)必须使用鲜汤，保持菜肴的口味；

(3)需加入酱油、糖色等有色调味品，汤汁要恰当，不宜过多或过少；

(4)勾芡要恰当，不宜过浓或过稀；

(5)不宜用旺火加热，中火烧制。

4.特点

汤水红润，质感熟烂，口味鲜醇。

5.实例

红烩蹄筋

(1)原料

主料：鲜猪蹄筋 250 克。

配料：冬菇 6 克，玉兰片、火腿各 50 克。

调料：酱油 5 克、料酒 10 克、葱 10 克、姜 10 克、精盐 3 克、味精 3 克。

辅助料：淀粉 15 克、鲜汤 250 克。

(2)初加工

将生蹄筋用水煮烂，捞出用凉水冲漂去胶汁，切成两段；葱剖成两半切断；姜切片；冬菇用水发透去蒂；玉兰片用开水氽透后洗净，切成条形；火腿切成条。

(3)烹调

将油烧热后，先下葱、姜，再下冬菇、玉兰片煸炒，而后再下酱油、蹄筋、火腿、精盐、料酒、鲜汤，烧开后撇去浮沫用中火烩至入味时加味精，用湿淀粉勾芡，浇明油少许即成。

(4)操作关键

①蹄筋一定要煮制软烂,便于入味;

②烩制时,一定要用鲜汤,蹄筋本身无味,需要用鲜汤提味。

(5)特点

味道鲜美、入口软糯、色泽红亮。

(三)糟烩

1.糟烩的概念

糟烩与白烩和红烩制法大致一样,是将经过刀功处理的原料经上浆滑油后(有的不需要上浆滑油)放入加好调料和香糟汁并烧沸的汤汁中,略煮一会儿,定味勾薄芡出锅的一种烹调方法。糟烩有红糟和白糟之分。

2.工艺流程

选料→刀功处理→熟处理→加汤、糟汁→调味→烧开→勾芡→装盘。

3.操作要求

(1)大都是用鲜嫩无骨的原料;

(2)汤汁要恰当,不宜过多或过少;

(3)勾芡要恰当,不宜过浓或过稀;

(4)不宜用旺火加热,中火烧制;

(5)香糟汁要分两次加,前面多放后面少放。

4.特点

汤水红润,糟香浓郁,口味鲜醇。

5.实例

糟烩鞭笋

(1)原料

主料:竹笋(鞭笋)500克。

调料:精盐5克、味精3克、香油5克、香糟30克。

辅助料:淀粉15克、色拉油20克、鲜汤150克。

(2)初加工

①将竹笋切成5cm长的段,对剖开,用刀拍松;

②把香糟用清水100毫升搅匀,滤去渣子,留下糟汁。

(3)烹调

锅置火上,加入色拉油,烧至三成热,将鞭笋倒入锅内煸炒,倒入鲜汤,烧焖5分钟,放入精盐、味精,倒入香糟汁,用调稀的湿淀粉勾芡,淋上香油,即成。

(4)操作关键

①拍笋时不可用力过猛,以拍松其纤维但仍保持其笋形为准;

②炒笋时,要低油温,出笋香后,下入鲜汤后再放香糟同烧;

③倒入香糟汁,搅拌均匀后立即勾芡,时间一长,糟香味走失。

(5)成品特点

鞭笋爽脆、糟香味浓、汤汁鲜香。

练 习 实 践

1.什么是烩?烩有什么特点和具体要求?

2.请写出生炒烩鸡丝全过程。

3.此菜制作你出现错误的地方在哪儿,如何纠正?通过此菜你还会做哪些菜?

4.请设计一道相关菜肴,并写出步骤。

三、炖

1.炖的概念

炖是将初步熟处理的原料,装入砂锅或铁锅中,加足汤水和调料,先用旺火烧沸,然后转成中小火,长时间烧煮至原料酥软、汤汁浓醇的一种烹调方法。属火功菜技法。

炖是一种健康的烹调方式,温度不超过100℃,可最大限度地保存各种营养素,又不会因为加热过度而产生有害物质。炖菜时盖好锅盖,与氧气相对隔绝,抗氧化物质也能得以保留。经长时间小火炖煮,肉菜变得非常软烂,容易消化吸收,适合老人、孩子和胃肠功能不好的人群。小火慢炖让食材非常入味,味道可口。一锅炖菜里往往有四五种食材,营养多样。

炖菜的主料要求软烂,一般是咸鲜味。炖有3种,即炖、清炖、侉炖。炖菜多为红色,主料不挂糊;清炖菜多为白色,主料也不挂糊;侉炖多为黄色,主料需挂糊。

炖菜的主料,一般先经炸或焯水初步热加工处理后,再行炖制。炖的用料有整件的,有块的,一般都不挂糊,只有侉炖鸡、侉炖鱼一类菜,在炖前挂鸡蛋糊炸一下,再下锅炖制。因此,烹制侉炖菜时要防止主料巴锅烧煳。炖制菜肴口味浓厚,质地软烂。

不隔水炖:将原料在开水内烫去血污和腥膻气味,再放入陶制的器皿内,加葱、姜、酒等调味品和水(加水量一般可掌握比原料的稍多一些,如一斤原料可加一斤半到二斤水),加盖,直接放在火上烹制。烹制时,先用旺火煮沸,撇去浮沫,再移微火上炖至酥烂。炖煮的时间,可根据原料的性质而定,一般约两三小时。

隔水炖法:隔水炖法是将原料在沸水内烫去腥污后,放入瓷制或陶制的钵内,加葱、姜、酒等调味品与汤汁,用纸封口,将钵放入水锅内(锅内的水需低于钵口,以滚沸水不浸入为度),盖紧锅盖,不使漏气,以旺火烧,使锅内的水不断滚沸,大约三小时即可炖好。这种炖法可使原料的鲜香味不易散失,制成的菜肴香鲜味足,汤汁清澄。也有的把装好的原料的密封钵放在沸滚的蒸笼上蒸炖的,其效果与隔水炖法基本相同,但因蒸炖的温度较高,必须掌握好蒸的时间。蒸的时间不足,会使原料不熟和减少香鲜味道;蒸的时间过长,也会使原料过于熟烂和散失香鲜滋味。

2.工艺流程

隔水炖法:选料→切配→焯烫→入容器→加汤调味→置于水锅中或蒸锅上→加盖密封→用开水或蒸汽加热→炖制成菜。

不隔水炖:选料→切配→焯烫→入容器→加汤调味→加盖密封→加热→炖制成菜。

3.炖的技术关键

(1)原料在炖制开始时,大多不能先放咸味调味品,特别不能放盐,如果盐放早了,由于盐的渗透作用,会严重影响原料的酥烂,延长成熟时间。因此,只能炖熟出锅时,才能调味(但炖丸子除外)。

(2)不隔水炖法,切忌用旺火久烧,只要水一烧开,就要转入小火炖。否则汤色就会变白,失去菜汤清的特色。

(3)炖时要一次加足水量,保证锅内不能断水,如锅内水不足,必须及时补水,直到原料熟透变烂为止,需要三四个小时。代表菜:鸡炖大鲍翅等。

(4)选用以畜禽肉类等主料,加工成大块或整块,不宜切小切细,必须焯水,清除原料中的血污浮沫和异味,但可制成蓉泥,制成丸子状。

(5)炖时只加清水和调料,不加盐和带色调料熟后再进行调味。

(6)用小火长时间密封加热1~3个小时,以原料酥软为止。

4.炖的特点

原料酥软味浓汤汁浓醇鲜亮汤料相辅相成本味突出鲜香味美有较高的滋补价值。

5.实例

奶汤鲫鱼

(1)原料

主料:活鲫鱼2条(600克)。

配料:冬笋25克、火腿15克、豆苗5根。

调料:精盐3克、黄酒25克、味精2克、葱、姜各20克。

辅助料:鲜汤1000克、熟猪油25克。

(2)初加工

①鲫鱼去鳞、鳃、开膛、去内脏洗净;

②葱、姜去皮洗净。

(3)切配

①鲫鱼表面剞斜一字刀;

②葱打结、姜切片、拍松;

③冬笋、火腿加工成柳叶片。

(4)烹调

①炒锅上火,放入熟猪油烧热,放入鲫鱼两面略煎后,加入黄酒25克加盖稍焖,再加入鲜汤1000克、葱结、姜片盖上锅盖;

②用旺火烧沸10分钟左右,放入笋片、火腿片,将锅移至小火上加入精盐3克、味精2克;

③出锅时加入豆苗汆一下,去掉葱、姜,将鲫鱼捞出放在汤盘中间,豆苗放两边,笋片、火腿片放在鱼上面,倒入汤汁即成。

(5)操作关键

①选料必须是新鲜的活鱼;

②必须保持旺火。

(6)成品特点

汁浓似乳、汤菜合一、味浓清鲜醇香。

练 习 实 践

1.什么是炖?炖有什么特点和具体要求?

2.请写出奶汤鲫鱼全过程。

3.此菜制作你出现错误的地方在哪儿,如何纠正?通过此菜你还会做哪些菜?

4.请设计一道相关菜肴,并写出步骤。

四、焖

清代以前,还没有焖的烹调方法。古代厨师在用汤或水进行烧、炖、煮、煨食物时,往往以小火加盖的方法,使原料易熟,不跑味。因此,古代食书中在反映这种成熟方法时,常用"封锅口""盘盖定,勿走气""蒲盖闷"等语言叙述,用的字是"闷",而不是"焖"。这意思很明白,即是原料在火具中以火烧煮,加盖以焖之,使原料加热时散发的气体回流,促进原料尽快成熟,同时气味较少外溢,而较多地保持原料的本味。在元代无名氏所撰《居家必用事类全集》一书中,叙述"罨兔"一菜时,有"瓦盆盖,纸糊合缝,勿走气"的句子,这是说明容器上加盖后,仍会有一部分热气外溢出来,要用纸糊住间缝,热气才能不外溢;现代厨师在用罐、盖碗、盖盅等容器焖、蒸制作菜肴时,要在盖上贴层防护纸,在间缝上贴面团,即是这种古老方法的延续和发展。到了清代雍正、乾隆时期,焖字才始见于菜名,如乾隆时期御膳房的《苏造底档》中,就记有"黄焖鸡肉炖面筋"等菜。民间以焖法制菜,时间还要提前。

焖又称炆(炆为广东烹饪术语),是将加工处理的原料,放入锅中加适量的汤水和调料盖紧锅盖烧开,改用中火进行较长时间的加热,待原料酥软入味后,留少量味汁成菜的多种技法总称。具有汤汁浓稠,原料形状完整,酥烂香软,口味醇厚的特点。

焖类菜多用鸡、鸭、鹅、猪肉、排骨、猪手、牛肉、羊肉、驼蹄、驼峰以及干制的菌菇、质地较于紧密坚实的鱼肉等韧性原料。切制的形状多为小块、厚片、粗条等。原料初步熟处理时,多用汽蒸、水烫、过油、煸炒等方法。焖制的器具一般是陶瓷的,焖时要加盖,根据烹调需要,往往还要将盖的间缝处封严。原料加热时,先用大火烧滚,再转用慢火使原料煨烂;当菜肴临近成熟时,再用大火定味或勾芡。

焖菜特别注意火工,并要盖严锅盖,用小火、长时间,使原料达到酥烂入味;焖菜用的汤水要一次性加足,中途不能添加,以免影响本味。

焖的加热特点决定了原料的选择必须是老韧的,且以动物性原料为多。老韧原料往往比鲜嫩原料含有更多的风味物质,经焖烧析出与原料之中的本味结合、常用的原料有牛肉、猪肉、牛筋、鸡、鸭、黄鳝等。不论因生长期或部位不同而有老嫩之别的原料,一律选用偏老的动植物性原料采取焖法,都是取长时间焖烧的,如笋、干豆角等。

要正确运用火候,焖的加热方式与烧的方式基本相似,也有三个阶段。第一个阶段作原料表层处理时也用旺火处理,以除去原料的异味,使原料上色,所用方法有炸煎煸等。第三阶段大火收稠卤汁也与烧相似，因为在第二阶段中经过长时间的焖烧，原料内的蛋白质等物质融入汤汁中，卤汁要浓黏，所以收汁中，火就不能太大，要多转锅，密切注意卤汁耗损情况，及时下芡或稠浓卤汁。焖的第二阶段是焖的特色所在，也是焖的关键，要用小火或微火加热。

　　要正确掌握调味料等的投放，焖菜小火加热时间较长，因此一些咸味调料不宜过早加足，有许多是先在第一阶段加热时加一部分咸味调料，到收稠卤汁前再外加一些调味料。另外，焖菜加油也极为讲究，如果需勾芡，原料入锅时的底油不能太多，以免芡汁糊化不均匀而影响效果；原料本身含脂肪量多的，焖烧后油脂溢出，勾芡前要撇去一些浮油，不需勾芡的焖菜要加一定油脂"焖油"，以期经过焖滚振荡后，油脂与汤汁混合为乳浊液，增强乳汁的浓厚度和黏稠性，使卤汁与原料混为一体。用作焖油的油最好是猪油或豆油，因这两种油较易于汤汁混合。还有，汤汁一定要一次加准，半途添加会冲淡原来浓醇的味感，使菜肴口味大打折扣。

　　常见的焖法有生焖、熟焖、黄焖、红焖、酒焖、油焖等。这些焖法有的着眼于原料的生熟，有的着眼于所用的调味料，油焖的菜肴多以素菜较多。还有一种焖法，即江南一带的自来芡烧，它的特征是原料焖烧后不勾芡，卤汁浓稠。这种做法有几个特点：第一，所选原料是胶原蛋白丰富的动物性原料，如黄鳝、甲鱼、猪蹄等；第二，原料经长时间的焖烧，使胶原蛋白更多地溶解于汤汁中；第三，调料一般多用于油和糖，而且油分多次加入，有时糖分几次加入，帮助形成自来芡。

　　焖菜可使水溶性维生素和矿物质溶于汤中，部分维生素受到破坏，其中时间越长，维生素 B 和 C 损失越大，肌肉中的蛋白质部分水解，其中的肌凝蛋白部分被水解的氨基酸等溶于汤中，使汤呈鲜味，胶原蛋白中的一部分水解成白明胶，溶于汤中，使汤汁有黏性，焖熟菜肴的消化率有所提高。

　　通常说的常见的焖法其实有很多，按预制加热方法分原焖，炸焖，爆焖，煎焖，生焖，熟焖，油焖等；按调味种类分红焖，黄焖，酱焖，原焖，油焖等。

　　原焖：将加工整理好的原料用沸水焯烫或煮制后放入锅中。加入调料和足量的汤水以没过原料为度，盖紧锅盖，在密封条件下，用中小火较长时间加热焖制，使原料酥烂入味，留少量味汁而成菜的技法。特点是：原焖收汁是拢住香味，保持鲜味的重要手段。原焖的原料主要有畜禽肉类和富含油脂的鱼类，少用蔬菜，代表菜有绍酒焖肉等。

　　油焖：将加工好的原料，经过油炸，排出原料中的适量水分，使之受到油脂的充分浸润，然后放入锅中，加调味品和适量鲜汤，盖上盖，先用旺火烧开，再改转用中小火焖，边焖边加一些油，直到原料酥烂而成菜的技法。油焖的原料主要有蔬菜、海鲜、茄子、尖椒等。代表菜有油焖大虾、油焖尖椒等。

　　红焖：将加工好的原料经焯水或过油后，放入锅中加调味品主要以红色调味品为主(酱油、糖色、老抽、甜面酱、大红色素等)加适量鲜汤,盖上盖,旺火烧沸转中火焖,直至原料酥烂成菜。特点是色泽红润,酥烂软嫩,香味浓醇。主要原料有鸡、鸭、猪、羊、狗、牛等畜禽野味肉类。代表菜有红焖鸡块、红焖肉等。

黄焖:同红焖相似,只是在颜色上比红焖浅一些呈金黄色。代表菜有黄焖鸡块。

酱焖:与油焖、红焖、黄焖方法相同,只是在放主配料前,将各种酱(豆瓣酱、大豆酱、金黄酱等酱)进行炒酥炒香后再焖至酥烂的技法。代表菜有酱焖鲤鱼等。

(一)红焖

1.红焖的概念

红焖是将加工好的原料经焯水或过油后,放入锅中加调味品。主要以红色调味品为主(酱油、糖色、老抽、甜面酱、大红色素等)加适量鲜,盖上盖,旺火烧沸转中火焖,直至原料酥烂成菜的一种焖制法。多选用鸡、鸭、猪、羊、狗、牛等畜禽野味肉类。代表菜有红焖鸡块、红焖肉等。

红焖一般以味醇微辣的家常味为主,是以生抽、老抽、蚝油、酱类、糖色等液体、流体调料为主要调料,成品以色泽深红(或类似红色)而得名。红焖的菜肴具有色泽红润(或类似红润的色泽)、汁浓亮、滋味醇厚香美的特点。

2.工艺流程

选料→切配→焯水或过油→入锅加汤调味调色→焖制→收汁→装盘。

3.红焖操作的关键

(1)选料严格,要选用新鲜、易于成熟的原料;

(2)焖制前,需要根据原料以及质地采用不同的熟处理方法。一般而言动物性原料需要过油翻炒,植物性原料滑油或焯水;

(3)必须使用鲜汤,汤水要一次加足,根据质地来确定汤的多少,质老就将汤多一些,反之则汤少一些;

(4)不宜用旺火加热,恰当掌握火候,加盖用小火长时间加热确保酥软;

(5)制品成熟后,一般都不勾芡,依靠火力自然收汁。

4.红焖的特点

质地酥软、浓汁黏滑、香鲜味醇、颜色为深红色。

5.实例

红焖鸡腿

(1)原料

主料:鸡大腿5只(750克)。

配料:水发香菇15克、冬笋15克。

调料:黄酒10克、味精2克、精盐5克、酱油30克、葱、姜各15克、绵白糖5克。

辅助料：色拉油1000克（实耗100克）、鲜汤1000克、红曲米汁50克。

(2) 初加工

①葱、姜去皮洗净；香菇、冬笋洗净；

②将鸡腿洗净抹上酱油。

(3) 切配

香菇用刀去根蒂；冬笋切0.5cm厚片；葱打结，姜切片。

(4) 烹调

①锅上火，加入色拉油1000克，烧至五成热时，逐个放入鸡腿，炸至浅棕色捞出沥油；

②锅上火，倒入鲜汤1000克和红曲米汁50克，加入黄酒10克、味精2克、精盐5克、酱油30克、绵白糖5克，放入鸡腿、加入葱节姜片用旺火烧沸，去浮沫，再放入香菇、冬笋片盖上锅盖，移至小火焖约一小时至鸡腿酥烂，加入味精，去掉葱姜，用旺火收汁即可装盘。

(5) 操作关键

①要严格掌握焖制火候，保持鸡腿完整，避免表皮炸裂；

②要正确掌握焖制时间。

(6) 成品特点

色泽红润、肉质酥香、汁厚味浓。

(二) 黄焖

1. 黄焖的概念

黄焖是将原料初步处理后，加汤调味定形，加盖用小火烧至酥软入味并收浓汤汁成菜的一种烹调方法。黄焖菜肴一般以醇厚咸香的咸鲜味为主，黄焖和红焖相比所用糖色和酱油比较少，菜肴颜色为浅黄色。还有黄焖一说是指鲁菜中的核心酱料是黄豆酱，黄豆酱也是黄焖菜的主要酱料。所以黄焖的"黄"体现在黄豆酱上。如谭家菜中的"黄焖鱼翅"。芡汁是用黄色的上汤调剂的，浇在黄色的鱼翅上，黄焖的特色就十分浓郁；加咖喱粉焖制的菜肴，也具有明显的黄色。有些地区，做黄焖的菜肴时还要加些生抽、蚝油，使菜肴具有深黄的颜色。总的来说，黄焖的菜肴具有色泽黄润（或深黄），汁浓亮，口味醇厚的特点。

2. 工艺流程

选料→切配→焯水或过油→入锅加汤调味调色→焖制→收汁→装盘。

3. 黄焖操作的关键

(1) 选料严格，要选用新鲜、易于成熟的原料。

(2) 要根据原料以及质地采用不同的熟处理方法。一般而言，动物性原料需要过油翻炒,植物性原料滑油或焯水。

(3)鲜汤要一次加足,根据质地来确定汤的多少,质老就将汤多一些,反之则汤少一些。原料在加汤和调味品焖制时,汤的颜色应达到浅黄或黄色为宜。这样,当原料熟后,随着汤汁的减少,汤汁的颜色也会加深、加重;如先是浅黄色,就会变成深黄色,如需放生抽、蚝油时,要放得适量,不可使汤汁的颜色过深、过重,更不宜以生抽等有色调味品作为黄焖菜肴的主咸口味,应以精盐为主咸口味。

(4)焖制时,基本与红焖法相同。但黄焖菜肴,有的需在砂锅中焖制,有的成菜不加湿淀粉勾芡。

(5)不宜用旺火加热,恰当掌握火候,加盖用小火长时间加热确保酥软。

4.黄焖的特点

质地酥软、浓汁黏滑、醇厚咸香、颜色为浅黄色。

5.实例

黄焖鳝鱼

(1)原料

主料:大鳝鱼1000克。

配料:冬笋50克、水发木耳20克、青豌豆10克。

调料:酱油100克、黄酒75克、绵白糖100克、葱、姜各30克、蒜50克、精盐5克、香油25克。

辅佐料:熟猪油30克、鲜汤1000克、猪板油15克。

(2)初加工

①将鳝鱼宰杀,除去内脏,斩去头尾洗净;

②葱、姜、蒜去皮洗净;

③冬笋、木耳、青豌豆、猪板油洗净。

(3)切配

①将鳝鱼切成5cm的段,入沸水锅内焯水后洗净;

②冬笋切成柳叶片;

③葱打结、姜切片拍松;

④猪板油切丁。

(4)烹调

锅内放竹垫,将鳝鱼竖立锅中;

另用炒锅置旺火上烧热,加入熟猪油,放入葱姜蒜炸香,加入鲜汤1000克,倒入鳝鱼段锅中,依次放入黄酒、酱油、精盐、猪板油丁、绵白糖,用中小火烧沸,撇去浮沫,加盖移小火焖2小时左右至鳝鱼肉质熟烂,拣去葱姜,放入笋片、木耳、青豌豆、用旺火收汁,再淋入香油,起锅装盘。

(5)操作关键

①焖时要盖好锅盖,中途不加汤;

②焖制时要加竹垫,以免粘锅。

(6)成品特点

熟烂细腻、汁浓如胶、色泽棕黄、鲜美香醇。

(三)油焖

1.油焖的概念

油焖是将原料初步处理,再经过走油处理后加汤调味定形,加盖用小火烧至酥软入味并收浓汤汁成菜的一种烹调方法。主要以调味油和调料汁进行焖制成菜,油焖菜肴以酱香味为主。油焖的原料多选用蔬菜、海鲜、茄子、尖椒等。

焖制时加汤量比其他焖法要少,焖制时间要短,初步熟处理一般采用煸炒或油炸的方法。油焖要求原料鲜嫩易熟,成菜色泽浅红油亮。

油焖第一阶段用旺火,对原料进行初步熟处理或表层处理,以去除异味及原料上色。第二阶段,用小火或微火,使原料蛋白质及风味物质溶于汤汁中,并使原料酥软入味,卤汁稠黏,体现焖菜特色。第三阶段,用旺火,收稠卤汁,并在加热过程中注意旋锅,防止粘底。

油焖菜肴一般不挂糊拍粉、不勾芡。

特点:色泽明亮,口味甜咸醇香。

2.工艺流程

选料→切配→过油→入锅加汤调味→加油焖制→收汁→装盘。

3.油焖操作的关键

(1)原料应选用质地鲜嫩,易于成熟的原料;

(2)原料加工,要大小一致;

(3)在焖制前需经过过油处理;

(4)加盖用小火长时间加热确保酥软;

(5)焖制要使用鲜汤,增加菜肴醇厚;

(6)宜用中小火焖制,不宜时间过长,收干汁。

4.油焖的特点

质地酥软、浓汁黏滑、油亮味醇。

5.实例

油焖冬笋

(1)原料

主料:冬笋500克。

调料:精盐 5 克、味精 1 克、香油 10 克、绵白糖 10 克、葱、姜各 5 克、黄酒 5 克、酱油 5 克。

辅助料:色拉油 500 克(实耗 75 克)、鲜汤 250 克。

(2)初加工

①将冬笋洗净;

②葱、姜去皮洗净。

(3)切配

①冬笋切成滚刀块;

②葱、姜切末。

(4)烹调

①将冬笋块入沸水锅焯水后沥净水分;

②锅置旺火上,倒入色拉油 500 克,加热至六成热时,将冬笋块放入,炸至金黄色捞出沥油;

③另起锅置火上,加入色拉油 50 克,入葱、姜末炸香,加入鲜汤,用旺火烧沸后,加入笋块、黄酒、精盐、绵白糖、酱油,加盖移至小火焖约 15 分钟移至大火,加入味精收干汁,淋入香油出锅装盘。

(5)操作关键

①冬笋焯水要焯透,因竹笋含有草酸,有苦味,焯水可以去除涩味;

②笋在油焖的过程中很容易挂汁入味,长时间焖煮会破坏笋本身清甜的后味;收汁时要勤晃动,以免粘锅;

③冬笋要走油时炸至金黄色,焖制时油要稍微多放一些,因为竹笋吸油。

(6)成品特点

色泽油亮,咸甜爽口。

(四)酒焖

在长期的烹饪实践中,人们发现用酒烹调,可以去除原料的腥膻气味且赋予菜肴香味。用酒做菜,是以酒代替烹调时的水或汤,经过烹调达到原料鲜香味美的效果。因此说酒既是饮料也是烹调时常用的调料,甚至是辅料,如制作东坡肉、黄酒焖牛肉、黄酒炖鸡,啤酒鸡(鸭)、醉蟹、醉鱼、醉虾、三杯鸡等。

1.酒焖的概念

酒焖是将原料初步处理后,加入调料和足量的汤水以没过原料并盖紧锅盖,在密封条件下,用中小火较长时间加热焖制,使原料酥烂入味,留少量味汁而成菜的一种烹调方法,在烹调时需加入酒类进行焖制。酒焖的原料多选用畜禽肉类和富含油脂的鱼类,少用蔬菜。

酒焖用到的酒主要有以下几种。

白酒：白酒多作饮品，烹饪中也作调料使用。其在烹饪中主要具有去腥除膻、杀菌防腐、增香添味、解腻的作用。由于白酒的酒精含量高，容易破坏菜肴的风味，一般仅在制作某些特殊的菜肴时使用少许，主要用于对腥膻味较重的原料进行加工除味和一些风味菜肴的制作，例如茅台酒烧鸡球、汾酒牛肉等。制作醉菜时，会用白酒，如醉虾、醉鸡、醉蟹等，其成菜效果比黄酒佳。烹饪运用范围不如黄酒广泛，这也正是在烹调中白酒不能代替黄酒的原因。

黄酒：黄酒在烹调中既可以用于原料加工时的腌制和码味，又适于菜肴的烹制和调味。可以起去腥膻、解腻味、增香味及帮助呈味成分的渗透等作用，还具有一定的杀菌消毒作用。使用时要注意用量，不可太多，以不影响菜肴口感、没有残留的酒为宜。黄酒中还含有多种维生素和微量元素，而且使菜肴的营养更加丰富；在烹饪肉、禽、蛋等菜肴时，调入黄酒能渗透到食物组织内部，溶解微量的有机物质，从而使菜肴质地松嫩。

啤酒：用啤酒调生粉拌肉片、肉丝，可增加肉质的鲜嫩；用啤酒烹调鸡、鸭、鹅等禽类和鱼、虾等海产品，可去腥增香。菜肴如啤酒焖鸡、啤酒蒸鸡、啤酒炖鱼以及加拿大名菜啤酒肉饼等。误区：有些人喜欢用啤酒代替黄酒或料酒，觉得味道更好些，其实这样做是不对的。因为啤酒中有很大一部分是二氧化碳气体。这种二氧化碳气体，它的挥发性是很大的，尤其是受热以后。所以说，如果烹调的时候向菜里加入啤酒的话，酒精在溶解腥膻味之前就已经挥发掉了，当然也就达不到去腥除腻的效果了。

葡萄酒：葡萄酒在菜肴烹调中具有增香、除腥膻、增色泽的作用。菜肴如：中餐中的葡汁鸡、葡萄酒烧鹌鹑、贵妃鸡翅等；西餐中的法式红酒烩牛肉，用的是红葡萄酒，法式煮鱼和白酒鲜蘑沙司等用的是白葡萄酒。

酒酿：酒酿可直接食用，也可作调料使用，常用于烹制菜肴或制成风味小吃。可用于烧菜、甜品菜、糟汁菜及风味小吃的制作，主要起增香、提味的作用，还具有去腥、除异、提鲜、解腻等作用，并有促进食欲、帮助消化、温寒补虚等功用。

香糟：香糟是酒糟的一种，利用酿制黄酒时经蒸馏或压榨后余下的残渣，再经加工制作而成的汁渣混合物。香糟味醇、香浓、风味独特，可用来糟制肉、禽、鱼类等动物性原料的调味，适于烧、熘、煎、炝、醉、爆等多种烹调方法，主要起去腥、增香、生味的作用，由于其色泽红艳，除调味外还具有增色的作用。在闽菜中使用红糟制作菜肴较广泛。

2.工艺流程

选料→切配→过油→入锅加酒调味→加油焖制→收汁→装盘。

3.酒焖操作的关键

(1)选料严格,必须使用鲜汤,不宜用旺火加热;

(2)加盖用小火长时间加热,确保酥软;

(3)注意酒的用量与加入时机。

4.酒焖的特点

质地酥软、浓汁黏滑、酒香味醇。

5.实例

花雕酒焖肉

(1)原料

主料:猪方肋肉 750 克。

调料:花雕酒 150 克、精盐 6 克、绵白糖 25 克、饴糖 10 克、葱、姜各 5 克、酱油 10 克。

辅助料:色拉油 1000 克(实耗 100 克)、鲜汤 1000 克。

(2)初加工

①猪方肋肉去掉表皮毛渣后洗净,入冷水锅上火煮至断生,捞出沥干水分,趁热抹上饴糖,晾干后入六成热油锅,炸至上色捞出;

②葱、姜去皮洗净。

(3)切配

①将炸过的方肋肉在肉上面剞宽约 1.5cm 十字刀,深至皮下;

②姜拍松,葱打结。

(4)烹调

①锅置火上,倒入鲜汤,放入肋肉,加入花雕酒、绵白糖、精盐、酱油、生姜、葱结,烧沸后加盖,移至小火焖约 2 小时,至猪肉酥烂,焖制时要不断晃锅;

②拣去葱姜,将焖好的方肋肉用旺火收汁,出锅装盘。

(5)操作关键

①肉的选材一定要好,既不用紧挨着脊骨的五花肉,也不用猪肚下蹄位置的肚腩肉,只选用这两者中间部分最好的那一段五花肉,亦称肋条肉。肋条肉也需挑选质量好的,肥肉夹瘦肉,瘦肉裹肥肉,要五层以上的,用这样的五花肉来烹制,不仅品相好,味也佳;

②要小火焖制,防止煳锅,焖制时要不断晃锅,以免粘锅;

③汤汁黏稠,收汁不要太干。

(6)成品特点

汤汁黏稠、酒香四溢、肥而不腻。

五、酱焖

1. 概念

是将主料经过加工处理,用热油煸炒或炸后,炝锅加鲜汤和各种酱(豆瓣酱、大豆酱、金黄酱等)等调味品,用小火焖制成菜的一种焖制法。

2. 工艺流程

选料→切配→煸炒或过油→炝锅→加汤、酱料→焖制→装盘。

3. 操作要求

(1)选料多选用新鲜、易于成熟的原料;

(2)必须使用鲜汤,汤水要一次加足;

(3)酱料的使用量要恰当,保证口味适口和色泽红润;

(4)不宜用旺火加热,恰当掌握火候,加盖用小火长时间加热确保酥软。

4. 特点

质地酥软、汤汁黏稠、香鲜味醇、色泽红润。

5 实例

酱焖猪蹄

(1)原料

主料:猪蹄 500 克。

配料:土豆 2 个。

调料:黄豆酱 30 克、干辣椒 6 个、花椒 15 粒、香叶 4 片、八角 1 个、冰糖 10 克、老抽 10 克、葱 10 克、姜 10 克、料酒 20 克、精盐 3 克、色拉油 40 克。

(2)初加工

猪蹄用水泡透,剁成块洗净;土豆洗净后切成滚刀块。

(3)烹调

①锅置火上,加入色拉油,烧到三成热,保持中小火放入干辣椒、花椒炸出香味,然后放入冰糖炒至溶化,倒入洗净的猪蹄翻炒均匀。猪蹄开始上色后,继续保持中小火翻炒,然后加入料酒、老抽炒出香味,直到猪蹄变成棕红色后,放入葱、姜、香叶、八角等香料。

②倒入开水没过猪蹄 2/3 处,用大火将汤汁烧开,打去表层的浮沫,然后放入黄豆酱,加盖用中火焖至半小时,直到用筷子能很容易地扎穿猪蹄。

③放入切好的土豆块,继续焖 10 分钟,直到土豆酥烂为止,最后可以根据自己口味调入适量的盐即可。

(4)操作关键

①猪蹄要去净毛和脚趾中的污物;

②焖制时要用小火,盖严盖;
③控制好时间,猪蹄、土豆酥烂即可。

(5)成品特点

猪蹄软烂、汤汁黏稠、口味鲜香。

(六)罐焖

1.概念

罐焖是将切成小块或小件的原料,经水烫或油炸后,放入特制的焖罐中,加汤汁和调味品(加盖)以慢火焖制成菜的方法。

罐焖法吸收了西餐的某些传统方法,原料多用牛肉、鸡肉、鸭肉等;原料在初熟处理时,多用芹菜、胡萝卜、白胡椒等调味;配料多用白薯、鲜菇、胡萝卜等;焖制的汤汁中,往往还要加茄汁或牛油(即黄油)。

2.工艺流程

选料→切配→焯水或过油→入罐→加汤、调料→焖制→装盘。

3.操作要求

(1)原料在罐中焖制时,汤汁和调味品一次加足、加准、加盖直至焖制成菜,不宜中途添加汤汁或调味品;

(2)在用罐焖之前,原料一般都要经过初步熟处理,并以调味的汤汁混合烧滚后,再放入罐中,然后加盖,放在烧热的铁板上慢火焖。罐中的汤汁不因慢火焖制而明显地减少。

4.特点

原汁原味,汤汁浓亮,香醇不腻。

5.实例

罐焖牛肉

(1)原料

主料:牛肋条肉750克。

配料:土豆150克、白萝卜100克、口蘑15克、红枣30克、葱头50克、芹菜50克、青蒜20克。

调料:精盐6克、料酒10克、味精5克、番茄酱20克、花生油50克、白兰地酒10克、香叶2片、胡椒粒10粒、面粉10克、黄油15克。

(2)初加工

①把牛肉切成寸块,焯水后用凉水洗净血沫;

②土豆、白萝卜去皮后,都修成小圆球,然后在开水锅里沸煮一下(九成熟);

③葱头2/3切指甲片,1/3切大块;芹菜去叶洗净后一半切段,一半切指甲片;

青蒜洗净,切斜刀小片;口蘑洗净后切片;红枣去核洗净。

(3)烹调

①煮锅置火上,加入清水,下入牛肉块、葱头块、芹菜段、香叶、黑胡椒粒。煮九成熟时,用精盐、绍酒调好口味,炖至牛肉块酥烂时捞出。锅中汤过罗(即把汤中的杂物过滤)。取一焖罐,将煮过的土豆、白萝卜球、口蘑片、红枣下入,再下入牛肉块;

②炒锅置火上,下入花生油,放入适量的面粉,用小火慢慢地炒成牙黄色,然后下入番茄酱炒透,再徐徐加入炖牛肉的原汤,边加边搅动,待稀稠适当时,遂将汤过罗,再倒入盛牛肉块和配料的罐中,放火上烧沸,移至小火焖二十分钟左右,加入味精拌匀。葱头片、芹菜片用黄油煸炒至发黄倒入罐内。上席前,加点白兰地酒倒入坛子中。用锡纸封口放入烤箱中加热5到10分钟即可。

(4)操作关键

①此菜具有中菜西做的味道,制作中要注意配料的用量;

②牛肉要新鲜,要泡透去净血污;

③焖制时要小火,盖要盖严。

(5)成品特点

牛肉酥烂、汤味浓郁、口味多样。

练 习 实 践

1.什么是焖?焖有哪些方法?

2.什么是红焖?红焖有什么特点和具体要求?

3.请写出红焖鸡腿全过程。

4.什么是黄焖?黄焖有什么特点和具体要求?

5.请写出黄焖鳝鱼全过程。

6.什么是油焖?油焖有什么特点和具体要求?

7.请写出油焖冬笋全过程。

8.什么是酒焖?酒焖有什么特点和具体要求?

9.请写出花雕酒焖肉全过程。

10.请设计一道相关菜肴,并写出步骤。

五、煨

煨菜是一种常见烹调方法，是将加工处理的原料先用开水焯烫，放砂锅中加足适量的汤水和调料，用旺火烧开，撇去浮沫后加盖，改用小火长时间加热，直至汤汁黏稠，原料完全松软成菜的一种烹调方法。煨菜是火力最小，加热时间最长的半汤菜，以酥软为主，不勾芡。

煨菜主料以老、硬、坚、韧的动物性原料和植物性原料中的干果、豆类等。例如，禽类：老母鸡、老鸭；畜类：牛肋、牛腱、牛板筋、牛蹄筋、牛胸腹、猪五花肉以及火腿、腊腌肉、咸肉等；水产品类：元鱼、乌鱼、鳝鱼、鲫鱼等；蔬菜类：冬菇、板栗、干菜、干果、干豆等。这些原料质地较老、组织多、滋味鲜香，并且其原料在受热后容易软烂又质地滑糯。

煨菜主料的形状多以大块形状或整料为主，煨前不腌渍、挂糊，初步熟处理比较简单，开水焯烫即可，要撇净浮沫。

原料在煨制前，需对原材料进行熟处理，对除异味、增香味、保证菜肴质感等方面有重要作用，而且还可以缩短烹制时间。熟处理的方法及时间应根据原料质地而选定，禽类原料一般以过油为主；龟、牛肉、猪肉类原料以焯水为主。熟处理的成熟程度应基本一致。

原料在入锅煨制时，凡使用多种原料的下料时均应做不同处理。性质坚实、能耐长时间加热的原料可以先下锅，耐热性差（大都为辅料）在主料煨制半酥时下入。在选择原料的时候尽可能选料质地相近，以免成菜后成熟不一。

原料在加热时要严格控制火力，限制在小火、微火范围，锅内水温控制在85～90℃之间，水面保持微沸而不沸腾。

煨制的菜肴一般以咸鲜味、咸香味、香糟味为主，菜名应具有醇香鲜美，与主料本身滋味相结合的特点。煨制时一次性将汤、调味品加足烧沸，加盖密封用小火煨制成菜。

煨制菜品时，汤一次掺足，水量的多少应同原料多少成正比。如果原料脂肪不高，可留些余油，以使煨制过程油脂溶于汤中，增加汤汁的浓度。在煨制过程中，应尽少揭盖，以微火保持汤汁开而不沸。

（一）红煨

1.红煨的概念
红煨是菜肴煨制时加入有色调料，烹调后呈现红色的一种煨制法。
2.工艺流程
选料→焯汤处理→入锅加汤水调料调色→加盖长时间煨制→成菜。

3.红煨操作的关键

(1)原料多选用老韧、富含蛋白质和风味物质的动物性原料,增加菜肴的风味;

(2)煨制时要盖严罐口;

(3)正确使用火候,大火烧开要撇去浮沫,用微火长时间加热;

(4)一次性加入足量的汤汁,中途不可加水,形成汤汁黏稠;

(5)多种原料要视原料质地,采取不同时期放入,原料要煨至酥烂。

4.红煨的特点

汤汁浓稠、味厚汁醇、主料酥烂。

5.实例

红煨甲鱼

(1)原料

主料:活甲鱼1只750克。

配料:肥瘦猪肉100克、干枸杞10克、淮山药10克、干红枣10克。

调料:酱油30克、精盐4克、绵白糖1克、黄酒20克、葱白10克、生姜5克、花椒3克、味精2克。

辅助料:鲜汤1500克、色拉油80克。

(2)初加工

①将甲鱼从脖颈处下刀,割断食道、气管,放净血,入85度热水中烫至能刮去表皮黑衣时捞出,立即用刀刮去黑衣,洗净后再放入锅内,加热后将壳掀开,除去内脏洗净;

②干枸杞、淮山药、红枣、猪肉洗净;葱、姜去皮洗净。

(3)切配

①用刀将甲鱼斩成约3cm见方的块,入冷水锅中上火煮沸,捞出用清水洗净,猪肉片成2cm×4cm大片;

②葱姜拍松,花椒用纱布包好。

(4)烹调

①锅上火,加入色拉油80克烧热,先入葱、姜、肉片,略煸后入甲鱼块煸透,加入酱油30克、黄酒20克、精盐4克、绵白糖1克、鲜汤1500克、干枸杞10克、淮山药10克、干红枣10克烧沸后撇去浮沫,再倒入另一只砂锅中,上放花椒包加盖盖好;

②将砂锅置旺火上,加盖,用小火慢慢煨1小时至甲鱼酥烂时,打开锅盖,去掉花椒包,弃去葱姜肉片,加入味精,即可盛装上桌。

(5)操作关键

①甲鱼宰杀、刮洗干净,裙边应加工亮如粉皮,甲鱼腥味大,应用清水漂洗去

净异味,要焯净血沫,清洗干净;

②酱油用量不可过多,否则会过红,且影响味感;

③煨制火力不能太大,只能用小火慢慢煨,保持汤汁微沸;

④控制煨制时间。

(6)成品特点

汁清味厚、甲鱼肉酥、裙边软糯;枸杞、淮山药、红枣有滋补功能。

(二)白煨

1.白煨的概念

白煨是将初步熟处理的原料放入陶制器皿中,加入无色调料和较多的汤汁,用旺火烧沸,加盖封闭,以微火长时间加热入味成熟且汤汁浓白的一种烹调方法。

2.工艺流程

选料→焯汤处理→入锅加汤水调料→加盖长时间煨制→成菜。

3.白煨操作的关键

(1)腥膻味重的原料,要实现去除异味;

(2)大火烧开,微火长时间加热,但要视具体原料控制好时间;

(3)一次性加入足量的汤汁;

(4)调味要准确。

4.白煨的特点

汤汁浓稠、味厚汁醇、主料酥烂。

5.实例

白煨脐门

(1)原料

主料:熟鳝鱼腹肉 500 克。

配料:蒜瓣 150 克。

调料:精盐 5 克、黄酒 15 克、白酱油 20 克、白胡椒粉 2 克、白醋 2 克、虾子 0.5 克。

辅助料:鲜汤 500 克、熟猪油 100 克。

(2)初加工

将鳝鱼腹肉洗净;蒜瓣洗净;虾子拣净。

(3)切配

将净鳝鱼腹肉加工成约长 8cm 的段,洗净后放入沸水中略烫捞出,沥净水分。

(4)烹调

①锅上火烧至六成热时放入猪油,放入蒜瓣,炸至浅金黄色起香后,将锅离

火,蒜瓣在油中浸3分钟左右捞出;

②取砂锅一只,放入特制的竹垫,将炸过蒜瓣的猪油倒入,放入鳝肉,加入白醋、精盐、黄酒、虾子、鲜汤,加盖,用旺火烧沸后移小火上煨一小时左右,至鳝肉酥烂时,再放入蒜瓣煨约10分钟后,取出竹垫,上撒白胡椒粉即可上桌。

(5)操作关键

①一定要垫竹垫,防止粘锅;

②煨制火候要掌握好,以达到菜肴软糯之口感。

(6)成品特点

选料讲究,制作精细,汤汁乳白,肉质软糯酥烂。

练 习 实 践

1.什么是煨?煨有哪些方法?

2.什么是红煨?红煨有什么特点和具体要求?

3.请写出红煨甲鱼全过程。

4.什么是白煨?白煨有什么特点和具体要求?

5.请写出白煨脐门全过程。

6.请设计一道相关菜肴,并写出步骤。

六、扒

扒是将加工整理的原料整齐地放入锅中,加入适量汤水和调料,用中小火加热,待原料熟透入味后,通过晃勺、勾芡和大翻勺,小火烹制收汁而保持成菜原形而成菜的一种烹调方法。扒菜讲究刀口和勺工,因其菜形完整且趴伏于盘中而得名。扒菜具有主料软烂、汤汁浓醇、明汁亮芡、菜汁融合、丰满滑润、色泽美观等特点。"扒"是鲁菜主要代表烹调技法之一,也是衡量勺功水平高低的标准之一。

按操作过程可分为勺内扒和勺外扒。

勺内扒:就是在炒勺内进行扒制。其方法是:用葱姜炝锅后,加汤汁煮沸,打去料渣不用,加各种调味料,再把原料整齐地摆入锅中,旺火烧沸后改小火烧透入味,然后用湿淀粉勾芡并淋明油,最后大翻勺使原料翻面,拖装入盘即好。

勺内扒又可分为整扒和散扒。整扒,是将改刀的原料正面朝下,排入锅中后,使其形状整齐(鸡、鸭可按原形排摆),加汤汁,放调味料,待小火烧至成熟后,勾芡,淋明油,大翻勺使其正面朝上,拖入盘中即成。如扒三白、扒龙须鲍鱼等。散扒,是原料不经摆成完整的形状就直接下锅烹制,等到菜肴制好出勺后,再加以拼摆成形。如扒口蘑芦笋、奶油扒菜心等。

勺内扒也有在锅中使用竹箅扒制的,一般是将主料排摆在竹箅上,再覆盖上配料,入锅加汤汁烹制,至汤汁浓稠时,拣去配料,另把主料装入盘中,随后整理菜肴的形状,再将汤汁收浓浇上去。如河南的白扒鱼翅、福建的扒大乌参等。另外,砂锅也可用来扒制菜肴,只是主料要用纱布先包裹好,砂锅内还要用鸡骨、猪骨去垫底,或者垫上竹箅。

勺外扒:是指主料不入炒勺的扒制方法。一般是先蒸好后再扒制,即把初步处理过的原料整齐地摆在盘内或蒸碗内,加入配料、调料和汤汁后,上笼蒸熟取出,另把原汁入锅收浓浇上去。如扒酿大蟹、扒酿鱼扇、山东的扒雏鸡和浙江的扒八珍等。

另外,广东的炸扒和煎扒也属于勺外扒,那是先将主料用炸、煎的方法制熟后,再排摆入盘中并配以辅料;另锅把味汁调好浇在盘中。

按调味料的不同,可分为葱扒、五香扒、奶油扒、蚝油扒等。

葱扒:是将大葱炸黄后,与主料一同扒制,如葱扒鱼唇、葱扒牛舌、金葱扒鸭等,成菜具有浓郁的葱香味。

五香扒:是将八角、花椒、肉桂、草果、良姜等香料与主料一同扒制成菜,牛、羊、鸡、鸭等动物性原料就特别适合用此法,如五香扒野鸭、生扒羊肉等。

奶油扒:是用奶油浇汁扒制而成的,如奶油扒白蘑、奶油扒广肚。成菜具有色泽乳白、奶香四溢的特点。

蚝油扒:是将主料煨、蒸后,取原汁加蚝油一起收浓,然后勾芡并浇于主料上,如广东的蚝油扒鸭脚。

按成菜的色泽不同,可分为白扒和红扒。

白扒:是用白汁奶汤扒制,并且不用深色调味料。菜品色白油亮,味清鲜,如白扒鸡肚羊、白扒鹿筋、白扒鱼肚等。

红扒:是加酱油等深色调味料或加糖色扒制的方法。成菜色泽棕红,味较浓。红扒时,用料一般都要经过预熟处理。熟处理的方法有油煎、卤制、油炸、温油滑等。

按原料品种多少,可分为汁扒和肉料扒。

汁扒:多数只有一种原料,且以蔬菜原料居多,没有配料、料头。先将原料按性质或菜肴要求烹制(有些原料需要进行预制,如煲等),烹制后上碟,形格可以多样。芡汁的烹制尤其讲究,要突出芡汁的独特风味,如鲍汁、蚝汁等。芡汁要符合菜肴要求,芡色鲜明、油亮,稀稠合适,滋味鲜美,芡量较大。有些原料烹制时难以入味、挂芡，要与原料一起成芡而不是另行淋芡（如蚝油扒鲜菇）。

肉料扒：由两种或两种以上原料组成，其中一种原料多为肉料，用于扒在另一种原料之上，没有料头，两种原料均可作为主料。不同的原料按其性质或菜肴要求，分别使用适合的烹调技法（有些原料需要预制）。原料分别烹制后，按层次摆砌，特定的肉料要在面上摆砌整齐，层次分明，形态美观。同时，底、面原料的烹制要比较紧凑，时间不能相隔过长，否则会影响底菜的热度和香气。不同原料的味道不同，芡色也不一样。通常应有两个或两个以上的芡和味，而芡也有阔芡和紧芡之分，扒在底菜上的芡较为宽阔，在面料的芡较为紧窄，具体应视菜肴要求而定。

除了上述介绍的扒法以外，还有一种较为特殊的扒制方法——铁扒。它吸取了西餐的烹制技法，一般是先将主料油炸或油煎成枣红色，然后放入锅中加汤调味，待微火煨至酥烂且汤汁收干时，取出剁成块，最后按原形摆在盘内一端，另一端配以鲜菜，随辣酱油一起上桌蘸食。

扒制菜肴的原料，第一，要选大多高档原料，如鱼翅、鲍鱼、海参、干贝等海类产品。第二，一般用于扒制熟料，如"扒三白"，所选用的原料有熟大肠、熟鸡脯肉、熟白菜条，选用这样原料的目的是容易入味，也具有解腥去味的作用。第三，也可以用整只或整块原料的，如鸡、鸭、肘子等，还有用经过刀功处理的动植物原料的。

制作扒菜时要注意，主料一般是先经过汽蒸、焯水、过油等初步熟处理，有时也会用到其他方法，让原料入味后才扒制。扒制前，原料要拼摆成形，使其保持较为整齐美观的形状。下原料时，应平推入锅，加汤汁也要缓慢，或沿锅边淋入，这样才可避免菜形散乱。烹制时需用小火，避免因汤汁翻滚而影响菜形完整。成菜时若需要勾芡，一般会用淋芡、晃锅的方法；也可在主料装盘后，将所留汤汁勾芡收浓，再浇于菜肴上。

根据原料的性质和烹制目的不同，原料要加工改刀成块、片、条等形状或整只原料，不论主料成什么形状，在烹制菜肴时要摆成一定的形状或图案，原料要进行初步熟处理。如干货原料要进行提前涨发，蔬菜原料要进行焯水过凉，具有缩短加热时间，调和滋味的作用。

要注意扒制的火候。扒菜的火候要求更严格，旺火加热烧开，改用中小火长时间煨透，使原料有味道，最后旺火勾芡，菜肴成熟，口感适中，一气呵成。

扒菜的芡汁属于薄芡，但是比溜芡要略浓、略少，一部分芡汁融合在原料里，另一部分芡汁淋于盘中，光洁明亮。对于扒菜的芡汁有很严格的要求，如芡汁过浓，对扒菜的大翻勾造成一定的困难；如芡汁过稀，对菜肴的调味、色泽有一定的影响，味不足，色泽不光亮。通常扒菜的勾芡手法有两种：一种是勾中淋芡，边旋转勾边淋入勾中，使芡汁均匀受热，一种是勾浇淋芡，就是将做菜的原汤勾上芡或单独调汤后再勾芡，浇淋在菜肴上面，这一种的关键要掌握好芡的多少、颜色和厚薄等。

大翻勺是扒菜成败的关键因素之一。要求其动作干净利索，协调一致，在大翻勺时应特别注意以下几点：第一在进行扒菜大翻时要炒勺，使炒勺光滑好用，防止食物粘勺而翻不起来。第二在进行大翻勺时需要旺火，左手腕要有力，动作要快，勺内原料要转动几次，淋入明油，大翻勺即可。第三要掌握大翻勺的动作要领：眼睛要盯着勺内的原料，轻扬轻放，保持菜肴造型美观。

(一)红扒

1.红扒的概念

红扒是菜肴在扒制时使用酱油等有色调味品，使成菜呈红色的一种扒制法。

2.工艺流程

初步熟处理→排摆成型→炝锅、加汤、调味→排入主料→勾芡淋油→翻锅装盘。

3.红扒操作的关键

(1)要选用质优、形美、味鲜香的主料，以山珍海味为主，如鱼翅、鲍鱼、海参等。

(2)刀功成型整齐均匀，要巧妙地利用原料的自然形态进行造型，尽量显示原料的完整形态；翻锅后菜肴仍保持整齐形态成菜。

(3)某些异味较重的原料也可焯水或焯水后再气蒸，畜、禽肉也可以走红或过油。

(4)使用的鲜汤要有较高的质量。山珍海味在初步熟处理时就要用鲜汤赋味，正式烹调时使用精制清汤或浓白汤，鲜汤是保证菜品质量的基础。

(5)芡汁的数量、浓度、色泽都必须恰当，既要裹附均匀，还要明亮光洁。要及时旋锅，以防菜品形状散乱。

(6)淋油、翻锅、装盘动作要流畅、稳健，一气呵成。旋锅要滑，角度要准，起锅用力要稳，翻转弧线要流畅，高度要适中，落勺要平稳，成型要整齐。

4.红扒的特点

造型整齐美观，质地软嫩；色泽红润，芡汁紧凑明亮，滋味以鲜香为主。

5.实例

红扒牛舌

(1)原料

主料：生牛舌 1 只约 700 克。

调料：精盐 2 克、蚝油 20 克、黄酒 5 克、味精 3 克、绵白糖 5 克、葱姜各 10 克。

辅助料:色拉油 60 克、湿淀粉 10 克、鲜汤 250 克。

(2)初加工

①将牛舌用水洗净,入开水锅略烫捞出,刮去表面白膜,洗净,入冷水锅煮八成熟捞出;

②葱姜去皮洗净;

③将葱姜拍松;

④将牛舌顺长切成厚 0.2cm 大片,整齐摆放在大圆盘中。

(3)烹调

锅上火烧热,用油滑锅,放入色拉油 40 克,放葱姜各 10 克,煸出香味,入蚝油 20 克略炒,放入黄酒 5 克、绵白糖 5 克、精盐 2 克、鲜汤 250 克,待沸时,轻轻托入整齐的牛舌大片,用小火扒制约 5 分钟入味。放入味精,用湿淀粉 10 克勾芡,淋油 20 克晃锅大翻,轻轻托入盘中。

(4)操作关键

①牛舌要去除异味,洗煮后一定要刮洗干净;

②牛舌扒制适宜用小火,注意保持原形;

③大翻前必须先淋油,保证形态完整。

(5)成品特点

色泽红亮、鲜香味美、整齐美观。

(二)白扒

1.白扒的概念

白扒是将原料加工整齐,并经过初步熟处理后,再整齐地排摆在锅中,加适量汤水和无色调料,用中小火加热成熟,勾芡、翻锅仍保持整齐形态成菜的一种烹调方法。白扒与红扒的区别主要体现在调料上,且成品色泽较淡。

2.工艺流程

初步熟处理→排摆成型→炝锅、加汤、调味→排入主料→勾芡淋油→翻锅装盘。

3.白扒操作的关键

(1)要选用质优、形美、味鲜香的主料,以山珍海味为主,如鱼翅、鲍鱼、海参等。

(2)刀功成型整齐均匀,要巧妙地利用原料的自然形态进行造型,尽量显示原料的完整形态;翻锅后菜肴仍保持整齐形态成菜。

(3)某些异味较重的原料也可焯水或焯水后再气蒸,畜、禽肉也可以走红或过油。

(4)使用的鲜汤要有较高的质量。山珍海味在初步熟处理时就要用鲜汤赋味,正式烹调时使用精制清汤或浓白汤、鲜汤是保证菜品质量的基础。

(5)芡汁的数量、浓度、色泽都必须恰当,既要裹附均匀,还要明亮光洁。要及时旋锅,以防菜品形状散乱。

(6)淋油、翻锅、装盘动作要流畅、稳健,一气呵成。旋锅要滑,角度要准,起锅用力要稳,翻转弧线要流畅,高度要适中,落勺要平稳,成型要整齐。

(7)白扒成菜色泽较淡。

4.白扒的特点

造型整齐美观,质地软嫩,芡汁紧凑明亮,滋味以鲜香为主。

5.实例

白扒猴头

(1)原料

主料:水发猴头菇600克。

配料:熟火腿25克、青菜心12棵。

调料:黄酒10克、精盐5克、味精2克、香油20克。

辅助料:鲜汤150克、湿淀粉5克。

(2)工艺流程

清洗→切配→摆盘→上笼蒸→浇汁→点缀→成品。

(3)初加工

猴头菇、青菜心洗净;葱姜去皮洗净。

(4)切配

①将洗净的猴头菇用刀劈成0.4cm厚片,均匀码放在18cm凹圆盘中,葱切段、姜切片;

②将火腿切成0.3cm薄片,排放在猴头菇上,再放姜片、葱段;

③将黄酒、精盐4克、鲜汤50克调和,浇在猴头菇上。

(5)烹调

①蒸锅上火,将排放的猴头菇入笼,蒸至肉酥;

②青菜心焯水,用油煸炒,加精盐1克、味精1克、鲜汤50克,炒至断生出锅,均匀在圆盘中摆放成圆形,将蒸好的猴头菇倒出原汁,拖至圆盘中间;

③炒锅上火,加鲜汤50克、猴头菇原汁、味精、精盐,用湿淀粉勾薄芡,淋上香油,浇在猴头菇上即成。

(6)操作关键

①蒸制时一定要将原料蒸透;

②摆放时,要注意均匀、对称。

(7)菜品特点

鲜咸软酥、色泽亮丽。

(三)整扒

1.概念

整扒就是以整只、整形的原料为主进行扒制,形态完整美观。

2.工艺流程

选料→熟处理(焯水、过油等)→炝锅→下料→添汤→调味→焖烧→勾芡→淋明油→大翻勺→整理装盘。

3.操作要求

(1)要选用质优、形美整只的原料主料,如整鸡、猪脸、羊脸、鱼头、鲍鱼、海参等;

(2)扒制时,尽量显示原料的完整形态,保持美观;

(3)大型原料扒制前必须经过熟处理;

(4)不能用油过多,要做到"用油不见油";

(5)控制火力,旺火烧开,中火煨透,最后旺火勾芡;

(6)勾芡芡汁要适当,掌握好浓稠度;

(7)拖入盘中要轻,保持菜肴形状完整。

4.特点

形状美观,质味醇厚,浓而不腻,芡汁明亮。

5 实例

整扒肘子

(1)原料

主料:猪肘 1500 克。

调料:大葱 15 克、姜 15 克、八角 5 克、料酒 20 克、酱油 200 克、盐 6 克、糖色 4 克、冰糖 4 克、香油 5 克。

辅助料:湿淀粉 20 克。

(2)初加工

①将葱、姜分别洗净,葱切成段,姜切片;

②将肘子皮上的细毛刮洗干净,去掉碎肉边角,整理成圆形(方形);在红肉面上用刀切深度约 2cm 的十字花纹。

(3)烹调

①锅内加入葱、姜、大料、糖色、酱油、料酒,放沸水,把肘子下锅,汤汁要没过肘子。旺火烧沸,撇去血沫。移微火炖至六七成熟,捞出,原汤撇去汤油浮沫。

②将肘子皮朝下放入大蒸碗,加盐、白糖,浇原汁;上蒸笼,旺火蒸至酥烂出屉。

③把原汤滗在勺内,肘子皮朝上放入大平盘。

④勺内原汁,旺火烧沸,水淀粉勾芡,淋香油,浇在肘子上即成。

(4)操作关键

①肘子皮上的毛要去净。

②蒸制时要蒸至肘子酥烂。

③芡汁要适当,保持肘子明亮。

(5)成品特点

香而不腻,味道醇厚,色泽红润。

(四)散扒

1.概念

散扒就是将几种原料相配,讲究大小一致,质地相仿,原料多以无骨、扁薄的原料较多,如各种蔬菜、火腿、鸡脯肉、大肠等动植物性原料。

2.工艺流程

选料→刀功处理→熟处理(焯水、过油等)→炝锅→下料→添汤→调味→焖烧→勾芡→淋明油→大翻勺→整理装盘。

3.操作要求

(1)要选用质优、形美、味鲜香的主料;

(2)刀功成型整齐均匀;

(3)扒菜一般用高汤,特别是素菜,要用高汤入味;

(4)控制火力,旺火烧开,中火煨透,最后旺火勾芡;

(5)勾芡芡汁要适当,掌握好浓稠度;

(6)翻锅后菜肴仍保持下锅形状;

(7)拖入盘中要轻,保持菜肴形状完整。

4.特点

形状美观,质味醇厚,芡汁明亮。

5 实例

扒三白

(1)原料

主料:水发鲍鱼100克、芦笋100克、鸡脯肉100克。

配料:葱段、姜、蒜片各10克、鸡油10克、精盐3克、料酒10克、白糖2克、味精3克。

辅助料:高汤200克、湿淀粉25克、熟猪油50克。

(2)初加工

将鲍鱼正面剞上直刀,片1cm厚的斜刀片,保持原样,用刀铲起放入盘内的中间;将鸡脯肉好面朝下放在墩上顺长切成1cm宽的条,用干布按净水分,用刀铲起原样放入盘内鲍鱼的一边;芦笋改刀整齐地放在鲍鱼的另一边。

(3)烹调

净锅内加入食用油烧热,加入葱、姜、蒜炸出香味,加入高汤,用漏勺捞出葱、姜、蒜不用,随将盘内摆好的菜推到锅中,保持原样,随加盐、料酒、糖烧开移至微火上扒透,加入味精,转动锅,用湿淀粉将菜与菜之间及周围勾芡,淋上鸡油,转动锅大翻锅,拖倒入盘内,保持原样即成。

(4)操作关键

①三料摆整齐后用干布吸净水分压紧再用刀铲于盘内(好面朝下);

②大翻锅时,要注意动作,不要翻散;

③芡汁要恰到好处。

(5)成品特点

整齐美观,芡汁白亮,味道鲜美。

(五)葱扒

1.概念

葱扒是主料中加入大葱或葱油扒制成菜的方法,葱香四溢,成菜后挑出大葱上桌。其特点是只闻葱味不见葱形。

2.工艺流程

选料→刀功处理→熟处理(焯水、过油等)→炸葱段炝锅→下料→添汤→调味→焖烧→勾芡→淋明油→大翻勺→整理装盘。

3.操作要求

(1)要选用易于入味香的主料;

(2)刀功成型整齐均匀,或整只小型原料,尽量显示原料的完整形态;

(3)大葱要炸出葱香,保持菜肴的葱香味;

(4)控制火力,旺火烧开,中火煨透,最后旺火勾芡;

(5)勾芡芡汁要适当,掌握好浓稠度;

(6)翻锅后菜肴仍保持整齐形态成菜;

(7)拖入盘中要轻,保持菜肴形状完整。

4.特点

形状美观,质味醇厚,葱香味浓,芡汁明亮。

5.实例

京葱扒鸭

(1)原料

主料:光鸭1只约1500克。

配料:冬笋25克、水发冬菇25克。

调料:红酱油10克,精盐8克、味精3克,麻油5克、京葱20克。

辅助料:猪油75克,水生粉20克,色拉油500克(实耗50克)。

(2)初加工

把光鸭去掉内脏,洗净后用刀沿脊背顺长剖开(肚腹不可断开),挖除脊背上血筋和尾臛,再洗净;将京葱洗净切成5cm长的斜片;冬笋、香菇片成片。

(3)烹调

①锅置火上烧热,加入色拉油,烧至油八九成热时,将鸭子皮朝下放入锅中炸,至呈淡黄色时倒出沥油;

②原锅内留少量油,投葱姜爆出香味,再放炸过的鸭子(皮朝下),加黄酒、酱油、细盐、白糖、1勺汤水,用大火烧沸,转用小火焖,至熟,将鸭子捞出,卤待用;

③将鸭放案板上,趁热把胸骨一根根地轻轻拉掉,再用刀沿着大腿骨两边划开,把骨抽掉,然后平摊着,用刀切成条形块,按鸭形码放在平盘内;

④净锅烧热,加适量油,烧至油七八成热后,放京葱、冬菇片、笋片,煸至葱疲软,将鸭子整齐地从平盘中推入锅内,一起收浓卤汁,同时下水生粉勾流利芡,淋油上光,再整齐地大翻身出锅,淋上麻油,装入盘中即成。

(4)操作关键

①应将鸭炸透或是煎透去腥;

②拆骨要防止将鸭形破坏;

③芡汁要适当。

(5)成品特点

色泽金红、鸭肉酥熟,卤汁肥浓,葱香味浓。

练 习 实 践

1.什么是红扒?红扒有什么特点和具体要求?

2.请写出红扒牛舌全过程。

3.什么是白扒?白扒有什么特点和具体要求?

4.请写出白扒猴头全过程。

5.请设计一道扒制菜肴,并写出步骤。

七、煮

1.煮的概念

煮是将原料初步熟处理后,加入多量水或汤汁,用旺火烧沸,中火较长时间加热,使原料成熟时调味成菜的一种烹调方法。

煮法是将食物及其他原料一起放在多量的汤汁或清水中,先用武火煮沸,再用文火煮熟。具体操作方法:将食物加工后,放置在锅中,加入调料,注入适量的清水或汤汁,用武火煮沸后,再用文火煮至熟。适用于体小、质软类的原料。所制食物口味清鲜、美味,煮的时间比炖的时间短,比氽的时间长。煮的食物避免了烧烤类的油腻与长时间产生的致癌物,是一种健康的饮食方式。

煮和氽相似,但煮比氽的时间长。煮是把主料放于多量的汤汁或清水中,先用大火烧开,再用中火或小火慢慢煮熟的一种烹调方法。

煮法是以水为介质导热技法中用途最广泛,功能最齐全的技法。原料为畜类、鱼类、豆制品、蔬菜等。代表菜有大煮干丝,水煮牛肉等。

2.工艺流程

选料→切配→焯烫等预热处理→入锅加汤调味→煮制→装盘。

菜肴质感大多以鲜嫩为主,也有软嫩和酥嫩,都带有一定汤液,大多不勾芡,少数品种勾稀薄芡以增加汤汁黏性,与烧菜比较,汤汁稍宽,属于半汤菜,口味以鲜咸、清香为主,有的滋味浓厚。

3.煮操作的关键

(1)水煮法注重用高汤,注重调味;

(2)水煮法所用的原料,一般是纤维短,质细嫩,异味小的鲜活原料;

(3)水煮所用原料,都必须加工切配为符合煮制要求的规格形态,如丝,片,条,小块,丁等;

(4)菜肴均带有较多的汤汁,是一种半汤菜;

(5)正确掌握火候,旺火烧沸,中火较长时间加热。

4.煮的特点

汤色乳白,味浓,原料质地软嫩,鲜咸爽口醇正。

(一)白煮

1.概念

将加工整理的生料放入清水中,烧开后改用中小火长时间加热成熟,趁热切配装盘，配调味料(拌食或蘸食)成菜的一种烹调技法。

2.工艺流程

选料→加工整理→入锅煮制→调味→装盘。

3.操作要求

(1)主要选用一些质地较为坚硬的动物性原料为主；注重用高汤，特别是一些无味的原料；

(2)注重调味，一般在菜肴快出锅时调味或蘸食；

(3)正确掌握火候，旺火烧沸，中火加热；

(4)煮制菜肴不需要勾芡。

4.特点

汤色乳白，味浓，原料质地软嫩，鲜咸爽口醇正。

5 实例

手抓羊肉

(1)原料

主料：带骨的羊腰窝肉 1000 克。

调料：香菜 25 克、葱 25 克、姜丝 15 克、蒜末 10 克、大料 1 克、花椒 1 克、桂皮 1 克、小茴香 1 克、胡椒粉 3 克、醋 60 克、料酒 5 克、味精 3 克、精盐 5 克、芝麻油 1 克、辣椒油 50 克。

(2)初加工

①将羊腰窝肉剁成 8cm 长、4cm 宽的块，用水泡透，去净血污，洗净；香菜去根洗净消毒，切成 3cm 长的段；葱洗净，15 克切成 5cm 长的段、10 克切末；

②把葱末、蒜末、香菜、酱油、味精、胡椒粉、芝麻油、辣椒油等兑成调料汁。

(3)烹调

①锅内倒入清水，放入羊肉在旺火上烧开后，撇去浮沫，把肉捞出洗净；

②锅内再加清水，放入羊肉、大料、花椒、小茴香、桂皮、葱段、姜片、绍酒和精盐。待汤再烧开后，盖上锅盖，移在微火上煮到肉烂为止。将肉捞出，盛在盘内，蘸着调料汁食用。

(4)操作关键

①羊肉要泡透血水，焯水洗净；

②羊肉要煮至酥烂；

③调味汁可根据个人爱好自行调制。

(5)成品特点

羊肉酥烂、鲜香味浓。

（二）油水煮

1.概念

原料经多种方式的初步熟处理，包括炒、煎、炸、滑油、焯烫等预制成为半成品，放入锅内加适量汤汁和调味料，用旺火烧开后，改用中火加热成菜的技法。热菜煮法以最大限度地抑制原料鲜味流失为目的。所以加热时间不能太长，防止原料过度软散失味。

2.工艺流程

选料→切配→焯烫等预热处理→入锅加汤调味→煮制→装盘。

3.操作要求

(1)原料一般选用质细嫩、异味小的鲜活原料；

(2)原料多加工成丝、片、条、小块、丁等；

(3)菜肴均带有较多的汤汁，是一种半汤菜；

(4)一般不需要勾芡。

4.特点

质地软嫩，鲜咸爽口。

5.实例

大煮干丝

(1)原料

主料：方豆腐干 500 克。

配料：熟鸡脯肉 50 克、熟火腿 25 克、鲜虾仁 50 克、熟鸡胗 15 克、熟鸡肝 25 克、冬笋 25 克、水发香菇 20 克、豆苗 15 克。

调料：虾子 15 克、精盐 4 克、白酱油 20 克。

辅助料：鸡清汤 500 克、熟猪油 100 克、鸡蛋清 1 只、干淀粉 15 克。

(2)初加工

将冬笋、香菇、豆苗洗净。

(3)切配

①方豆腐干平片成薄片，每块片约 18 片，再切成细丝；

②鸡脯肉、火腿、冬笋、香菇切成同干丝等同的细丝；鸡胗、鸡肝切成小片；

③虾仁挤净水分，加蛋清、干淀粉 15 克、精盐 1 克上浆。

(4)烹调

①将切好的干丝放入沸水中，用筷子轻轻拨散，浸烫后沥去水，再用沸水浸烫 2 到 3 次，至干丝回软，捞出轻轻挤去干丝中的豆腥味；

②炒锅上火烧热，加入熟猪油 80 克，倒入上浆好的虾仁，滑至断生倒出沥油，

放碗中备用,锅中加沸水,入豆苗焯水至断生捞出;

③炒锅放火上,加入鸡清汤,放入烫好的干丝,将鸡胗片、鸡肝片、鸡丝、冬笋、香菇丝放在干丝一边,加入虾子15克、熟猪油20克,煮沸约10分钟,至汤汁浓厚时,加白酱油20克、精盐3克、盖上锅盖,继续煮约3分钟离火。将干丝、鸡丝盛入玻璃汤盘中,鸡胗、鸡肝、冬笋、香菇、豆苗分盛于干丝周围,上面放火腿、虾仁即成。

(5)操作关键

①干丝不能片得太厚、太薄,切丝要均匀;

②烫干丝要反复用沸水烫3~4次,以使干丝柔软,除去豆腥味;

③煮时火力不要太旺,汤汁要浓厚,干丝要柔嫩绵软。

(6)成品特点

色泽美观、滋味鲜香、醇厚,干丝绵软柔嫩。

练 习 实 践

1.什么是煮?煮有什么特点和具体要求?

2.请写出大煮干丝全过程。

3.此菜制作你出现错误的地方在哪儿,如何纠正?通过此菜你还会做哪些菜?

4.请你设计一道相关菜肴,并写出步骤。

八、氽

1.氽的概念

氽,上半部是一个"入"字,下半部是一个"水"字。就是将加工的质地脆嫩、极薄易熟的小型原料,放入烧沸的汤水锅中进行快速加热断生,一滚即起的技法。用氽制方法成菜的菜品,质地鲜嫩、口味鲜美,一般以咸鲜、清淡、爽口为宜,如氽鸡片、氽猪肝等菜品。

氽是汤菜的主要做法,大多用于小型或经过加工成片、丝、条和制成丸子的原料。特点是汤多而清鲜、菜肴脆嫩。氽与煮相似,比煮加热时间短,有些原料在七成熟左右。

一种氽法是先将汤水用旺火煮沸,再投料下锅,加以调味,不勾汁,水一开即起锅。这种开水下锅的做法适于羊肉、猪肝、腰片、鸡片、里脊片、鱼虾片等。而鸡、羊、猪的肉丸,则宜在略开的水下锅;鱼丸子宜在温水下锅。

还有一种氽法是先将料用沸水烫熟后捞出,放在盛器中,另将已调好味的、滚开的鲜汤,倒入盛器内一烫即成。这种氽法一般也称为汤泡(爆)或水泡(爆)。

用氽法成菜,一般以汤作为传热介质,成菜速度较快,是制作汤菜的专门方法。这种方法特别注重对汤的调制。汤质上,有清汤与浓汤之分,用清汤氽制的叫清氽,用浓汤氽制的叫浓氽。不管是清氽还是浓氽,所选原料必须细嫩鲜美,通常选用动物类细嫩瘦肉,如猪里脊肉、鸡脯肉、鱼、虾、贝类和肝、腰之类,而老韧、熟料,或不新鲜有异味的原料,则不宜选用。

(一)清氽

一般茸缔制品需用清汤氽制。氽制时,汤温不可过高,以 80℃ 左右为宜,下入原料后,逐渐将汤加热至将沸,原料凝结发白,成熟即可,以保证成菜口感软嫩,汤汁鲜美清澈,比如清汤鱼圆。

非茸缔制品一般用毛汤氽制,但需先将毛汤调好。方法是:先将原料切配好,然后放入清水中泡出血水,再用有血沫的水去调汤,使毛汤变清澈。调汤时应用中火,烧至刚沸转小火,撇沫时动作应轻,以防将汤汁搅浑浊。代表菜肴有榨菜肉丝汤、腰片汤、猪肝汤等。

操作要领

清氽茸缔制品时,汤汁不宜沸。因茸缔制品十分细嫩,火候过了,成品易起孔老化;而氽制非茸缔制品时,要用沸汤,这样才能保证菜肴口感细嫩。

(二)浓氽

浓氽一般用奶汤、毛汤氽制,成菜汤汁奶白、浓稠。氽制时,火力应大,加热时间要短,以原料断生即可。浓氽通常用于鱼类原料的氽制,如奶汤鲫鱼,方法是:奶汤烧沸,将洗净的鲫鱼不经煎炸,直接下锅,氽至鱼肉熟即好。

1.操作要领

浓氽鱼肴也应注意火候,并要掌握好氽制时间,否则鱼肉易老柴。一般氽制 10~15 分钟为宜。注意:若是先将鱼经过煎炸,再放入清水锅中加热至沸,等鱼汤浓白后成菜,这是煮法,而不是氽法。

2.工艺流程

选料→切配→沸水(或汤)氽制→盛装。

3.氽的操作关键

(1)选用质感鲜嫩原料,不用带色的调味品;

(2)加热时间极短,原料断生即可;

(3)讲究鲜醇爽口。一般不使用清汤。不上浆不勾芡；

(4)汤宽量多，热量高，成熟快。

4.氽的特点

汤宽量多，滋味醇和清鲜，质地细嫩爽口。

5.实例

清氽鱼圆

(1)原料

主料：青鱼肉 250 克。

配料：熟火腿 30 克、冬笋 30 克、水发香菇 30 克、猪肥膘 50 克、青菜心 50 克。

调料：精盐 6 克、葱 5 克、姜 5 克、味精 1 克、黄酒 15 克。

辅助料：鸡蛋清 2 只、鸡清汤 1000 克、熟猪油 25 克。

(2)初加工

①葱、姜去皮洗净拍松，与黄酒 10 克入清水浸泡，调成葱姜汁；

②青鱼肉放案板上，皮朝下，用刀将肉砸松后剔去筋刺，刮下净鱼肉放碗内，加清水泡约 10 分钟；

③菜心、冬笋、香菇洗净。

(3)切配

①将鱼肉挤净水分，同肥膘分别排剁成细泥状放入盆中，加鸡蛋清、葱姜汁、鸡清汤约 300 克调匀后，加入精盐 4 克，然后顺一个方向搅至鱼肉上劲，再加熟猪油 25 克搅成鱼蓉；

②冬笋切成柳叶片；菜心削根划荚；熟火腿、香菇切成 3cm×1.5cm 长片。

(4)烹调

①锅中放入清水，将调好上劲的鱼蓉用手挤成直径约 3cm 的圆球放入水中，做完后，将锅放小火上慢慢加热，待水温升至 95℃ 以上至鱼圆断生时，捞出放入清水中；

②另将锅放旺火上，加入鸡清汤 700 克、精盐 2 克、火腿片、冬笋片、菜心，烧沸后加入黄酒 5 克、鱼圆，再沸后离火，加入味精，起锅盛入玻璃器皿中即成。

(5)操作关键

①鱼肉一定要无筋无刺；

②排剁要细，否则影响质量；

③加鸡蛋清、水、肥膘要适量，搅打同一个方向，力度要适度，以保证嫩度。

(6)成品特点

鱼丸洁白，软糯可口，汤味醇美，营养丰富。

练习实践

1. 什么是氽？氽有什么特点和具体要求？
2. 请写出氽鱼丸全过程。
3. 此菜制作你出现错误的地方在哪儿，如何纠正？通过此菜你还会做哪些菜？
4. 请你设计一道氽制的菜肴，并写出步骤。

九、白灼

灼为粤菜常用烹饪技法之一，就是将汤或水浇沸，下原料烫至刚熟捞出的烹调方法，称为灼。取物料的本味，菜肴无汁、无芡，特别鲜嫩、爽脆。如：白灼基围虾、白灼肥牛等。

因汤水中不加任何有色调味品，故叫白灼；白灼后的原料，经调味，即成为白灼菜肴。白灼菜肴的特点是：色泽素雅，脆嫩爽口，口味多样。要想做出高质量的白灼菜肴，必须掌握三要素，即原料白灼前的处理要得当；白灼的方法要适宜和白灼原料的调味要准确。

1. 概念

"白灼"是粤菜的一种烹调技法，就是用滚水或汤将食物烫熟，然后马上捞出，再蘸着汤料食用。"白"，也就是不放带色的调料。用于白灼的食物一般比较鲜嫩而且本味鲜美，焯烫用的时间很短，使用的调味料很简单，主要突出食材本身的鲜美与鲜嫩，口味也比较清淡。

2. 工艺流程

选料→切配→沸水（或汤）氽制→蘸料或调味→装盘。

3. 操作要求

(1) 白灼菜食材一般以蔬菜或海鲜水产等清淡食材为主；
(2) 白灼所用的水中都需要姜、葱、绍酒、草果等去腥；
(3) 蘸料可根据个人爱好而定；
(4) 灼时，汤水要开沸，要根据原料控制好烫制的时间；

4. 特点

原汁原味、鲜嫩爽口、清淡味美。

5 实例

白灼大虾

(1) 原料

主料：大明虾 400 克。

调料:尖椒 1 个、酱油 10 克、姜、葱各 5 克。

(2)初加工

①将虾洗净控干;

②葱、姜去皮洗净,尖椒洗净;将葱切花、尖椒切末与酱油调匀,装入碟中。

(3)烹调

锅里加适量的水烧开,拍几片姜放进去,然后将虾入锅,将虾焯熟出锅装盘,带上蘸料。

(4)操作关键

①虾要新鲜;

②要开水下锅,虾肉断生即可;

③调味汁可根据个人爱好调制。

(5)成品特点

虾肉鲜嫩、色泽红润。

十、涮

1.涮的概念

涮就是用火锅烧沸鲜汤,将质嫩易熟的小型生料放入锅中烫至断生捞出,随即蘸上配置的调料食用的一种烹调方法。要把原料切成薄片,称之为涮料。加热时间极短,在卤汤锅中涮的可直接食用。

涮法的菜肴质地鲜嫩,汤味鲜美。和氽、水爆、焯烫、灼、滚等都是同一火候类型。由于原料在沸水中加工所用时间很短,原料的鲜香味不受流失,成品滋味浓厚。最有名的就是涮羊肉。

涮时夹涮料少许,夹着置入翻开的汤里,晃动几下,就是涮几下,烫熟(汤始终翻开,应该在半分钟内就可以把涮料烫熟),蘸佐料食之。常见的佐料有:麻汁、香油、韭菜花酱、豆腐乳、蒜泥、酱油、辣椒油等。也可以用市卖现成的"涮羊肉调料"。汤里不要放盐,可以放些增加鲜味的料物如海米、干贝、香菇等。咸味应该来自作料。除涮料本身外,滋味以来自作料为好,汤里最好不放调味物,可以按自己口味取作料。

涮羊肉传说起源元代。当年元世祖忽必烈统率大军南下远征。一日,人困马乏饥肠辘辘,他猛想起家乡的菜肴——清炖羊肉,于是吩咐部下杀羊烧火。正当伙夫宰羊割肉时,探马飞奔进帐报告敌军逼近。饥饿难忍的忽必烈一心等着吃羊肉,他一面下令部队开拔一面喊:"羊肉!羊肉!"厨师知道他性情暴躁,于是急中生智,飞刀切下十多片薄肉,放在沸水里搅拌几下,待肉色一变,马上捞入碗中,撒下细盐。忽必烈连吃几碗翻身上马率军迎敌,结果旗开得胜。

2.工艺流程

选料→切成薄片→涮制→捞出蘸调味料。

3.涮的操作关键

(1)要选择纤维细短、肌间脂肪分布均匀的精肉以及海鲜或鲜嫩的蔬菜等原料;

(2)为了便于切片,一般肉要冻硬再切;

(3)使用清水或高汤,火要旺,汤要滚沸,加热标准由食用者自行掌握;

(4)调味料要齐全,多样化。

4.涮的特点

原料鲜嫩、调料多样、自涮自调、各取所好、亦菜亦汤、汤鲜菜嫩。

5.实例

涮羊肉

(1)原料

主料:精绵羊肉 1000 克。

配料:粉丝 200 克、白菜心 200 克、菠菜 200 克、香菜 160 克。

调料:腌韭菜花酱 50 克、芝麻酱 150 克、香腐乳两块、酱油 75 克、红油 50 克、卤虾油 50 克、葱白 50 克、水发海米 25 克、水发香菇 50 克、糖蒜 100 克。

辅助料:鲜汤 1500 克。

(2)初加工

①将羊肉洗净,放入冰箱中冻约 2 小时;

②白菜心、菠菜、香菜洗净;粉丝用温水泡透。

(3)切配

①采用锯切法,在每片羊肉切到一半时,用刀将羊肉向外一拨,使半片羊肉折下,再将下半片切到底,使每片羊肉对折成两层,切完后分别装在六个盘中,每盘约 30 片;

②白菜心切成长条状,分别装两个盘中,另将粉丝 200 克、香菜 150 克和菠菜 200 克各分别装两个盘中,香菜 10 克切末,葱白切末,同装一盘中;

③调料各自分装在小碗内。

(4)烹调

取火锅一只,清洗干净,装入鲜汤,加入水发海米、水发香菇、用木炭火将汤烧沸后,即可入羊肉涮制,待羊肉在汤中断生后立即捞出。食用者可以根据自己的喜好蘸食调料。

(5)操作关键

①羊肉要选用上好的羊肉和羊肉部位,羊肉片要切薄,厚薄均匀;

②由客人自己夹涮，不能太多，以断生为好；
③注重调味，可根据个人爱好调味。

(6)成品特点

羊肉精细鲜嫩，肉片纸薄均匀，调料多样味美，涮肉醇香不膻，鲜嫩可口。

练 习 实 践

1.什么是涮？涮有什么特点和具体要求？
2.请写出涮羊肉全过程。
3.此菜制作你出现错误的地方在哪儿，如何纠正？通过此菜你还会做哪些菜？
4.请你设计一道相关菜肴，并写出步骤。

十一、塌

1.塌的概念

塌，又称塌菜或者锅塌，是指将加工切配的原料，挂上薄糊，煎至糊层金黄干爽，添加适量汤水和调味品加盖，用中小火烧至原料熟软入味，并使汤汁基本耗尽或者勾芡明油的一种烹调方法。过程与烧基本相同，特殊之处在于原料经挂糊煎、炸后再烧制，能使菜肴带有特有的干香味、金红的色泽，以及酥软嫩的质感。具体可分为：锅塌、糟塌、水塌、油塌、松塌等几种。塌的菜肴具有色泽鲜丽、质地酥嫩、滋味醇厚的特点。

加工塌制菜品应选择细嫩易熟的原料，其成形规格一般是条、片等。成菜后需改刀装盘的条、片等规格可长宽一些，同时原料还可拍松改刀，利于挂糊塌制。大块的原料应加工成扁平形状。先用食盐、味精等进行基本调味，然后挂糊（也有个别的不挂糊），下温油锅两面煎黄，或下热油锅炸透，捞出控净油备用。锅内加油50克烧热，加入蒜片、葱、姜丝爆锅，并加少量清汤、食盐、料酒、醋、酱油等调味品，而后放入经煎或炸过的原料，用微火收稠汤汁，使主料达到酥烂柔软时，淋上香油，沥净汤汁改刀，平码在盘内，再浇上余汤即成。

还有一些塌菜运用多种调料，使菜肴带有多种风味。如咖喱味、茄汁味、糖醋味、鱼香味、五香味、酱汁味、家常味等。

2.工艺流程

选料→刀功处理→挂糊→加汤调味塌制→成品。

3.塌的操作关键

(1)为了使塌制菜肴能迅速成熟,具有酥软、醇厚的特色,应选用细嫩易熟的原料;

(2)原料粘粉不宜太厚,拖蛋液要均匀,并尽量多拖上一些,以增强菜品色、香、味、质感的效果,煎时要达到起酥的程度才能进行塌制;

(3)塌制菜肴是否勾芡,要以是收浓汤还是收干汤而定,而且掌握鲜汤的用量;

(4)将两道操作工序应有机地组配在一起,如锅塌菜,煎时注意色泽淡黄,不能过老;调味所调的汤汁色泽则要和主料相吻合;

(5)要根据原料质地的不同,掌握不同的火候,确定不同的加热时间。易入味易酥烂的原料加热的时间要短些,既使之达到酥烂,又要保持一定的鲜嫩程度。如果是难以酥烂的原料,时间要长些,保证酥烂鲜嫩适宜;

(6)在操作过程中,一定要用文火(慢火)注意和"爆"区别开来。塌菜煨汤是将调味的汤汁慢慢滋润到主料中去的过程,切忌火猛。

4.塌的特点

色泽鲜亮金黄、形态扁平完整、质地软嫩、滋味鲜香、不油腻。

5.实例

锅塌豆腐

(1)原料

主料:嫩豆腐500克、肥瘦猪肉150克。

调料:精盐3克、绵白糖1克、酱油5克、葱10克、姜10克、黄酒15克、味精2克。

辅助料:干淀粉20克、色拉油1000克(实耗80克)、鸡蛋1只、鲜汤150克。

(2)初加工

①嫩豆腐入冷水锅中,中火慢慢加热至水沸,浸出豆腐中的汋水,捞出待凉;

②葱姜去皮洗净。

(3)切配

①将豆腐用刀片去硬皮,切成12块5cm×2.5cm×1.2cm的夹刀片,葱、姜切末;

②猪肉用温水洗净,排斩成粗蓉,加葱姜末5克、黄酒5克、精盐1克调成馅,分12份分别夹入豆腐块内,每块蘸上干淀粉;

③鸡蛋加干淀粉20克调成糊。

(4)烹调

①锅置火上,注入色拉油,待油温五成热时将豆腐块挂糊,入油中炸至浅金黄色捞出;

②锅中留油20克,先入葱姜末炸香,加入鲜汤150克、黄酒10克、绵白糖1

克、精盐 2 克、酱油 5 克,再将炸过的豆腐整齐排列入盘中拖入锅中,烧开后,转小火烧约 10 分钟,至汤汁将尽时,加味精,淋油,出锅装入盘中。

(5)操作关键

①豆腐要焯水,去除豆腐中泔水;

②挂糊要均匀,炸成浅黄色。烧时要加汤,烧透,但不能干,更不能糊锅。

(6)成品特点

色泽金黄,豆腐软嫩,肉馅肥香,咸鲜适口。

练 习 实 践

1.什么是塌?塌有什么特点和具体要求?

2.请写出锅塌豆腐全过程。

3.此菜制作你出现错误的地方在哪儿,如何纠正?通过此菜你还会做哪些菜?

4.请你设计一道相关菜肴,并写出步骤。

十二、蜜汁

1.蜜汁的概念

蜜汁是将经过加工处理的原料以水或蒸汽为导热体,用白糖、蜂蜜与清水熬化收浓的糖液中,经过烧、焖制或蒸制,使之甜味渗透原料内,经收浓糖汁成菜的一种烹调方法。也可适当加入桂花酱、玫瑰酱、椰子酱、山楂酱、蜜饯品、牛奶、芝麻等。

2.蜜汁菜类型

根据蜜汁的味型,可分为清香细润型和浓香肥糯型。

(1)清香细润的甜汁。这类甜汁必须用冰糖、汁多、不稠,具有清、甜、嫩、润的特色,一般称为冰糖甜汁。其稠汁方法十分细致,冰糖和水同时放入锅内,中火熔化,也可以把冰糖和水放入大碗内,置于笼屉中蒸至熔化,化开后撇去浮沫,滤除杂质,使甜汤澄清,吃口软滑润嗓。

(2)浓香肥糯的甜汁。这类甜汁汁少、黏稠、香甜、色泽透亮,一般都用上等绵白糖调制。但调制方法,也分为两种:一是锅内放少许油烧热后,加糖,用中等火力稍加煸炒,炒至糖色转黄(最多相当拔丝的炒糖火候),再加水熬溶,改用小火熬至起泡、黏浓、变稠,即可浇在预制好的主料上,色呈淡黄,十分透亮。这种做法类似"熘",有的地区叫作"糖熘"。二是把糖和水同时入锅,烧开,熬溶,撇沫,加入主料同烧,至主料酥烂、甜汁变稠,取出主料盛入盘内,再将甜汁继续小火熬至浓稠(有的还要勾芡),浇在主料上。

蜜汁菜所用的烹调方法主要有蒸、烧、焖等几种,在烹制的最后阶段,都有一个收稠糖汁的过程,一方面糖汁浓稠能使部分糖分渗入原料,或裹附在原料表面,起入味的作用,另一方面糖浆浓缩后会产生一定的光亮。酥烂软糯是蜜汁菜的共同特征,代表菜有蜜汁山药饼、蜜焖三鲜、蜜焖开心果等。

蜜汁的调制先用糖和水熬成入口肥糯的稠甜汁,再和主料一同加热,由于原料的性质和成品的要求不同,加热的方式有以下几种

烧、焖之法:将锅上火,放少许油烧热,放糖炒化,当糖溶液呈浅黄色时,按规定比例加入清水,烧开,放入经加工的原料,再沸后改用中小火烧焖,至糖汁起泡黏性增大,呈稠浓状时,主料亦已入味成熟时即出锅。

蒸制之法:将加工的原料与糖水一起放入容器内,入笼屉,用旺火烧至上汽后改用中火较长时间加热,蒸至主料熟透酥烂下屉,将糖汁浇入锅内,主料翻扣盘中,再旺火将锅内糖汁收至稠浓,浇在盘内主料上。

炖制之法:将糖和适量水放入锅内,烧至糖熔化后,然后将预制酥烂的主料放入,再沸后改用小火慢炖,至糖汁稠浓,甜味渗入主料内部并裹匀主料时即可。

3.工艺流程

选料→刀功处理→加糖煮制或蒸→成品。

4.蜜汁操作的关键

(1)质地老韧、费时费火的原料,应先蒸熟后再进行蜜制,以免加热时间太长,造成糖汁变色变味;

(2)根据原料品种和性质的不同,掌握好糖汁浓稠度:水果类应稠,动物类应稀;

(3)蜜制时添加的香花或香精,以有香味为准,不能太浓;

(4)炖制的锅要刷干净,炖制时谨防粘底焦糊;

(5)蒸制时需用中大火,汤汁勾芡不可太稠。

5.蜜汁的特点

甘甜,爽口。

6.实例

蜜汁银杏

(1)原料

主料:带壳银杏 600 克。

调料:蜂蜜 250 克、绵白糖 200 克、桂花酱 5 克、精盐 0.5 克。

(2)初加工

将银杏砸开去壳,放入开水锅中,边煮边用漏勺捻,直至捻去外衣,然后盛出放清水中洗净。

(3)切配

用刀将银杏仁两端削平,用牙签挑去心,然后取直径15cm的碗,把银杏仁逐个从碗底排摆至碗边,余下银杏仁填满碗,整平,放上绵白糖、蜂蜜、桂花酱。

(4)烹调

①将盛满银杏仁的碗放入蒸笼中大火蒸30分钟,至酥烂取出,滗去原汁,将碗中银杏仁反扣盘中;

②另起锅,将原汁倒入,略熬至浓稠明亮时,浇在反扣盘中的银杏仁上。

(5)操作关键

①银杏初加工时,要将外衣和内心去掉;

②蒸制时需用中大火。

(6)成品特点

香甜味美、软糯适口、形状美观。

练 习 实 践

1. 什么是蜜汁?蜜汁有哪些方法?
2. 请写出蜜汁银杏全过程。
3. 此菜制作你出现错误的地方在哪儿,如何纠正?通过此菜你还会做哪些菜?
4. 请你设计一道蜜汁菜肴,并写出步骤。

第三节　以蒸汽为传热介质

1.蒸的概念

"蒸"是我国最古老的传统烹调技法之一,也称汽蒸,是烹饪方法的一种,指把经过调味后的食品原料放在器皿中,再置入蒸笼利用蒸汽使其成熟的过程。根据食品原料的不同,可分为猛火蒸,中火蒸和慢火蒸三种。

中国的烹调技法繁多,并且复杂多变,中国是世界上最早使用蒸汽烹饪的国家,并贯穿了整个中国农耕文明。关于蒸最早起源可以追溯到一万多年前的炎黄时期,我们的祖先从水煮食物的原理中发现了蒸汽可把食物弄熟。就烹饪而言,如果没有蒸,我们就永远尝不到由蒸变化而来的鲜、香、嫩、滑之滋味。

蒸在菜品的烹制中运用十分广泛,是将食物原料以水蒸汽为传热介质加热成熟的一种烹调技法。"蒸"的食物用料广泛,品种繁多,它要求刀功精细,注重调味、精于用火、风味各异、制作技法多变等一系列重要技术环节。"蒸"菜最显著的特点是:新鲜清爽、软烂滑嫩、口味鲜香、营养丰富、形态整齐美观。

蒸可以分为两种情况,一种是将原料直接蒸熟,属于正式烹调方法;另一种是将原料蒸至半熟或刚熟,只是一个加热过程,属于原料初步热处理方法。此处讲的蒸是烹调方法。

值得一提的是"蒸"既可用于各种原料的初加工(如干货原料的蒸发等),也可用于半成品、成品原料的加工(如许多花色造型菜等)。它还常常配合其他烹调方法(如煮、氽、煎、炸等)对菜肴进行烹制,完成菜品的制作。因此要做好蒸菜,厨师不仅要掌握和运用"蒸"的烹调技法,而且必须具备一定的烹调实践经验和一定的烹调专业理论知识。

无论是各种畜类、禽类、鱼类、蛙类等动物性原料,还是各种蔬菜类等植物性原料,皆可蒸制。就荤素来讲,有荤的、有素的、有荤素搭配的;就原料质地来说,有新鲜原料的、有干货和腊味制品的,无论是口感脆嫩,还是质地老韧都可用来蒸制;就其所用配料和成形来说,主要有清蒸、干蒸、粉蒸、滑蒸、包蒸、卷蒸、扣蒸、串蒸、糟蒸;就其蒸制盛装形式来说,有荷叶包的,有菜叶包的,还有不包和用小蒸笼盛蒸并连笼上席的,有用竹叶、竹筒盛蒸并连竹叶、竹筒上席的,还有用碗、钵、盛蒸反扣盘内上席的,有的还用竹扦子将几种不同原料间隔地穿成串,上笼蒸熟后再盛盘上席的;原料有原形的、有上浆的、有湿拌米粉或玉米粉的;成菜有需要补充调味的、有不需要补充调味的;有先需煎、炸、煮、氽、熏、烤、卤、酱、焖、拌等,也有蒸后再需煎、炸等烹调的;就蒸制的刀功处理来说,如粉蒸的原料在刀功处理时,多数是要求加工成较大的块、条、段、厚片,一般都不宜切得过小、过薄(如薄片、细、丁、粒、米、末等);也有个别原料不需要刀功处理的,如小土豆、小芋子以及整只的鹌鹑、鸽子、麻雀、鲫鱼等。

2.蒸的作用

(1)可以增加菜肴成熟的速度。凡是汽蒸原料,都是靠水沸腾后产生出来的气体传热,促进菜肴成熟的,水沸腾温度是100℃,而产生出来的气体温度则要比水高。气温高,自然要比以水为主要传热介质的烹调方法速度快些。究竟能快多少,主要看锅盖得严实程度,锅盖的越严,气压越大,温度越高,菜肴成熟的速度就越快。

(2)可以保持原料(菜肴)的完整性。原料在汽蒸过程中,完全靠对流作用促进原料(菜肴)成熟。这样,蒸屉中的水分与原料内部所含水分基本处于饱和状态,由于原料内部水分不外流,其形状就不易产生变化。另外,汽蒸的原料大多不直接接触锅边,根本不存在烧糊、烧焦的现象,进而保持了原料的完整性,如:"清蒸鸡""清蒸鱼"等。

(3)可以保持原料(菜肴)中的营养成分。因为汽蒸的原料不外溢水分,原料中的水溶性物质流失甚少,所以营养成分就相对地得到了保持。

(4)可以保持原料(菜肴)的原汁原味。由于汽蒸原料,多是放于盛器中,而盛器中又添加水和调味品。在盛器中的水分靠气体传热而升温与盛器中的原料相互融和,基本没有与锅中的水和气体相混淆的机会,蒸菜原料内外的汁液不像其他加热方式那样大量挥发,鲜味物质保留在菜肴中营养成分不受破坏,香气不流失,这样,原料(菜肴)的原汁原味就得到了相对的保持。

(5)加热过程中水分充足,湿度达到饱和,成熟后的原料质地细嫩,口感软滑,蒸类菜肴的原料,用料广泛,大多是体积大、韧性强、组织结构紧密的原料,也有以及质地细嫩或精细加工后的蓉泥原料,或涨发后的干货原料,如:鸡、鸭、牛肉、海参、鲍鱼、鱼、虾、蟹、豆腐和各种鱼虾原料蓉泥等。原料的形状多以整只、厚片、大块、粗条为主。

(6)促使原料初步成熟或直接使原料成熟成菜。"蒸"是很多烹调技法初步熟处理的必要过程。有许多原料在正式烹调前,需要进行初步热处理,而往往常需用蒸的方法。如在炒回锅肉前可先蒸后再改刀、热炒成菜。蒸制菜肴原料根据需要进行刀功、调味、成形、腌渍、着芡、包裹等再蒸制。如:"香菇蒸滑鸡""腊味合蒸""双蒸皱沙馄饨""香肠蒸鸭"等。

3.汽蒸的具体方法

"蒸"因技法、色泽、形状、配料、调味、火候、质地以及汤汁多寡等不同,故有多种蒸法,如清蒸、干蒸、粉蒸、滑蒸、连汤蒸(炖)、糟蒸、包蒸、酒蒸、煎蒸、炸蒸、扣蒸、芙蓉蒸、瓤蒸、串蒸、包裹蒸、豆豉蒸、腐乳蒸、腐皮包蒸、网油包蒸、蛋皮包蒸、排蒸、糖蒸等。

以上各分类"蒸"在技法上有共性和个性之分，其共性是：烹制时原料都是以水蒸气为传热介质的加热，能保持原料内部水分不易流失，使原料的营养成分少受损失。其个性是：原料上有选用大型整只不需要刀功处理的，有的原料需改刀成块、条、段、厚片等形状；火候上有的要求旺火沸水速蒸或长时间蒸，有的要求中火沸水慢蒸；质地上有的要求粑糯、酥烂，有的要求鲜嫩、滑嫩；口味上有的要求清淡爽口，有的要求香辣味浓等，如川菜的粉蒸、广东的豉汁蒸、上海的糟蒸等；成菜有的需要补充调味，有的不需要补充调味；色泽上有的要求金红色或米黄色，有的要求原色等。

(1)按技法可分为清蒸、粉蒸、扣蒸、包蒸、糟蒸、花色蒸、果盅蒸等。

①清蒸：是指单一原料单一口味（咸鲜味）原料直接调味蒸制，成品汤清味鲜质地嫩的方法，原料必须清洗干净，沥净血水。

②粉蒸：是指加工、腌制入味的原料上浆后，粘上一层熟米粉蒸制成菜的方法，粉蒸的菜肴具有糯软香浓、味醇适口的特点。

③包蒸：是将用不同的调料腌制入味烹调原料，用网油、荷叶、竹叶、芭蕉叶等包裹后，放入器皿中，用蒸汽加热至熟的方法，此法既保持原料的原汁原味不受损失，又可增加包裹材料的风味。

④糟蒸：是在蒸菜的调料中加糟卤或糟油使成品菜有特殊的糟香味的蒸法。糟蒸菜肴的加热时间都不长，否则糟卤就会发酸。

⑤上浆蒸：是鲜嫩原料用蛋清淀粉上浆后再蒸的方法。上浆可使原料汁液少受损失，同时增加滑嫩感。

⑥果盅蒸：是将水果加工成盅，将原料初加工，放入果盅内，上笼蒸熟的方法，果盅选择多以西瓜、橙子、雪梨、木瓜、橘瓜为主，去掉原料果心。

⑦扣蒸：就是将原料经过改刀处理按一定顺序复入碗中，上笼蒸熟的方法，蒸熟菜肴翻扣装盘形体饱满，神形生动。

⑧竹筒蒸：是指加工、腌制入味的原料上浆后，装入竹筒蒸制成菜的方法，菜肴具有糯软香浓、味醇适口的特点。

⑨花色蒸：又称为酿蒸，是将加工成型的原料装入容器内，入屉上笼用中小火较短时间加热（根据不同性质的原料作相应调整），成熟后浇淋芡汁成菜的技法。这种技法是利用中小火势和柔缓蒸气加热，使菜肴不走样、不变形，保持原来美观的造型，是蒸法中最精细的一种。

⑩气锅蒸：以炊具命名，将原料放入气锅中加热成菜的技法。

(2)按蒸汽的压力可分为放气蒸，原气蒸，高压气蒸等。

放气蒸的温度在90℃左右，就是蒸制的时候虽然加盖但不能盖严，留有一条缝隙，当笼屉内气量过足过猛时，部分蒸汽就会从缝隙中逸出散发，锅内气压与外界相近，减少了对菜品的冲击，避免破坏菜形。让原料受热发生变化，由生变熟，熟的程度大都为断生，刚熟菜肴以鲜嫩为主。保护美观的菜形，无论加盖留缝或气足揭盖，都是围绕这一目的所采取的技术措施。原气蒸的温度在100～103℃，高压气蒸的温度在120℃时将原料放入密闭容器中，利用高压蒸气迅速将热量传递，是原料快速成熟的加工方法。

4.汽蒸的注意事项

(1)必须根据原料性质和菜肴的烹调要求掌握好火力和蒸制时间。一般来说，要求断生的原料，必须用急火，在水沸时放入屉内，盖严，断生取出；若大块且不易成熟的原料，一般是中火较长时间蒸制；经过艺术加工的菜肴，必须用小火或微火较短时间蒸制。

(2)如果一锅蒸制多种原料，有汤汁的在下面，无汤汁的在上面；有色的在下面，无色的在上面；不易成熟的在下面，容易成熟的在上面。这样做，既便于取出上面的原料，让下面原料继续蒸制，又可避免各种原料汤汁相互混淆，产生差错而影响菜肴的质量。

(3)在同一锅中蒸几种菜肴，若有气味过重者可盖上盛器，以防将不良气味串入其他菜肴之中。

(4)不需要翻动即可加热成菜，充分保持了菜肴的形状完整。

(5)蒸锅中的水要适量，既不要多，又不要少，防止干锅使菜肴窜烟。

(6)不同的原料蒸制时，火力的强弱及时间长短都要有所区别。质地嫩的原料，宜用旺火沸水速蒸8～15分钟，如清蒸武昌鱼；原料形体大，质地老，成菜要求酥烂，宜用旺火沸水缓蒸2～3小时，如荷叶粉蒸肉；原料质地较嫩，或经过较细致的加工，要求保持鲜嫩或塑就形态的，宜用中小火沸水缓蒸，如芙蓉蛋膏，绣球鸽蛋等。

一、清蒸

1.清蒸的概念

清蒸是指单一原料单一口味(咸鲜味)原料直接调味蒸制，成品汤清味鲜质地嫩的方法，原料必须清洗干净，沥净血水。

使用清蒸方法制作的菜品，原汁原味，味道清鲜，且能够最大限度保留食材的营养物质，因而被公认为是最健康的烹饪方法。清蒸的方法适用面很广，蔬菜、肉类、禽类、海产品大都可以采用，代表性的菜品有清蒸大闸蟹，清蒸鲳鱼，清蒸乳鸽等。

清蒸的菜最主要的特点是少油脂,菜肴在蒸的时候并不用很多的油,只需在最后加少量即可;清蒸的菜大多数比较软,所以人们吃下去之后很快就能够被人体吸收和消化;操作较为简单。

清蒸的方法主要有以下几种。

蒸后浇芡法:是指原料精加工并调味后蒸熟,再浇淋清芡而成菜的方法。

蒸后浇汁法:是指原料一般不调味,只配葱叶、姜片等蒸熟后,再浇淋无粉芡的红汁而成菜的方法。

调味干蒸法:是指加工的原料加精盐等无色调味品腌制后蒸制成菜的方法。

清汤蒸制法(上汤蒸):是指原料经水氽透后,再加清汤和精盐等无色调味品蒸制成菜的方法。

2.工艺流程

原料初加工→蒸锅加水→生坯摆屉→上屉蒸制→成熟→成品

3.清蒸的操作关键

(1)主料务必新鲜,这是决定菜品质量的基本保证;

(2)主料蒸制前可先用开水焯烫一下,去除腥异味;

(3)正确掌握火候,蒸制海鲜品(如鱼、虾、等)、虾胶或鱼胶等酿制菜肴,都需用猛火蒸制,这样可以使原料色鲜肉滑,虾胶挺实而富有弹性。如蒸蛋类菜肴,则需用小火,因蛋白质60～70度开始凝固变形,即由液状变为乳凝状;如用火力过猛,就会变成海绵状,俗称"起蜂窝";

(4)控制好蒸制时间,不要蒸制过老或不熟;

(5)合理调味,可蒸制前调味,也可蒸制后调味;合理把握用盐量,避免过咸而破坏食材的原始风味。

4.清蒸的特点

质感鲜嫩、口味清淡、食之爽口。

5.实例

清蒸鳜鱼

(1)原料

主料:鳜鱼1条(750克)。

配料:熟火腿30克、冬笋25克、水发香菇1朵、猪板油50克。

调料:葱25克、姜30克、黄酒20克、精盐5克、味精4克。

辅助料:米醋40克。

(2)初加工

①将鳜鱼去鳞,用筷子从嘴中搅出鱼鳃及内脏,洗净;

②葱姜去皮洗净。

(3)切配

①用刀在鳜鱼的一面剖柳叶花刀,另一面剖斜一字花刀,入沸水锅焯水,再洗净;

②熟火腿、冬笋、香菇切片;猪板油切丁;葱切段、姜切片和末;

③姜末、米醋调成姜醋汁。

(4)烹调

鳜鱼剖柳叶花刀面朝上放入盘中,放入板油丁、黄酒、味精、葱段、姜片,背部放火腿、冬笋、香菇片,入旺火沸水笼中蒸8分钟至熟,除去姜、葱片,装另一盘中,随姜醋汁碗上桌。

(5)操作关键

①应选新鲜的鳜鱼,不宜选用太大的鱼;

②蒸制时要掌握成熟度;

③蒸制时中途不能掀开笼盖。

(6)菜品特点

肉质肥嫩、风味似蟹、清淡爽口。

二、粉蒸

1.粉蒸的概念

粉蒸,是指加工、腌制入味的原料上浆或不上浆后,粘上一层熟米粉蒸制成菜的方法,粉蒸的菜肴具有糯软香浓、味醇适口的特点。

粉蒸技法之所以能有这样良好的烹调效果,关键是配料米粉起了重大作用。它与脂肪丰富的肉类原料配合蒸制减轻了油腻,既保持了肉质鲜香不腻,又增加了味的融合,使淡而无味的米粉也变为美味,故有"米粉蒸肉,粉比肉香"之说,但如果用脂肪较少的牛羊肉、猪排骨以及鱼虾等,则要在味汁中适当加些植物油,以弥补主料脂肪的不足,防止菜肴发干,保证油润适口。如果与含水量大的蔬菜类原料配合蒸制,米粉会吸收蔬菜受热溢出的水分,从而保持了蔬菜固有的清、鲜、香,也增加了菜肴的糙糯性,使蔬菜更加可口。但是在米粉与蔬菜配合时,最好在调味汁中再拌合一些熬化的熟猪油,则香气更浓,效果更好。米粉虽然是一种配料,却在菜肴的滋味上发挥了融合、互补、陪衬和突出主料本味的作用,但又宾不压主,主客分明,且融合无间,相得益彰。从这个意义上讲,粉蒸是一个主辅料完美结合的典型,特别是"米粉肉"最为典型。它色味俱佳,爽口不腻嘴。米粉菜的质量与米的品种有密切的关系。在众多米的品种中籼米最好用,它黏性适度,吸收性和膨胀性都较好。加工时须经过小火焙炒至色泽微黄、发出香味后(有的加些花椒、大料等香料同炒,炒成五香米粉),再研成碎粒的粉状(不能研成末状的细粉)。用这种米粉与主料合蒸特别疏松适口。除籼米外，其他米都不合适。如果单用黏性大的糯米粉，菜肴黏稠软塌，口感像糨糊无法入口，但可以用一定比例的糯米和籼米混合使用。如果用小米粉、玉米粉，则口感大为逊色；而淀粉、面粉更无法使用。

2.工艺流程

原料初加工→刀功处理→腌制→粘米粉→放入器皿→蒸锅加水→上屉蒸制→成熟→成品。

3.粉蒸操作的关键

(1)原料宜用荤料，如牛肉、猪肉、排骨、鸡、鸭等，切制的形状宜小块、厚片；

(2)原料必须切后腌制入味和上浆。上浆不仅能保持原料蒸后的鲜嫩，也起到粘连米粉的作用；

(3)原料有片状和块状两类。片状多为鲜嫩无骨的，蒸制时以旺火沸水快速蒸成，块状料一般要蒸酥；

(4)蒸制火候适当，蒸制时间正确。粉蒸火候主要是旺火、沸水、足气，要根据原料质地老嫩，控制好蒸制的时间；

(5)米粉量比例适当，一般来说，米粉占主料比例的10%～20%为好，即主料500克加米粉50克～100克；

(6)调味料中所加汤水适当，主要是要求干稀适度，不能过稠或过稀，以既能润滑主料，又不流出卤汁为准。蒸后应以不发干、不太散、糍糯润口为好；

(7)米粉、主料和味汁搅拌要匀，以每块(片、条)主料都能均匀粘上米粉粒为准；搅拌后的腌渍时间，大块原料要长一些，小的原料可短一些，一般以1～2小时为好；

(8)装入容器蒸制时，不能压得太紧、太厚，尽可能松一些，否则影响原料均匀受热，出现生熟不一的情况，或食时口感较硬。宴席上的粉蒸菜强调美观，最好是在主料沾好米粉后，再一块一片地码入容器内蒸制；

(9)自己炒制米粉，要慢火炒，不要炒烟；研磨得不要细，手摸上去有点粗糙感最好，粉质不能过于细腻。

4.粉蒸的特点

糯软香浓，味醇适口。

5.实例

粉蒸肉

(1)原料

主料：带皮五花肉500克。

配料：大米100克、糯米50克。

调料：味达美酱油50克，甜面酱30克，黄酒15克，白糖20克，葱、姜丝各20克，花椒、八角、桂皮共10克。

辅助料：清水 50 克。

（2）初加工

①将肉洗净，皮毛要清理干净；

②用中火将锅烧热，放大米、糯米、花椒、八角、桂皮，炒至米呈淡黄色，倒出凉凉，留花椒，拣出八角和桂皮备用；

③将凉凉的米倒入研磨机，磨成细粉状。

（3）切配

①将猪肉切成 8cm×4cm×0.5cm 的大片；

②将切好的肉片放进碗里，放入酱油、黄酒、甜面酱（用 50 克清水调均）、白糖、葱姜丝以及炒好的八角、桂皮调至均匀，腌 60 分钟以上（中间翻几次），使其均匀入味；

③肉腌好后，将所有腌料拣出，倒入米粉拌均匀，每片肉上都要裹上米粉，取一个浅一点的碗（抹一点油），将肉片依次摆好，肉片之间不要太紧，肉皮朝下摆放在碗里，肉片之间不要太紧，呈鱼鳞形。

（4）烹调

锅里加足水，将盛肉的碗放入笼内盖好锅盖，大火烧开后转中火，蒸 90 分钟，取出扣入盘内即可。

（5）操作关键

①蒸肉米粉，超市有售，各种味道都有，缺点就是粉质过于细腻，口感上没有自己做的嚼起来有颗粒感；

②蒸肉的碗底之前最好抹一点油，扣碗时不易粘连；

③蒸时最好用略微浅一点碗，这样用时少，熟得透；

④蒸的时间看碗的大小，一般大碗用时约 80 分钟，小碗用时一般 60 分钟；

⑤喜欢辣味的，里面可以放点郫县豆瓣酱或将红辣椒炒在米粉里。

（6）菜品特点

肉烂酥暄，香味浓郁。

二、包蒸

1.概念

包蒸是将用不同的调料腌制入味烹调原料，用网油、荷叶、竹叶、芭蕉叶等包裹后，放入器皿中，用蒸汽加热至熟的方法，此法保持原料的原汁原味不受损失，又可增加包裹材料的风味。

2.工艺流程

选料→切配→腌制→包制→蒸制→出锅。

3.操作要求

(1)必须选择新鲜原料,多用动物性原料,加工成片、条、块等;

(2)原料需腌制入味,使原料本味保持不易流失;

(3)主料蒸制前可先用开水焯烫一下,去除腥异味;

(4)控制好蒸制时间,不要蒸制过老或不熟;

(5)包裹原料要包裹严实,不要让汤汁流出;

(6)原料多用荷叶、粽叶等清香鲜叶包蒸,使原料充分吸收包裹材料的清香之味。

4.特点

鲜嫩清爽,原汁原味,味道清鲜。

5 实例

荷叶蒸鸡

(1)原料

主料:光鸡1只约750克。

调料:精盐6克、味精2克、酱油25克、白糖4克、葱10克、姜10克、料酒20克、五香米粉100克。

辅助料:荷叶2张、熟猪油20克。

(2)初加工

①光鸡整理干净;葱姜去皮洗净,拍松;荷叶用水洗净,放入七成热的水中烫一下;五香米粉用温开水调和成浆;

②将鸡放入盆中内,用料酒、精盐、白糖、酱油、味精、葱姜腌半小时,然后拌上五香米粉浆和熟猪油;

③将鸡用荷叶包好,放入笼内。

(3)烹调

将笼放在中火水锅上,蒸2小时取出,拆开荷叶,装入盘中即成。

(4)操作关键

①鸡肉要事先腌制;

②荷叶包鸡要包严实;

③用中火蒸透。

(5)成品特点

鸡肉酥烂、荷香味浓。

四、糟蒸

1.概念

糟蒸是在蒸菜的调料中加糟卤或糟油使成品菜有特殊的糟香味的蒸法。糟蒸菜肴的加热时间都不宜长,否则糟卤就会发酸。

原料在腌制时加入适量的糟油或糟卤,目的去腥增香。原料蒸好后,汤汁可以加入糟油或糟卤,勾芡,浇淋原料上,成菜。

2.工艺流程

选料→切配→腌制→蒸制→出锅。

3.操作要求

(1)必须选择新鲜原料,保证菜肴质量;

(2)原料刀功处理要大小一致;

(3)控制好蒸制时间,不要蒸制过老或不熟;

(4)合理调味,糟卤或糟汁不可放置太多,有糟香味即可;

(5)装盘要美观。

4.特点

鲜嫩清爽,原汁原味,糟香味浓。

5 实例

糟蒸鲳鱼

(1)原料

主料:鲳鱼2条约500克。

调料:糟卤50克、火腿40克、姜10克、葱10克、精盐2克、花生油10克、蒸鱼豉油10克。

(2)初加工

①鲳鱼去内脏、鳃,洗净沥干,两面斜剞一字刀,撒些盐腌制20分钟入味;葱姜去皮洗净切丝;火腿切丝,用温水浸泡一下,捞出;

②取鱼盘一只,放入鲳鱼,撒些葱姜丝、火腿丝,浇上糟卤、花生油。

(3)烹调

将鱼放入沸水的蒸笼中,大火蒸5分钟取出,淋些蒸鱼豉油即可。

(4)操作关键

①鲳鱼要处理干净,事先腌制入味;

②要大火速蒸,保持鱼肉鲜嫩。

(5)成品特点

鱼肉鲜嫩、糟香味浓。

五、扣蒸

1.概念

扣蒸就是将原料经过改刀处理按一定顺序复入碗中,上笼蒸熟的方法,蒸熟菜肴翻扣装盘形体饱满,神形生动。

2.工艺流程

选料→切配→扣碗→加汤(调味)→蒸制→出笼→滗汤→调味→(勾芡)→浇汁→成品。

3.操作要求

(1)原料多加工片或丝状,大小厚薄粗细要均匀;荤类菜肴原料:猪肉(五花肉)、鸡肉、牛舌等原料,可改成块、片、条、粒等形状。以甜味菜肴为主原料有:糯米、黑米、蜜枣、果脯、银杏、莲子、豆沙等原料;

(2)摆放碗中要摆放整齐、美观;对整块肉、禽、鱼扣蒸造型,应皮面在上,对碎小菜肴选型则需精料在上,辅料在下,突出主题;

(3)蒸汽加热过程不利原料上色,对于红色菜肴需要先加有色调料腌制或烧制上色或过油上色,并调好口味后复入碗中,再上笼蒸制酥烂,如"虎皮扣肉""葱酥仔鸡";

(4)控制好蒸制时间,不要蒸制过老或不熟;

(5)扣蒸菜肴色泽有白色和红色,白色菜肴多数要经过焯水处理,红色菜肴一般要经过上色、过油处理;

(6)扣蒸菜肴分为有汤汁和无汤汁菜肴,有汤汁菜肴蒸熟后,汤汁入锅要进行勾芡处理,汤汁勾芡后浇在菜肴上,动作要轻要准,防止菜肴破损或零乱。无汤汁扣蒸菜肴,蒸熟后翻扣盘中,即可食用;

(7)装盘要轻,不要失去原型。

4.特点

鲜嫩清爽,原汁原味,味道清鲜。

5.实例

扣三丝

(1)原料

主料:生鸡脯肉20克、冬笋50克、火腿30克。

配料:干香菇5克、豌豆苗5克。

调料:味精2克、精盐3克、姜片5克。

辅助料:鸡清汤100克。

(2)初加工

①将鸡胸肉放入锅里,加清水、姜片、料酒煮15分钟,凉凉后取出鸡肉撕成细丝;金华火腿隔水蒸15分钟后凉凉,先切成薄片,再切成细丝;冬笋去壳后放入清水煮10分钟凉凉,先切成薄片,再切成细丝;香菇用水泡发后剪去根蒂,豆苗掐去老梗留嫩头洗净;

②取一小碗,先将香菇面朝下根蒂面朝上放入碗底;再将火腿丝、鸡肉丝、冬笋

丝分成三份，沿碗壁整齐地排放在香菇上；然后将多余的火腿丝、鸡肉丝、冬笋丝混合后，把碗中间空的地方塞满压紧。

（3）烹调

①将扣好三丝的碗中加入少许清鸡汤后包上保鲜膜，入蒸锅隔水蒸10分钟，取出扣碗倒扣在盆中，小心取出扣碗；

②清鸡汤烧热后加少许盐调味后沿盆边倒入，最后用豆苗在周围点缀即可。

（4）操作关键

①火腿丝、鸡丝、笋丝要长短一致，粗细均匀；

②蒸制时用中火，蒸透即可；

③浇入鸡汤时，不要冲散原料。

（5）成品特点

色彩鲜艳，色、香、味、形融为一体。

六、酿蒸

1.概念

酿蒸也叫花色蒸，是将加工成型的原料装入容器内，入屉上笼用中小火较短时间加热（根据不同性质的原料作相应调整）成熟后浇淋芡汁成菜的技法。这种技法是利用中小火势和柔缓蒸气加热使菜肴不走样、不变形，保持菜肴美观的造型，是蒸法中最精细的一种。说它精细是因为制作时须将所用主料的一部分，先加工成蓉泥、小丁、小片、小块、小粒等，再用多种手法进行造型，成为花色菜的菜坯，此为其一。其二，在蒸制过程中，要在调节火候和具体操作的各个环节上采取多种技术措施，以保证原料在成熟后菜形不散不乱，并要显得更加丰满和艳丽。花色菜最主要的特色就是绚丽多彩的形态，清香醇正的滋味，鲜嫩柔软的质感，一直被认为是蒸菜中的佼佼者。高档宴席上的花色菜肴，大都采用这种技法来完成，代表名菜有：兰花鸽蛋、莲蓬豆腐等。

酿蒸的造型是这种技法的一大关键。其造型方法有多种，如填瓤法、托泥法、叠摞法、排摆法、镶嵌法、包卷法等。

"填瓤法"是先把部分原料加工成蓉泥碎料，调制成"馅心"，再将作为"瓤壳"的原料进行出骨、去瓤等加工处理。如以鸡鸭类作为瓤壳的，都要做整料出骨的处理，即把鸡鸭身上的骨头全部剔除，但仍然保持鸡、鸭原形，还不能损坏外皮；如用鱼类作瓤壳的，则要清除鱼的内脏；如用冬瓜、西瓜、西红柿和青椒等作为瓤壳的，都要剜出其中的瓤和籽等。"瓤壳"加工好以后，就分别把调制的馅料填进"瓤壳"，即成"八宝鸡""冬瓜盅""瓤西红柿"等花色菜坯。

"镶嵌法"是将原料加工成长方片状，或加工为凹形等，然后分别将馅料镶嵌入原料凹下的部位，或放在长方片原料的表面上，铺匀抹平，成为带有馅料的花色菜坯。

"直接造型法"是用调制好的馅料和加工好的小型料，通过叠、堆、排、摆、捏、搓等手法，直接做成各式各样的图案花形。多用在一些高档的花色菜上，都具有较高的艺术观赏价值。

2.工艺流程

选料→切配→初步调味→装入容器→蒸制→用汤调味→勾芡→浇汁→装盘。

3.操作要求

(1)必须选择新鲜原料，保证菜肴质量；

(2)主料多做成蓉状，便于装入容器；

(3)控制好蒸制时间，不要蒸制过老或不熟；

(4)合理调味，芡汁不可太浓，薄芡；

(5)取出时，不要破坏造型，装盘要美观。

4.特点

鲜嫩清爽，原汁原味，味道清鲜。

5 实例

莲蓬豆腐

(1)原料

主料：嫩豆腐 250 克。

配料：猪肥膘肉 100 克、青豆 100 克、熟火腿末 10 克、菠菜叶 6 片、蛋清 3 个。

调料：料酒 15 克、食盐 5 克、味精 1 克。

辅助料：水淀粉 25 克、鸡清汤 1000 克。

(2)初加工

①取大酒盅 20 个，盅内抹上熟猪油。将菠菜叶洗净，用开水浸烫，然后漂凉，放在大汤碗周围；

②将嫩豆腐用开水浸泡后去皮，压成细泥；肥膘肉洗净，剁成细泥，和豆腐一起放在盆内，然后加入鸡蛋清、食盐、味精、料酒、水淀粉搅拌均匀，分别舀入 20 个酒盅内抹平，然后在酒盅上摆上 7 粒青豆，撒上少许火腿末。

(3)烹调

①将酒盅上笼蒸 15 分钟取出，将豆腐倒出，面朝上排叠到汤碗内；

②炒勺置火上，加鸡汤烧开，调入食盐、味精，注入汤碗内即成。

(4)操作关键

①蒸豆腐宜用中火，约蒸 10 分钟，火大气足或蒸的时间过长，豆腐出蜂窝眼，影响美观和口感；

②造型要细致、美观。

(5)成品特点

形状美观,汤清味鲜。

七、气锅蒸

1.概念

以炊具命名,将原料放入气锅中加热成菜的技法。

2.工艺流程

选料→切配→腌制→蒸制→出锅。

3.操作要求

(1)必须选择新鲜原料,保证菜肴质量;

(2)主料蒸制前可先用开水焯烫一下,去除腥异味;

(3)控制好蒸制时间,不要蒸制过老或不熟;

(4)汽锅中不要加水,可适当加入葱、姜等调料。

4.特点

鲜嫩清爽,原汁原味,味道清鲜。

5.实例

气锅鸡

(1)原料

主料:嫩光鸡1只(约重1000克)。

配料:火腿125克、冬菇20克、冬笋100克。

调料:姜25克、料酒15克、精盐3克。

(2)初加工

光鸡洗净,剁成小块;姜洗净切片;冬菇先放入水中浸发,去蒂,一切两片;冬笋切片洗净。

(3)烹调

①锅置火上,加入清水,将鸡块放入焯水洗净;

②气锅洗净,放入鸡块,铺上火腿片、冬笋片、冬菇片、姜片,加料酒、精盐,盖好锅盖,将气锅置于蒸锅上,蒸两三小时即成。

(4)操作关键

①鸡块不能太大,便于成熟;

②各种原料一次下好,蒸好后就可以直接食用。

(5)成品特点

鸡肉鲜嫩、汤清味美。

八、果盅蒸

1.概念

果盅蒸是将水果加工成盅,将原料初加工,放入果盅内,上笼蒸熟的方法,果盅选择多以西瓜、橙子、雪梨、木瓜、橘瓜为主,去掉原料果心。如果皮肉较厚,可在表面刻出花纹。蒸出后效果很美观,而且原料与果盅的香味融合,口感香甜。

盅内原料多采用雪蛤、鸡肉、鱼翅、燕窝、猪肉等原料。例如:西瓜去瓤,可放入加工成熟的去骨整鸡,加汤蒸15分钟,制作成"西瓜鸡";雪梨去皮去芯,挖成梨盅,可放入冰糖雪蛤,蒸10分钟制成"雪梨蛤士膜";"橙香粉蒸肉"是将橙子去瓤,塞入粉蒸肉,蒸熟,粉蒸肉香味浓郁,还带有香橙的味道。

2.工艺流程

选料→加工→水果洗净→去心整理→装入原料→蒸制→成品。

3.操作要求

(1)必须选择新鲜原料,保证菜肴质量;

(2)装入果盅的量要适当;

(3)控制好蒸制时间,不要蒸制过老或不熟;

(4)合理调味,可蒸制前调味,也可蒸制后调味;

(5)装盘要美观。

4.特点

鲜嫩清爽,果香味浓,形状美观。

5.实例

金瓜八宝饭

(1)原料

主料:小南瓜1个、黑米糯米各100克。

配料:枸杞、核桃仁、桃干、花生仁、莲子、冬瓜干、青红丝、苹果脯各20克。

调料:蔗糖100克、冰糖50克、桂花酱5克。

(2)初加工

将小南瓜除去一端,挖去里面的籽处理干净。

(3)烹调

①将洗好的黑米、糯米以及核桃仁、桃干、花生仁、莲子、冬瓜干、青红丝、苹果脯拌匀,加入冰糖,搅拌均匀,放入小南瓜内蒸40分钟左右;

②将蒸好的小南瓜放入碟中,外皮如果想要好看点可以雕刻一些图案;

③将冰糖加适量水熬化,加入桂花酱,熬至黏稠,淋在小南瓜及米饭的表面即可。

(4)操作关键

①小南瓜一定要处理干净;

②形状较大的果仁和果脯,可以改成小块;

③黑米和白糯米和果脯等要混合均匀,要蒸熟蒸透;

④糖汁要浓稠、明亮。

(5)成品特点

造型美观、米饭香甜软糯。

练 习 实 践

1.什么是清蒸?清蒸有什么特点和具体要求?

2.请写出清蒸鳜鱼全过程。

3.请你设计一道清蒸菜肴,并写出步骤。

4.什么是粉蒸?粉蒸有什么特点和具体要求?

5.请写出粉蒸肉全过程。

6.请你设计粉蒸菜肴,并写出步骤。

第四节　以辐射为传热介质

烤

1.烤的概念

烤是直接利用火的辐射热烤制原料的一种烹调方法,是最古老的烹饪方法,自从人类发明了火,知道吃热的食物时,最先使用的方法就是野火烤食,演变至今。烤已经发生了重大变化,除了烤之外,更重要地使用了调料和调味方法,改善了口味。

将加工处理好或腌渍入味的原料置于烤具内部,用明火、暗火等产生的热辐射进行加热将原料烹制成熟的技法总称。原料经烘烤后,表层水分散发,使原料产生松脆的表面和焦香的滋味。具有色泽红亮、表皮酥脆、肉质鲜嫩、本味浓厚、干香不腻、冷热均可的特点。

2.烤制的方式

暗炉烤:暗炉烤又称挂炉。暗炉烤就是把要烤的原料挂在钩上,放进炉体内,悬挂在火的上方,封闭炉门,利用火的辐射热将原料烤熟。暗炉的炉体有用砖砌的,有用铁桶制的,还有陶制的(缸)。暗炉多用于烤制鸡、鸭、肉类原料。

烤箱烤:烤箱的体积比烤炉小,所用的燃料有煤气、煤、电等。烤箱的火力不直接与原料接触,而是隔着一层铁板(烤箱内有两层铁架调节用火的强弱),所烤食品放在烤盘内,入烤箱烤制。烤箱适宜烤制一些形体小的鱼、肉和点心等。

明炉烤:明炉烤又称明烤、叉烧烤。明炉烤是用临时搭制的敞口火炉烤制食品。明炉烤有三种,一种是在炉的上面架有铁架,多用于烤制乳猪、全羊等大型主料;另一种是在炉上面放铁炙子,北京烤肉就是用这种炉子;再一种是用铁叉叉好原料在明炉上翻烤。明炉多用木炭做燃料。许多地方的风味菜多采用明炉烤法。如四川烤酥方、叉烧鸡;广东烤乳猪;清真菜烤全羊等。

3.具体的烤制方法

(1)挂火烤

将加处理好的原料吊挂在大型烤炉中,利用燃烧明火产生的辐射热,把原料加热成菜的技法。

工艺流程:选料→加工整理拌糖浆→入炉火烤制→切割装盘。

特点:色泽枣红、外皮松脆、肉质鲜嫩、香气浓郁。

代表菜:挂炉烤鸭、挂炉烤鸡、挂炉烤羊腿等。

(2)焖炉烤

将加工处理好的原料,置于焖烤炉内,用炉壁产生的辐射将原料烤制成菜的技法。

工艺流程:选料→加工→腌渍抹糖浆等→入炉高温气体烤制→装盘。

特点:外焦里嫩、香气浓郁、肉质不硬不软、耐嚼有咬劲。

代表菜:烤全羊等。

(3)烤盘烤

加工好的原料装入烤盘内再放入蓄热炉内,用高温气体进行密封加热成菜的技法。

工艺流程:选料→切配→腌制或预制熟料→入盘烤制→烤装盘。

特点:汁稠软嫩,别具风味。

代表菜:烤豆腐、烤鲳鱼、烤肥肠等。

(4)叉烤

将腌渍喂味的原料或抹了糖浆的原料用叉子叉住,或用其他方法固定在叉上,在明火炉具上不断翻动叉子,调整原料与火的远近距离进行加热成菜的技法,这是明火烤的代表。

工艺流程:选料→腌渍抹糖浆→上叉→明火烤制→装盘。

特点:表皮红润酥香,肉质鲜嫩。

代表菜:烤乳猪、叉烤鸭等。

(5)串烤

将加工成块片的小型原料经过腌渍(也可不腌)分别穿在细长的扦子上,在明火上转动,用短时间加热烤制成熟的方法。

串烤是烤法中较简便的一种,所用的炉具是长方形无盖的,炉体较长,宽度较窄,以能摆放扦子并能在炉上左右转动为宜,通常叫它为"火槽"。因要放在炉具上烤,不能调整原料与火的距离,因而要不停地转动,使原料均匀受热。一般烤3～5分钟就出现焦香味,并保持原料的鲜味和水分。快成熟时撒上调味料即可食用。

工艺流程:选料→加工切配→穿入扦子→旺火烤制→撒调料→装盘。

特点:焦黄香嫩、浓烈辛香味。

代表菜:烤羊肉串、串烤火鸡片、串烤鱿鱼、串烤鸡翅、串烤豆腐等。

(6)网油烤

将加工好的原料用网油包好,用铁网夹住,手持夹网柄明火上翻烤或放入烤炉内用暗火烤成熟的技法,也称夹网烤。

夹网烤使用的工具网夹是用铁丝网编织成的,上面有很多孔眼,形成纵横相交的网格,网夹分为上下两面,既可分开也可合起来,为了取得网夹烤的预期效果,要求敞口火炉内的燃料在点燃后,必须烧至无烟无火苗,但又保持稳定的火势和适当的火力,以求得烤制的最佳温度,从而形成了网油夹烤制品色泽金黄、表面酥香、内滑鲜嫩、滋润适口的特色。

工艺流程:选料→切配→腌渍→夹在网夹中→烤制→装盘。

操作要求

①原料要选用质地鲜嫩细腻的原料;

②网油包制时要包紧;

③烤制时,火力不可过大。

特点:肉质鲜嫩、香味浓郁、色泽明亮。

代表菜:网油烤鱼、网油烤羊肝、网油烤鸡胗等。

(7)网夹烤

将加工好的原料用外皮包好,放在铁网夹内夹住,手持夹网柄明火上翻烤或放入烤炉内用暗火烤成熟的技法。

工艺流程:选料→切配→腌渍→夹在网夹中→烤制→装盘。

代表菜:烤腰子,烤肉脯。

(8)炙烤

将加工好的原料腌渍煨味,放在排列炙子的铁锅上,用烤热的炙子和炙子缝隙蹿出的旺火苗再将原料加热成菜的技法。是旺火烤的特殊技法。

工艺流程:选料→切配→腌渍→烤制→装盘。

特点:自烤自食,边烤边吃。

代表菜:烤肉等。

(9)铁锅烤

将铁锅锅底加热,锅盖烧红,同时作用于原料、使之成熟的技法。

工艺流程:选料→原料调配搅匀→倒入锅烤制→烤熟→装盘。

特点:色泽淡黄、肉质鲜嫩。

代表菜:三鲜铁锅烤蛋等。

(10)泥烤

将原料经调味后,用猪网油、荷叶等包好,在火中烤制的方法。泥烤时火力不要过大,要多翻动。

工艺流程:选料→原料腌制→猪网油、荷叶等包好→用泥裹→烤熟→成品。

特点:肉质鲜嫩、香味浓郁、原汁原味。

代表菜:如叫花鸡。

(11)竹筒烤

将原料调味放入竹筒中进行烤制的方法。

工艺流程：选料→原料腌制→装入竹筒→烤熟→装盘。

特点：竹香味浓、肉质鲜嫩。

代表菜：如竹筒烤鱼。

烤在烹饪原料的选用上，烤的选料十分广泛，几乎所有的荤素原料均可选用；在烹饪技法上，烤主要以木炭为燃料或用烤箱，用暗火进行串烤或炙烤成菜；在味型上，烤往往会根据人们的不同口味喜好而有所变化，比如调成孜然味、麻辣味、五香味、孜然麻辣味等味型，不同的原料配用不同的腌汁和蘸汁后，会形成不同的风味特色。

由于烧烤食品的原料，包括肉类、禽类、鱼类、蔬菜类等，都包含着大量的水分，在烧烤过程中，这些水分会大量蒸发，从而造成烧烤制品不鲜嫩。因此可以采取挂糊的方法，在高温的作用下产生糊化，形成保护膜。特别是对一些加工成片、条状的原料，如烤虾串、烤鱼片、烤鱼块、烤腰花、烤鳝背、烤羊肉串等，都必须事先经过挂糊上浆。这里需要注意，糊的调配也应适当，过干或过稀都不利于原料的烧烤。不论哪种烤法，不能烤得太焦：烧焦的食物很容易致癌，而肉类油脂滴到炭火上时产生的化学物会随着油烟的挥发附在食物上，也是很强的致癌物。

一、明火烤

1.明火烤的概念

明炉烤，也叫挂炉烤，是指将腌渍过的原料放在敞开的烤炉上加热，依靠燃料燃烧产生的辐射热将原料烤制成熟的烹调方法。

明炉烤又称明烤、叉烧烤。明炉烤有三种，一种是在炉的上面架有铁架，多用于烤制乳猪、全羊等大型主料；另一种是在炉在面放铁炙子，北京烤肉就是用这种炉子；再一种是用铁叉叉好原料在明炉上翻烤。明炉多用木炭做燃料。许多地方的风味菜多采用明炉烤法。如四川烤酥方、叉烧鸡；广东烤乳猪；清真菜烤全羊等。

明炉烤的特点是设备简单，虽然火的大小很容易掌握，但是火力分散很难平均通过，故烤的时间较长。可是烤小型扁平材料时，却比暗炉烤效果好。

叉烧通常是用广口或火盆，上面架铁网，将要烤的材料用烧叉刺入或放在烤盘上，再将其放在铁架上，一面翻转一面烤即可。

2.工艺流程

选料→腌渍抹糖浆→上叉→明火烤制→装盘。

3.明火烤操作的关键

(1)烤制时火力不宜过高；

(2)合理调控烤制时间和温度；

(3)烤制时不断转动原料；

(4)装盘要注意刀法，整齐美观；

(5)提前备好蘸料；

(6)要趁热上桌，不可久置。

4.明火烤的特点

色泽枣红，外皮松脆，肉质鲜嫩，香气浓郁。

5.实例

烤方肋（明炉烤）

(1)原料

主料：猪肋条肉 2500 克。

调料：花椒盐 50 克、甜面酱 100 克。

辅助料：大葱白 50 克、麦芽糖 50 克。

(2)初加工

猪肋条肉洗净，刮净皮毛，沥干水分。

(3)切配

①将猪肋条肉修成方形，在肉中间叉入叉子；

②将大葱白切段、同花椒盐、甜面酱分装三个味碟中。

(4)烹调

将叉子架在无火苗、无烟的木炭火上，把肉块皮朝下放火上烘烤，不断翻动，待肉皮呈焦状时离火，用刀刮去肉皮上的焦物，按上述方法烘刮数次，离火，在皮上均匀抹上麦芽糖，待晾干后，再上微火烤制，待肥膘出油、皮脆离火，抽取刀叉，改刀切成大薄片装盘，上桌时带甜面酱、花椒盐、葱白段即可。

(5)操作关键

①肋条肉要修改整齐；

②烤制时火力不宜太大，皮上污物要去干净；

③抹麦芽糖要抹均匀；

④烤制时要不断翻动。

(6)菜品特点

皮酥脆，肉鲜香。

二、暗火烤

1.暗火烤的概念

也叫焖炉烤，将加工处理好的原料，置于焖烤炉内，用炉壁产生的辐射将原料烤制成菜的技法。

焖烤的烤炉多种多样,大体上可分为这样几种:一是大型砖砌立体炉,它与挂炉的烤炉形式,大小基本相同,只是焖炉必须安装炉门,在烤制时加以封闭;二是铁制的桶炉或陶制的缸炉,炉底放燃料,但原料装入烤盘,又有铁板隔离,不与火直接接触,是间接受热,烤时也要密封炉门。

2.工艺流程

选料→加工→腌渍抹糖浆等→入炉高温气体烤制→装盘。

3.暗火烤的操作关键

(1)合理调控加热时间和温度,确保菜品质量;

(2)烤制过程中,勤翻动原料;

(3)注意观察原料表面颜色的变化,防止烤焦;

(4)装盘要整齐美观;

(5)要趁热上桌,不可久置。

4.暗火烤的特点

外焦里嫩,香气浓郁。

5.实例

烤鸡(暗火烤)

(1)原料

主料:仔鸡1只(约2000克)。

调料:精盐5克、黄酒50克、花椒3克、八角10克、葱15克、姜15克、味精2克。

辅助料:甜面酱30克、麦芽糖50克。

(2)初加工

①仔鸡去内脏洗净;

②葱姜去皮洗净。

(3)切配

①葱姜分别切片;

②将仔鸡整理后,用精盐、黄酒、味精、葱姜片、花椒、八角一起腌制1小时;

③将腌制好的仔鸡晾干表皮,均匀抹上麦芽糖,晾干待用;

④将甜面酱装入味碟中。

(4)烹调

将晾干的仔鸡放入烤盘中上烤炉烤制,待鸡皮脆肉熟时取出,凉凉后改刀装入盘中,拼摆成鸡形,随甜面酱上桌即可。

(5)操作关键

①仔鸡腌制要入味；

②麦芽糖抹制要均匀；

③烤制时要控制火候。

(6)菜品特点

皮脆肉鲜嫩，香气浓郁。

练 习 实 践

1.什么是明火烤？明火烤有什么特点和具体要求？

2.请写出烤方肋全过程。

3.通过此菜你还会做哪些菜？

4.什么是暗火烤？暗火烤有什么特点和具体要求？

5.请写出烤鸡全过程。

6.烤鸡时为什么要抹上麦芽糖？

7.请你设计一道烤制菜肴，并写出步骤。

第五节 以固体为传热介质

固体烹法是指通过盐或沙粒等具有一定体积、形状、质地较坚硬的无毒固体物质将热能以热传导的方式传递给烹饪原料,其菜肴主要成熟过程是以固体物质作为传热介质的烹调方法。这些物质主要是盐、沙粒、黄泥与铁、铜等金属物体,其典型的方法有盐焗、砂炒、泥煨、铁板烧等。

固体烹法的制品特点:原汁原味、质感软嫩、本味浓郁。

固体烹法的种类:物料焗、炉焗、盐焗、铁板烹、石烹等。

固体烹法的操作要领:宜选用鲜活的原料,原料在焗制前一般需要腌味,并静置一段时间,使之入味。原料形状较大的,如整鸡、乳鸽、排骨等,焗制时间要长些;水分含量较高的、体小的原料,如龙虾、蟹等焗制时间要短些,加热时以小火为宜。

固体烹法是烹饪行业中运用较少的一类烹饪方法,但其具有独特性,但每一种固体烹法技术性又较强,所以学习时要抓住每一类的技法特点,并了解其原理所在,更好地烹制与创制菜肴。

一、焗

1.焗的概念

是以汤汁与蒸气或盐或热的气体为导热媒介,将经腌制的物料或半成品加热至熟而成菜的烹调方法,是通过盖上锅盖,保留热气,使未熟的食物熟透。多数使用动物性原料,尤以禽类为主。为除异味,增香味,原料在焗制之前,都必须用调味料腌制,腌制时间根据原料特点及菜肴的质量要求而定。用砂锅焗的原料,以生料为主。但也有部分菜肴为了造型,其原料先经初步熟处理之后才焗制的。

焗,是一种制作工艺,相当于蒸、焖、烤、炸等。相较于其他的制作手法,焗更能保留食物的原汁原味,更能挖掘食物的营养价值。

焗有盐焗、砂锅焗、烤炉焗及鼎上焗等四种。

(1)盐焗:也叫盐烙、盐煨,就是将生料或半熟的原料经过腌渍,晾干后用薄纸包裹,埋入灼热的盐粒中加热成熟的一种烹调方法。特点是皮脆骨酥、肉质鲜嫩、干香味厚。

盐焗利用物理热传导的机理,用盐作导热介质使原料成熟,加热时间以原料成熟为准，一般不太长，从而保持原料的质感和鲜味。用锡纸包裹加热，可以使原料中的水分有一定程度的散发，这也起到浓缩原料鲜味的效果。

(2)砂锅焗：砂锅焗是主料经腌制后放进砂锅中，再加入料头、味料和少量汤水，盖上锅盖用猛火烧滚后转用慢火焗制至熟的烹调方法。

(3)鼎上焗：鼎上焗是指原料经过腌制拉油或蒸后，再放进鼎里调味焗制成菜的一种烹调方法。鼎上焗用拉油、蒸制进行熟处理，利于菜肴的造型。

(4)烤炉焗：烤炉焗是将经腌制或酿制、调味后的原料，放入焗炉中焗至熟而成菜的一种烹调方法。

烤炉焗有下列特点：①菜肴可根据造型的需要，先在盘上摆砌，焗熟即可上桌。对于一些需酿制的菜肴，砂锅焗、鼎上焗往往不易实现上述要求。②用于焗炉焗的原料需预先进行腌制，使其入味。如果腌制1次还不能达到所要求的味，则焗一定时间后可取出加味后再焗。③由于原料大小不同，质地不同，故要恰当掌握焗制的时间长短。炉焗操作简便，焗制的菜肴干香嫩爽。

2.工艺流程

原料刀功处理→腌制→部分原料初步熟处理→焗制→刀功处理、装盘→加原汤汁与味料后上席。

3.操作要求

(1)焗法多数使用动物性原料，尤以禽类为主。为除异味，增香味，原料在焗制之前，都必须用调味料腌制，腌制时间根据原料特点及菜肴的质量要求而定；

(2)焗用的原料，以生料为主。但也有部分菜肴为了造型，其原料先经初步熟处理之后才焗制的；

(3)用砂锅焗制的菜肴，需加入一些汤汁，要掌握好加入的汤水分量及注意控制好焗制的火候。一般是先用猛火把汤水烧滚，然后转用慢火加热。原料切件装盘之后，把原汤汁(有些还需加一些味料)淋在菜肴上。

4.焗的特点

原汁原味，浓香厚味。

5.实例

盐焗鸡

(1)原料

主料：肥嫩母鸡1只(约1500克)。

调料：葱10克、姜10克、精盐12克、味精5克、八角末3克、沙姜末2克、香油10克、芫荽25克、熟猪油120克。

辅助料：粗盐1500克、色拉油15克。

(2)初加工

①葱姜去皮洗净;芫荽摘洗干净;

②将鸡去内脏洗净抹干,除去爪上和嘴上的硬壳,吊起晾干;

③取砂纸一张,刷上色拉油。

(3)切配

①葱切段、姜切片;

②把整理好的鸡,用精盐3克擦匀鸡腔,加入葱段、姜片、八角末,先用未刷油的纸包一层,再包上已刷油的砂纸。

(4)烹调

①用小火将锅烧热,下入精盐4克炒热,放入沙姜末拌匀取出,即为沙姜盐,分装三小味碟,每碟装入熟猪油15克,供佐食用;

②将熟猪油75克、精盐5克、香油5克、味精5克调成味汁;

③用旺火将锅烧热,下入粗盐,炒至微红色时,取1/4放入砂锅,将鸡包放在砂锅的粗盐上,然后将其余3/4的粗盐盖在鸡包上,盖上锅盖,在小火上焗约20分钟即熟;

④把鸡取出,去掉砂纸,剥去鸡皮,将鸡肉撕成块,鸡骨拆散,加入味汁拌匀,放入盘中(骨在底下,肉在中间,皮盖在上面)呈鸡状,把芫荽放在鸡的周围即可,上桌时随味碟。

(5)操作关键

①选料要新鲜,肥而嫩,不可过老,否则不易成熟;

②粗盐温度要高,分量要足,否则难以将原料焗熟。

(6)菜品特点

制法独特,味香浓郁,色泽微黄,皮脆肉嫩,骨肉鲜香,风味诱人。

二、石烹

"石烹"是我国古代的一种原始的烹饪方法,其历史可追溯到旧石器时代。它是利用石板、石块(鹅卵石)作炊具,间接利用火的热能烹制食物的烹饪方法。一种是外加热,将石头堆起来烧至炽热后扒开,将食物埋入、包严,利用向内的热辐射使原料成熟;一种是内加热,是将石头烧红后,填入食品(如牛羊内脏)中,使之受热成熟;另外还有一种是烧石煮法,取天然石坑或地面挖坑,也可用树洞之类的容器,内装水并下原料,然后投入烧红的石块,使水沸腾煮熟食物。

利用石烹的方法至今仍在一些地区流行,形成独特的石烹饮食文化。在我国拉萨市东南部的门巴族到今天还习惯在烧红的薄石板上烙荞麦或烙肉。西双版纳地区的布朗族,在野外劳动,不用带锅灶,做饭时临时在沙滩上挖一个坑,在坑内铺上数层芭蕉叶,然后倒进清水,把从河里捕来的鲜鱼放入水中,燃起篝火,把烧红的鹅卵石投入这个芭蕉,熟制原料。

"石烹法"即把食物原材料放置在加热至滚烫通红的小石块之上,利用石块的高温烹饪食物;或把烧红的石块投入有食物的水中,一直到水沸,食物煮熟为止。

近年来,"桑拿系列菜"在广州地区及珠江三角洲一带风行,其奇妙的制法和独特的风味吸引了众多食客,也迅速蔓延到全国各地。

此菜烹制是在客人面前即席表演的,看着原材料在几十秒时间内就完成由生变熟的全过程,吃起来原汁原味且口感特别鲜爽嫩滑。

1.概念

石烹是指原料经滑油后,投入烧至灼热的石子(多是雨花石)或石锅上,再攒入调好的汁酱或汤水,利用蒸气将食物制熟或喷出香气的烹调方法。也称为"桑拿菜"。

2.工艺流程

选料→加工→(上浆)→滑油→烧热石子→原料放入石子上→倒入调味汁→成品。

3.操作要求

(1)选用易于成熟的原料或小型原料;

(2)石子要事先烧热或用油焗热;

(3)盛石子的容器最好选用铁器;

(4)原料倒入时,速度要快。

4.特点

肉质鲜嫩,浓香厚味,风味独特。

5 实例

石锅大虾

(1)原料

主料:新鲜大虾10只约500克。

调料:生抽15克、黄酒15克、精盐1克、白糖2克、大蒜1头、葱、姜、蒜各10克、洋葱20克。

辅助料:花生油50克。

(2)初加工

①鲜虾洗净后剪掉虾枪和虾脚,再沿着背部剪开并挑出虾线,用15克黄酒和15克生抽,腌15分钟左右;

②洋葱去皮洗净,切丝;葱姜蒜去皮洗净,葱切段、姜切片、大蒜剁成蒜蓉;将蒜蓉放在碗里,加少许盐和2克白糖,再烧少许滚油浇一下,搅匀待用;

③取出腌好的大虾,稍沥下汁水,掰开背部,把调好的蒜蓉用小勺子一点点塞进去,待用。

(3)烹调

①石锅置于火上烧至微微冒烟,开中火,倒入适量花生油烧热,再下葱段、姜片和洋葱片用筷子炒出香气;

②把准备好的大虾小心地摆进石锅里,再把剩下的蒜蓉也倒进锅里,盖上锅盖;开中火烧5~6分钟,打开锅盖淋入适量黄酒,随即再盖上锅盖;

③把石锅端上餐桌再打开锅盖,酒香、蒜香融合着大虾的鲜香,香气扑鼻。

(4)操作关键

①制作石锅虾最适合用个头比较大的虾;个头较大的虾需要的烹制时间就稍长些,断生即可;

②石锅必须烧热,一定要烧得微微冒烟,这样烹虾味足;

③洋葱,葱段和姜片主要是去腥提香和垫底,防止煳锅;

(5)成品特点

鲜肉鲜嫩、风味独特。

三、铁板

铁板烹原是西式烹调方法;即指食物"走油"后,连同以洋葱为主的香料料头和酱汁,放在烧至极热的铁板上致熟并使食物喷香的烹调方法。

后来这种美食文化传到中国,经过十多年的发展和改良衍生出一种具有中式和法式相结合的新饮食方法,人在进餐的同时能够欣赏到厨师厨艺的餐饮形式。

铁板烹法制作的菜肴又称"个性餐饮",行话称之为"席前料理",是目前国内最时尚的餐饮方式。合适的铁板厚度分布以及配合燃烧器,调出肉类烹调的最佳温度,烧出的食品味道鲜美,风味独特。铁板烧经特殊热处理,不翘曲变形,板面明亮如镜、受热均匀、使用卫生方便、易于清洁。现代化的餐饮设备,无烟的烧烤环境,轻松之间享受到美食带来的乐趣。铁板菜肴,因其独特的风味、香浓、热烫、增加气氛的特点,已受到广大食客的青睐。

1.概念

"铁板烧"是用铁板烹制的菜肴,是一种较为特殊的烹制方法。是将原料加工成型,经预备烹制(油滑、水煮、油爆、油炸)后,放入事先加热的小铁板中,然后将调好味的嗞汁浇入的一种技法。当汤汁遇到滚烫的铁板,发出"嗞嗞"的响声并伴着滚冒的汽雾,香气四溢,菜品热气蒸腾,颇具特色。

铁板菜式来源于西餐,在20世纪80年代引入我国的广东、上海等沿海地区,其中,铁板牛柳是当时西式铁板菜的典范。但不久后铁板菜就为粤菜所兼收并蓄、西味中调,粤菜厨师将中式烹调技法和饮食习惯融入铁板菜中,开发并形成了一批具有本地特色的铁板菜。此后,铁板菜又不断被推广,与各地菜系相融合,其品种层出不穷,其形式不断翻新,一度风行全国。

2.工艺流程

选料→加工→(上浆)→滑油→烧热铁板→原料放铁板上→倒入调味汁→成品。

3.操作要求

(1)选用易于成熟的原料或小型原料;

(2)铁板要实现烧热或用油焗热;

(3)铁板下面要垫有隔热的容器;

(4)原料倒入时,速度要快。

4.特点

肉质鲜嫩,浓香厚味,风味独特。

5.实例

铁板鱿鱼

(1)原料

主料:整只鱿鱼2只(约400克)。

配料:洋葱50克。

调料:食盐7克,料酒10克、芝麻5克、孜然粉10克、辣椒粉5克、花椒粉2克、花生油30克、甜面酱5克。

(2)初加工

鱿鱼洗干净,切成条;洋葱去皮切丝。

(3)烹调

①锅烧热,加入花生油,下入鱿鱼、料酒煸炒到水分全无,改小火;加入辣椒面,孜然,芝麻,精盐,花椒面,继续翻炒;最后加入少许甜面酱翻匀;

②铁板烧热,刷少量油后,立刻加入少量洋葱,最后放入鱿鱼即可。

(4)操作关键

①鱿鱼切条要粗细均匀,炒制时,要炒干水分;

②调味时要小火,防止煳锅;

③铁板要烧热,不要将鱿鱼直接倒在铁板上。

(5)成品特点

鱿鱼干香、孜然味浓、咸香微辣。

1.什么是焗?盐焗有什么特点和具体要求?

2.请写出盐焗鸡全过程。

3.通过此菜你还会做哪些菜?

4.如何炒制粗盐?

第六节 以波为传热介质

一、微波

1. 微波的概念

微波辐射方式是利用微波辐射烹饪原料,由其内部分子本身产生的摩擦起热,里外同时加热烹调原料,使其内外成熟一致。但原料成熟度与微波炉的功能、原料体积、原料摆放密度、摆放位置有直接关系。

微波是一种电磁波。微波炉由电源、磁控管、控制电路和烹调腔等部分组成。电源向磁控管提供大约4000伏高压,磁控管在电源激励下,连续产生微波,再经过波导系统,耦合到烹调腔内。在烹调腔的进口处附近,有一个可旋转的搅拌器,因为搅拌器是风扇状的金属,旋转起来以后对微波具有各个方向的反射,所以能够把微波能量均匀地分布在烹调腔内,从而加热食物。微波炉的功率范围一般为500~1000瓦。

在第二次世界大战期间(1945年),美国的雷达工程师斯彭塞在做雷达实验时偶然发现口袋里的巧克力块熔化发黏,他怀疑是自己的体温引起的,后来在连续多次的实验中才发现了微波的热效应。利用这种热效应,1945年美国发布了利用微波的第个专利,1947年美国的雷声公司研制成世界上第一个微波炉——雷达炉,在40年代微波炉大多用于工商业。经过人们不断改进,1955年家用微波炉才在西欧诞生,60年代开始进入家庭,70年代,由于辐射安全性、操作方便性即多功能等问题的解决,使得微波炉的造价不断下降,它才进一步得到推广使用,并形成了一个重要的家庭产业,同时在品种和技术上不断提高。进入80年代、90年代,控制技术、传感技术不断得到应用使得微波炉得以广泛地普及。

微波炉是利用食物在微波场中吸收微波能量而使自身加热的烹饪器具。在微波炉微波发生器产生的微波在微波炉腔建立起微波电场,并采取一定的措施使这一微波电场在炉腔中尽量均匀分布,将食物放入该微波电场中,由控制中心控制其烹饪时间和微波电场强度,来进行各种各样的烹饪过程。

通俗地讲,微波是一种高频率的电磁波,其本身并不产生热,在宇宙、自然界中到处都有微波,但存在自然界的微波,因为分散不集中,故不能加热食品。微波炉乃是利用其内部的磁控管,将电能转变成微波,以2450MHz的振荡频率穿透食物,当微波被食物吸收时,食物内之极性分子(如水、脂肪、蛋白质、糖等)即被吸引以每秒钟24亿5千万次的速度快速振荡,这种振荡的宏观表现就是食物被加热了。

微波加热的原理简单来说是:当微波辐射到食品上时,食品中总是含有一定量的水分,而水是由极性分子(分子的正负电荷中心,即使在外电场不存在时也是不重合的)组成的,这种极性分子的取向将随微波场而变动。由于食品中水的极性分子的这种运动,以及相邻分子间的相互作用,产生了类似摩擦的现象,使水温升高,因此,食品的温度也就上升了。用微波加热的食品,因其内部也同时被加热,使整个物体受热均匀,升温速度也快。它以每秒24.5亿次的频率,深入食物5cm进行加热,加速分子运转。

2.微波加热的特点

传统加热是将热量从外部传入物料内部,由表及里需要一定时间,物料的传热性能越差,加热速度越慢,受热不均匀,且耗能高。微波加热技术克服了常规加热先加热环境介质,再传导至物料的缺点,既不需要传热介质,也不利用对流,食品与微波相互作用而瞬时穿透式加热,称为内部加热法。微波加热具有如下特点

(1)加热速度快。微波加热不需要热传导,微波可以穿透食品物料内部,加热速度快,时间短,仅需传统加热方法的1/10～1/100的时间。

(2)低温灭菌,保持营养。微波加热是通过热效应与非热效应(生物效应)共同作用灭菌,因而与常规加热灭菌比较,具有低温、短时灭菌的特点,不仅安全可靠,且能保持食品营养成分不被流失和破坏,有利于保持产品的原有品质,营养素及色、香、味损失较少,有利于对维生素C、氨基酸的保持。实验表明:晒干的鲜菜其叶绿素、维生素等营养成分仅剩3%,阴干可保持17%,热风快速干燥可保持40%,微波干燥则能保留60%～90%,微波升华干燥则可保留新鲜时的97%。

(3)加热均匀性好。由于微波加热是内部加热,因此不论食品物料的形状如何,都能均匀渗透微波产生热量,具有自动平衡的性能,均匀性大大改善,可避免外焦内生、外干内湿现象。

(4)加热易于瞬时控制。微波加热可以立即发热和升温,易于控制,热惯性小,易于自动化控制。

(5)节能高效。微波加热时,被加热物体一般放在金属制造的加热室内,加热室对微波来说是个封闭的空腔,微波不能外泄;外部散热损失少,只能被加热物体吸收,没有额外的热能损耗,因此加热效率高,节能节电,一般可节省30%～50%。

3.微波操作的关键

(1)食物应平均排列,勿堆成一堆,以便使食物能均匀生热。小块食物比大块食物熟得快,最好将食物切成5cm以下的小块。食品形状越规则,微波加热越均匀,一般情况下,应将食物切成大小适宜、形状均匀的片或块。

(2)食物若有坚硬的表皮,必须剥去后才能烹调。

(3)微波炉不容易使食物表面着色,可以在烹调前将调味料涂于食物表面,使其呈深褐色。

(4)微波炉加热的食物温度极高,容易蒸发水分,烹调时宜覆盖耐热保鲜膜或耐温玻璃盖来保持水分。鸡翅尖、鸡胸或鱼头、鱼尾部或蛋糕的角端等部位易于烹调过度,用铝箔纸遮裹可达到烹调均匀目的。

(5)在加热结束时,把食物搁置一段时间或对有些食品添配一些作料(如烹饪家禽肉类后,可浇上乳化的油或调味汁,再撒些辣椒粉、面包屑等),可达到加热不能做到的满意效果。

(6)食物的本身温度越高,烹调时间就越短;夏天加热时间较冬天时短。烹饪浓稠致密的食物较多孔疏松的食物加热所需时间长。含水量高的食物,一般容易吸收较多的微波,烹饪时间较含水量低的要短。

(7)用微波炉烹饪食物时,宁可烹饪不足也不要烹饪过度。微波炉重新烹饪不会影响菜肴的色香味。

(8)用微波炉烹饪时,应尽量减少用盐量,这样可避免烹饪的食物外熟内生。

4.微波的特点

制品鲜嫩,颜色分明,别具特色。

5.实例

微波蒸鲫鱼

(1)原料

主料:鲫鱼1条(500克)。

配料:熟火腿20克、冬笋20克、猪板油30克。

调料:葱25克、姜30克、黄酒20克、精盐5克、味精4克。

辅助料:米醋40克。

(2)初加工

①将鲫鱼去鳞、鳃、内脏,洗净;

②葱姜去皮洗净。

(3)切配

①用刀在鲫鱼的一面剞柳叶花刀,另一面剞斜一字花刀,入沸水锅焯水,再洗净;

②熟火腿、冬笋切片,猪板油切丁;葱切段、姜切片和末;

③姜末、米醋调成姜醋汁。

(4)烹调

将鲫鱼剞柳叶刀面朝上放入盘中,放入板油丁、黄酒、味精、葱段、姜片,背部放火腿、冬笋片,将蒸锅内的水烧滚,放入装有鲫鱼的鱼盘,盖上盖微波旺火10分钟,撒上香菜段,随姜醋汁碗上桌。

(5)装盘、装饰点缀

装入点缀好的盘中。

(6)操作关键

①选料要新鲜、易熟的原料;

②鲫鱼要剖刀,事先略腌。

(7)菜品特点

鲫鱼鲜嫩,色泽明亮,别具特色。

1.什么是微波?

2.微波有什么特点和具体要求?

二、电磁波、红外线烹法介绍

电磁波烹法是指依靠电磁波、远红外线、微波、光能等为热源,通过热辐射、热传导等方式,把热传递给原料,将食物原料制成菜肴的一类方法。常用的具体烹调方法有烤、微波等。

电磁波烹法的制品特点:成菜质感软嫩、软烂、酥烂,形态完整、原汁原味、味型各异。

电磁波烹法的制法种类:远红线加热、微波加热、光能加热。

电磁波烹法的操作要领:加热前应该根据菜肴成品的要求进行主、配料的选配及调味;合理调控加热时间和温度,以确保成菜的质量标准。

电磁波烹调方法是一种新能源烹调方法,这些烹调方法具有干净、卫生、快捷、易操作、易控制等特点,但操作时也需要一定的技巧,所以我们在运用时首先要对电磁波烹调的特点进行掌握,才能更好地烹调出符合要求的菜肴,才能更好地创制出新的菜肴。

利用远红外辐射作为加热源,可以更充分利用热能,而且产品的质量有显著的提高。红外线具有很强的穿透能力和较高的热效率,容易被食物吸收。远红外线可以将热能传递到物体内部,当远红外线辐射到一个物体上时,可发生吸收、反射和透过，但是，不是所有的分子都能吸收远红外线的，只有对那些显示出电的极性分子才能起作用。水、有机物质和高分子物质具有强烈的吸收远红外线的性能。当这些物质吸收远红外线辐射能量并使其分子、原子固有的振动和转动的频率与远红外线辐射的频率相一致时，极容易发生分子、原子的共振或转动，导致运动大大加剧，所转换成的热能使内部升高温度，从而使得物质迅速得到软化或干燥。

一般的加热方法是利用热的传导和对流，需要通过媒质传播，速度慢，能耗大，而远红外线加热是用热的辐射，中间无须媒质传播。同时，由于辐射能与发热体温度的4次方成正比，因此，不仅节约能源而且速度快、效率高。此外，远红外线具有一定的穿透能力，由于被加热干燥的物质在一定深度的内部和表层分子同时吸收远红外辐射能，产生自发热效应，使溶剂或水分子蒸发，发热均匀，从而避免了由于热胀程度不同而产生的形变和质变，使物质外观、物理机械性能、牢度和色泽等保持完好。

(一) 原理

构成物质的基本质点是电子、原子或分子，这些质点即使处于基态都在不停地运动——振动或转动，而且这些运动都有自己的固有频率。当采用某个频率的红外线辐射，如果红外线的频率与基本质点的固有频率相等，则会发生与振动学中共振运动相似的情况，质点会吸收红外线并使运动进一步激化；如果二者的频率相差较大，那么红外线就不会被吸收而可能穿过。对红外线敏感的物质，其分子、原子吸收红外线后，不仅发生能级的跃迁，也扩大了以平衡位置为中心的各种运动的幅度，质点的内能量增加，物体温度升高，即物质吸收红外线后，产生自发的热效应。由于这种热效应直接产生于物体的内部，所以能快速有效地对物质加热。

(二) 远红外技术在食品工业中的应用

(1) 食品的远红外干燥。由于远红外加热具有加热迅速，吸收均一，加热效率高，分解作用小，食品原料不易变性等优点，因此对于热敏性物质的干燥表现出独特的优势。远红外加热已用于蔬菜、水产品，如鱼、藻类等的干燥。产品的营养成分保存率较传统的干燥方法有显著提高，并且干燥时间大大缩短。远红外干燥有利于食品中营养成分的保留，菠菜用远红外干燥，其产品的维生素C的残存量为一般电热干燥产品的2倍。另外，无论是生肉还是烹调好的熟肉，远红外干燥的制品的感观效果均较佳。另外，远红外干燥过程中还兼杀菌作用，产品的货架寿命可以延长。

(2) 食品的远红外焙烤。远红外加热焙烤具有加热速度快和表层加热效果好的特点，可与微波焙烤结合起来使用，在微波焙烤之后，加上远红外加热处理，焙烤制品的色和香味均有满意的效果。远红外加热在饼干、糕点等面糖制品和肉类制品等的焙烤中应用得相当普遍,在鱼肉油炸和煎蛋的加工中,使用远红外加热技术均可改善产品的质量,节约时间及成本。

(3)食品的远红外杀菌。远红外线照射到待杀菌的物品上,传热直接由表面渗透到内部,因此不仅可用于一般的粉状和块状食品的杀菌,还可以用于坚果类食品,如咖啡、花生和谷物的杀菌和灭霉以及袋装食品的直接杀菌。

第七节　分子烹饪简介

分子厨艺，曾被称为"改变食物和人类关系的烹饪方式"，因为它用到了各种物理和化学原理，所以解释起来，不免也需要用到一些物理和化学知识。

分子烹饪是世界最先锋的美食料理方式。所谓的分子烹饪就是用科学的方式去理解食材分子的物理或化学变化和原理，然后运用所得的经验和数据，把食物进行再创造。分子烹饪最开始的启动者并非职业厨师，是而由一个物理学学者 Nicholas Kurti 和一个化学学者 Herve This 所创立的。分子烹饪大厨把食材的味道、口感、质地、样貌利用各种工具和奇异做法完全打散，通过物理或化学的变化，再重新"组合"成一道新菜，更简单来说，无非是把固体的食材变成液体，甚至气体食用，或是把一种食材的颜色、形状改变，使其味道和外表看起来都想象成另一种食材。

分子厨艺并不像你想象中那么神秘，却的确有着震撼人心的魔力。英国分子名厨赫斯顿·布鲁曼索（Heston Blumenthal）说："分子厨艺的各种先进技术，为我们提供了更多种烹调的可能性，让人们从日复一日简单的食物中解脱出来，而最重要的是有些时候它可以满足我们心灵的需要，这个技术终将回归到人们的内心，唤醒那些美好的味觉记忆。"

分子烹饪常用的方式就是真空低温烹饪法，低温烹饪是一种最新的烹饪技术，其秉承的是一种全新的烹饪理念，主要是在不流失原材料水分和营养的情况下利用真空压缩包装机和可以稳定控制温度的低温烹饪机烹制菜肴。早在 1974 年法国三星厨师 Pierre Troisgros 就开始研究和使用低温烹饪法，他的初衷是以此减少鹅肝的重量和水分的流失，他成功地使鹅肝的重量在烹饪后只减少 5%。同年，Brouno Goussault 开始用真空低温烹饪来处理牛肉，而现在真空低温烹饪成为高级西餐厅处理肉类、鱼类的主流，同时也可以处理蔬菜和水果。

一、低温烹饪所需设备

（一）真空包装压缩机

真空压缩包装机的主要作用在于抽取固定空间里的空气使物体存在于真空状态下，在日常的生活和普通的厨房中，此设备经常作用于保存原材料，而在低温烹饪中，真空压缩包装机的最主要作用是：它可以作为一种媒介的方式存在于原料和水浴或者油浴之间。在低温烹饪的过程中，我们之所以要使用到真空包装压缩机，是为了让原料的任何一个表面都可以均匀地浸泡在一个非常恒温的状态中，并且不流失原料的水分和营养成分，其重要性是无可非议的。

在低温烹饪之前的真空包装这个简单的步骤中，主要分为低、中、高三种抽真空程度，通过调节真空包装压缩机的抽真空时间和压力大小来实现其三种不同的真空抽取状态，普通的低真空状态不适用于低温烹饪，而中等的真空状态主要用于肉类和家禽类的低温烹饪，而高真空状态作用于蔬菜和水果类的烹制，比如胡萝卜，洋葱，以及各种水果等。

(二)低温烹饪机

低温烹饪机的主要原理在于可以长时间地控制温度，从而达到恒温的效果，其主要的恒温温度在25～99℃之间，恒温的温度控制范围在1℃之间，并且温度可调范围精确到小数点后面一到两位，低温烹饪机质量可靠而且操控稳定是其在长时间烹饪过程中必不可少的重要前提条件。

二、低温烹饪的原理及注意事项

(一)低温烹饪的原理

低温烹饪的主要原理在于保持了食材的营养成分以及原料的水分，并且在长时间恒温的状态下使原料的口感相对普通的烹饪更胜一筹，而且在烹饪之后，原料相比普通的烹饪更加入味，所以在烹饪之前，不需要长时间的腌制过程，甚至在烹饪有些原料时，只需要加入盐调味即可，甚至不需要任何的调味和腌制。

(二)低温烹饪的注意事项

在进行低温烹饪时，需要注意，在烹饪之前的腌制和调味时，切忌使用含有高浓度酒精的调味剂，因为高浓度酒精的调味剂会在恒温的状态下严重破坏肉类原料的蛋白成分，甚至导致肉类失去原有的口味和口感。

在低温烹饪中，我们会被引导进一个误区，那就是低温烹饪的过程中，我们可以使用更低的温度利用更长的时间去烹制菜肴，这个严重的误区会导致错误的烹饪过程，并且产生严重的后果。因为在50℃以下的温度长时间烹饪菜肴时，并不能达到巴氏消毒法的严格要求。在国外曾经发生过没有按照严格的巴氏消毒法而发生的意外食物中毒事件，并且原料中在较低的恒温状态下产生的细菌会产生致命的效果，所以，低温烹饪的温度原则上来说应该等于或大于65℃，以进行杀菌。因为细菌生存的理想温度是4～65℃。而且真空低温烹饪最好不要超过70℃，以减少水分和口味的流失。特别是在制作低温鸡蛋的时候，其温度应该严格控制在64～65℃，在这个温度中烹饪的鸡蛋，首先口感达到了极佳的效果，而且也符合了正规烹饪的消毒要求。

三、低温烹饪的优点

(一)低温烹饪操作优点

(1)最小程度地减少浪费；

(2)剩余部分可以冷藏；

(3)比烤箱和煤气灶节省能源；

(4)能减低厨房的油烟污染；

(5)不同的食物能通过单独包装同时烹饪；

(6)不需要特别的厨师，人人都可以操作并达到理想的效果；

(7)赢得更多的准备时间。

(二)低温烹饪美食优点

(1)最低程度地减少水分和重量的流失；

(2)保留食物的原味和香料的香味；

(3)保留食物的颜色；

(4)减少食盐的使用，或者可以完全不用；

(5)保留食物的营养成分，分离事物原汁和清水；

(6)比蒸、煮更能保留维生素成分；

(7)不需要油或者只需要极少的油；

(8)保证每次烹饪的结果都是一样的；

(9)真空低温烹饪可以最大限度地使厨房进行提前准备，因为经过真空低温烹饪的食物可以再次冰冻或冷藏，需要的时候再次进行加热。

四、低温烹饪的运用

在海鲜类原料的烹饪时，低温烹饪的表现特别显著，其烹饪的过程中，可以保持海鲜类原料的高蛋白成分，而且烹制的海鲜口感可以达到非常鲜嫩的效果，并且烹饪之后的原料的色泽可以保持和烹饪之前相同的效果。又如利用低温烹饪烹制蔬菜时，适当地加入黄油，可以保持蔬菜烹饪之后色泽更加的鲜艳，口感也会达到一个令人满意的效果。

参考文献

[1] 贾人卫,王小敏.《中餐烹调技术》[M].北京:旅游教育出版社,2004.
[2] 李长茂,任京华.《中餐烹调技术》[M].北京:中国商业出版社,2011.
[3] 茅建民.《烹饪基本刀功入门》[M].北京:中国轻工业出版社,2011.
[4] 钱峰,许成.《烹饪实习与操作》[M].北京:中国商业出版社,2006.